U0721522

建筑工程计价丛书

给排水、采暖、燃气工程计价应用与实例

杜贵成　主编

金盾出版社

内 容 提 要

本书主要依据《建设工程工程量清单计价规范》(GB 50500—2013)、《通用安装工程工程量计算规范》(GB 50856—2013)、《建筑给水排水制图标准》(GB/T 50106—2010)、《暖通空调制图标准》(GB/T 50114—2010)而编写。本书共分四部分:第一部分给排水、采暖、燃气工程基础知识,内容包括给排水、采暖、燃气工程基本概念,给排水、采暖、燃气工程施工图识读;第二部分给排水、采暖、燃气工程计价理论,内容包括工程造价概述,定额计价基础知识,清单计价基础知识,工程量清单计价规范简介;第三部分给排水、采暖、燃气工程计价方法及应用;第四部分涉及给排水、采暖、燃气工程造价的其他工作,内容包括给排水、采暖、燃气工程施工图预算的编制,给排水、采暖、燃气工程结算的编制与审查。

本书可供给排水、采暖、燃气工程概预算人员及清单编制人员参考,也可供投标报价编制的造价工程师及相关人员系统自学参考。

图书在版编目(CIP)数据

给排水、采暖、燃气工程计价应用与实例/杜贵成主编 . —北京:金盾出版社,2017.1(2019.1重印)

(建筑工程计价丛书)

ISBN 978-7-5082-8992-2

Ⅰ.①给… Ⅱ.①杜… Ⅲ.①给排水系统—建筑安装—工程造价②采暖设备—建筑安装—工程造价③燃气设备—建筑安装—工程造价 Ⅳ.①TU723.3

中国版本图书馆 CIP 数据核字(2013)第 276936 号

金盾出版社出版、总发行

北京市太平路 5 号(地铁万寿路站往南)

邮政编码:100036 电话:68214039 83219215

传真:68276683 网址:www.jdcbs.cn

双峰印刷装订有限公司印刷、装订

各地新华书店经销

开本:787×1092 1/16 印张:15.25 字数:365 千字

2019 年 1 月第 1 版第 2 次印刷

印数:3 001~6 000 册 定价:49.00 元

(凡购买金盾出版社的图书,如有缺页、倒页、脱页者,本社发行部负责调换)

前　　言

　　近年来,随着我国国民经济的持续增长,建筑工程行业步入了一个空前的快速发展时期,建筑设备日益更新,施工技术不断提升,新材料、新工艺、新方法等不断涌现,安装施工水平也大为提高。给排水、采暖、燃气工程作为安装工程的重要组成部分,其发展更为迅速。同时,也对工程造价人员的技术水平和管理能力提出了更高的要求。

　　为了满足给排水、采暖、燃气工程造价人员对新知识的渴求,本书以给排水、采暖、燃气工程计价的实际应用为出发点,不仅将最新的给排水、采暖、燃气工程计价内容、方法和规定引入书中,还将枯涩难懂的计价理论与应用实例相结合,让读者在阅读中领悟理论,在演算中磨炼身手,学好技术,更好地从事给排水、采暖、燃气工程造价及相关工作。

　　本书由杜贵成主编,参加编写的有肖彬、于艳、彭荣华、贾仁春、宋万成、高燕飞、张璐、郭健、付佳、郭雨鑫、石敬炜及徐佳华。在编写过程中,得到了给排水、采暖、燃气工程造价方面的专家和技术人员的大力支持和帮助,在此一并致谢。

　　由于编者水平有限,书中不免有疏漏之处,恳请读者热心指点,以便进一步修改和完善。

作　者

目　　录

第一部分 给排水、采暖、燃气工程基础知识

第一章 给排水、采暖、燃气工程基本概念

内容提要:
1. 了解给排水工程的基本概念及组成。
2. 了解采暖工程的基本概念及组成。
3. 了解燃气工程的基本概念及组成。

第一节 给排水工程

一、室内给水系统

1. 室内给水系统的组成

室内给水系统一般由引入管、干管、立管、支管、阀门、水表、配水龙头或用水设备等组成,提供日常生活饮用、盥洗、冲刷等用水。当室外管网水压不足时,尚需设水箱、水泵等加压设备,满足室内任何用水点的用水要求。

2. 系统管网的布置形式

(1)下行上给式。这种给水方式的水平干管可以敷设在地下室天花板下、专门的地沟内或在底层直接埋地敷设,自下向上供水。民用建筑直接由室外管网供水时,大都采用下行上给式给水方式。

(2)上行下给式。这种给水方式的水平干管设于顶层天花板下、平屋顶上或吊顶中,自上向下供水。一般有屋顶水箱的给水方式,当下行布置有困难时,也常采用这种方式。

另外,按照用户对供水可靠程度的要求不同,室内给水管网的布置方式又可分为枝状式和环状式。在一般建筑中,均采用枝状式。在任何时间都不允许间断供水的大型公共建筑、高层建筑和某些生产车间中,需采用环状式。环状式又分为水平环状式(图1-1)和垂直环状式(图1-2)。

3. 室内给水系统的方式

(1)直接给水方式(图1-3)。当市政给水管网的水质、水量、水压均能满足室内给水管网要求时,宜采用直接给水方式。即室内给水管网与室外给水管网直接相连,室内给水系统是在室外给水管网的压力下工作。

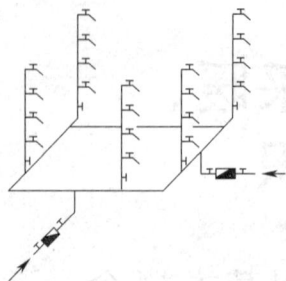

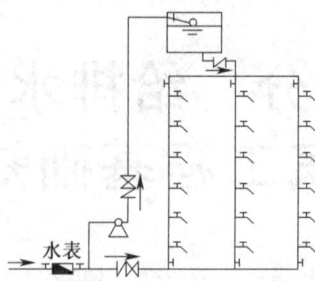

图 1-1　水平环状式　　　　　图 1-2　垂直环状式　　　　　图 1-3　直接给水方式

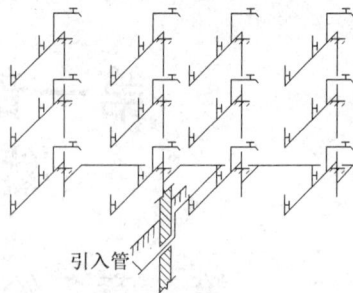

　　(2)设水泵的给水方式(图 1-4)。若一天内室外给水管网压力大部分时间不足,且室内用水量较大又较均匀时,则可采用单设水泵的给水方式。此时由于出水量均匀,水泵工作稳定,电能消耗比较经济。这种给水方式适用于生产车间的局部增压给水,一般民用建筑物极少采用。

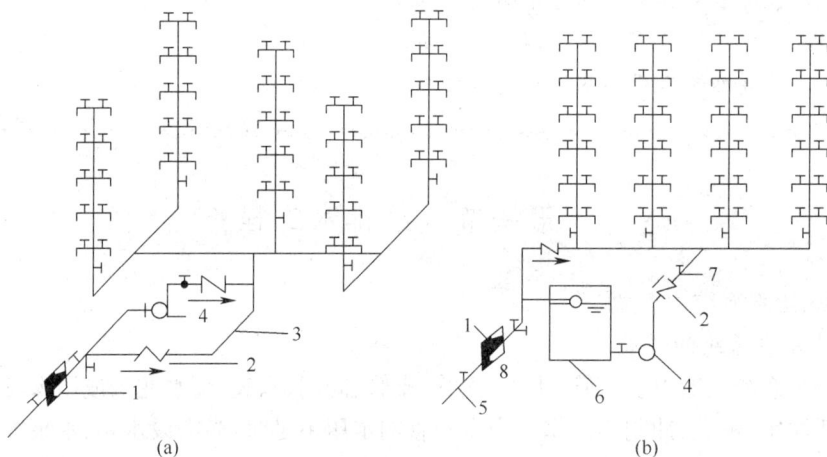

(a)　　　　　　　　　　　　　　　(b)

图 1-4　设水泵的给水方式

(a)水泵与室外管网直接连接(设旁通管)方式　(b)水泵与室外管网间接连接方式

1. 水表　2. 止回阀　3. 旁通管　4. 水泵　5. 引入管　6. 贮水池　7. 阀门　8. 泄水管

　　(3)设水箱的给水方式(图 1-5)。当市政管网提供的水压周期性不足时可采用设水箱的给水方式。

　　(4)设水泵、水箱的联合给水方式(图 1-6)。这种方式适合用于室外给水管网的水压经常性低于室内给水管网所需的水压,但供水量很充足,且室内用水量又很不均匀的情况。

　　(5)竖向分区给水方式。对于层数较多的建筑物,当室外给水管网水压不能满足室内用水时,可将其竖向分区。

二、室外给水系统

1. 室外给水系统的组成

以地面水为水源的给水系统,一般由以下几部分组成。

(1)取水构筑物。从天然水源取水的构筑物。

(2)一级泵站。从取水构筑物取水后,将水压送至净水构筑物的泵站构筑物。

(3)净水构筑物。处理水并使其水质符合要求的构筑物。

(4)清水池。为收集、储备、调节水量的构筑物。

(5)二级泵站。将清水池的水送到水塔或管网的构筑物。

(6)输水管。承担由二级泵站至水塔的输水管道。

(7)水塔。收集、储备、调节水量,并可将水压入配水管网的建筑。

(8)配水管网。将水输送至各用户的管道。

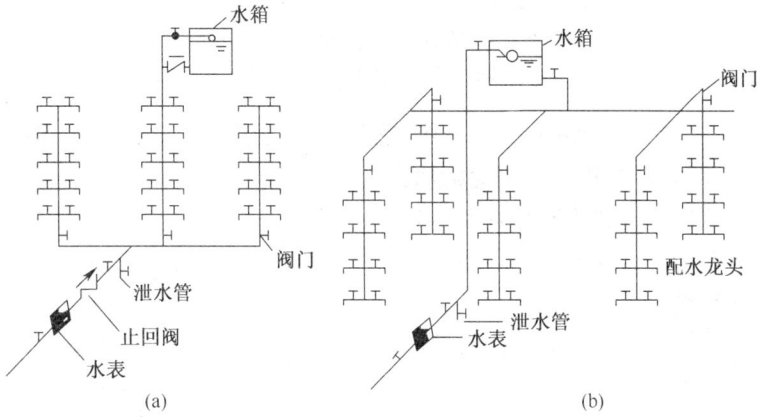

图 1-5 设水箱的给水方式

(a)高、低峰用水时的给水方式 (b)室外给水网水压偏高或不稳定时的给水方式

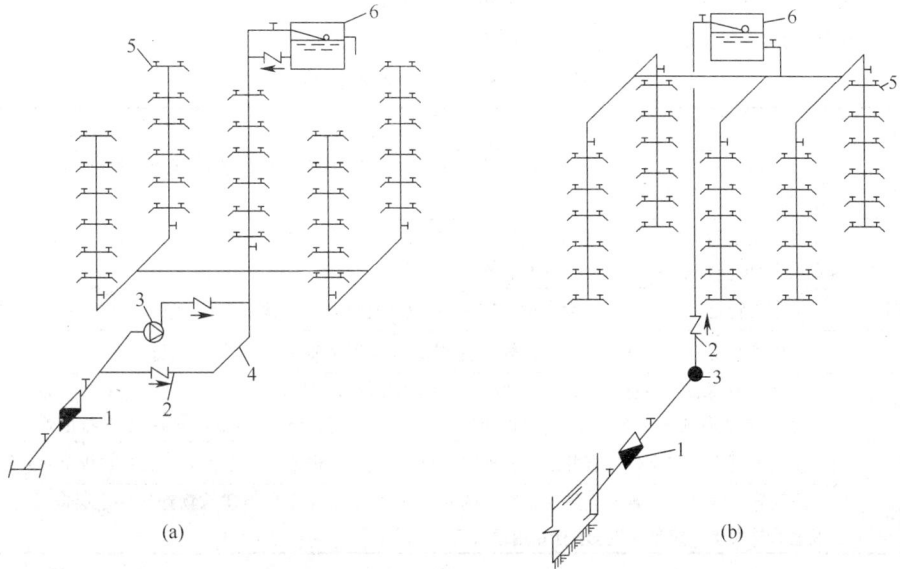

图 1-6 设水泵、水箱的联合给水方式

(a)方式一 (b)方式二

1. 水表 2. 止回阀 3. 水泵 4. 旁通管 5. 配水龙头 6. 水箱

2. 室外给水管网的布置形式

(1)枝状管网。图 1-7a 为枝状管网,它的优点是管线总长度较短,初期投资较省。但供水安全可靠性差,当某一段管线发生故障时,其后面管线供水就会中断。

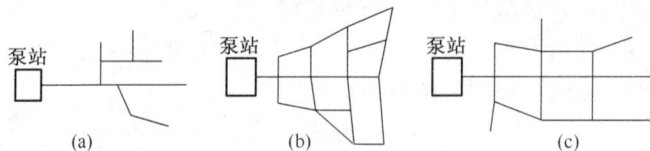

图 1-7　室外给水管网的布置形式
(a)枝状管网　(b)环状管网　(c)综合型管网

(2)环状管网。环状管网如图 1-7b 所示,它的优点是供水安全、可靠。但管线总长度较枝状管网长,管网中阀门多,基建投资相应增加。

实际工程中,往往将枝状管网和环状管网结合起来进行布置,综合型管网如图 1-7c 所示。可根据具体情况,在主要给水区采用环状管网,在边远地区采用枝状管网。

三、室内排水系统

(1)室内排水系统的分类。根据排水性质不同,室内排水系统可分为生活污水系统、工业废水排水系统、雨水排水系统三类:

①生活污水系统:排除住宅、公共建筑和工厂各种卫生器具排出的污水,还可分为粪便污水和生活废水。

②工业废水排水系统:排除工厂企业在生产过程中所产生的生产污水和生产废水。

③雨水排水系统:排除屋面的雨水和融化的雪水。

(2)室内排水系统的组成。室内排水系统的组成如表 1-1。

表 1-1　室内排水系统的组成

名称	组　成
受水器	受水器是接受污(废)水并转向排水管道输送的设备,如各种卫生器具、地漏、排放工业污水或废水的设备、排除雨水的雨水斗等
存水弯	各个受水器与排水管之间,必须设置存水弯,以使用存水弯的水封阻止排水管道内的臭气和害虫进入室内(卫生器具本身带有存水弯的,就不必再设存水弯)
排水支管	排水支管是将卫生器具或生产设备排出的污水(或废水)排入到立管中去的横支管
排水立管	各层排水支管的污(废)水排入立管,立管应设在靠近杂质多、排水量大的排水点处
排水横干管	对于大型高层公共建筑,由于排水立管很多,为了减少首层的排出管的数量而在管道层内设置排水横干管,以接收各排水立管的排水,然再通过数量较少的立管,将污水(或废水)排到各排出管
排出管	排出管是立管与室外检查井之间的连接管道,它接受一根或几根立管流来的污水排至室外管道中去
通气管	通气管通常是指立管向上延伸出屋面的一段(称伸顶通气管);当建筑物到达一定层数且排水支管连接卫生器具大于一定数量时,还有专用通气管

四、室外排水系统

(1)室外排水系统的组成。室外排水系统由排水管道、检查井、跌水井、雨水口等组成,其中检查井设在管道交汇处、转弯处、管径或坡度改变处、跌水处以及直线管段上每隔一定距离的地方;跌水井按管道跌水水头的大小设置;雨水口的形式、数量和布置,应按汇水面积所产生的流量、雨水口的泄水能力及道路形式确定。

(2)室外排水系统的分类。通常分为污水排除系统和雨水排除系统两部分。

第二节　采　暖　工　程

一、室内采暖系统的组成与分类

1. 室内采暖系统的组成

室内采暖系统一般是由管道、水箱、用热设备和开关调节配件等组成。其中热水采暖系统的设备包括散热器,膨胀水箱、补给水箱、集气罐、除污器、放气阀及其他附件等。蒸汽采暖系统的设备除散热器外,还有冷凝水收集箱、减压器及疏水器等。

室内采暖的管道分为导管、立管和支管。导管多用无缝钢管,立、支管多采用焊接钢管(镀锌或不镀锌)。管道的连接方式有焊接和丝接两种。直径在 32mm 以上时多采用焊接;直径在 32mm 以下时采用丝接。

2. 室内采暖系统的分类

根据热媒的种类,采暖系统可分为以下三种。

(1)热水采暖系统。热水采暖系统即热媒为热水的采暖系统。根据热水在系统中循环流动动力的不同,热水采暖系统又分为自然循环热水采暖系统(即重力循环热水采暖系统)、机械循环热水采暖系统(即以水泵为动力的采暖系统)及蒸汽喷射热水采暖系统。

(2)蒸汽采暖系统。蒸汽采暖系统即热媒是蒸汽的采暖系统。根据蒸汽压力的不同,蒸汽采暖系统又分为低压蒸汽采暖系统和高压蒸汽采暖系统。

(3)热风采暖系统。热风采暖系统即热媒为空气的采暖系统。这种系统是用辅助热媒(放热带热体)把热能从热源输送至热交换器,经热交换器把热能传给主要热媒(受热带热体),由主要热媒再把热能输送至各采暖房间。

二、采暖系统的供热方式

1. 热水采暖系统的供热方式

(1)自然循环热水采暖系统。自然循环热水采暖系统一般分为双管系统和单管系统。

1)双管系统。双管系统是指连接散热器的供水主管和回水主管分别设置的系统。双管系统的特点是每组散热器可以组成一个循环管路,每组散热器的进水温度基本一致,各组散热器可自行调节热媒流量,互不影响,因此便于使用和检修。自然循环双管上分式热水采暖系统如图 1-8 所示。

2)单管系统。单管系统是指连接散热器的供水立管和回水立管用同一根立管的系统。

单管系统的特点是立管将散热器串联起来,构成一个循环环路,各楼层间散热器进水温

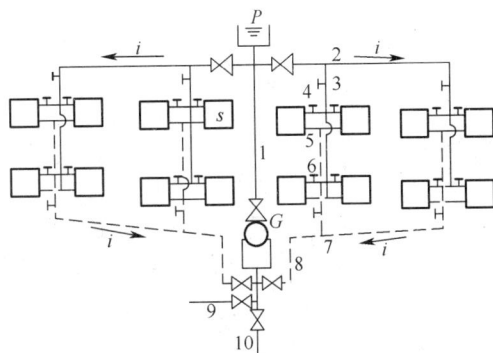

图 1-8　自然循环双管上分式热水采暖系统

G. 锅炉　*P.* 膨胀水箱　*S.* 散热器

1. 供水总管　2. 供水干管　3. 供水立管　4. 供水支管
5. 回水支管　6. 回水立管　7. 回水干管　8. 回水总立管
9. 充水管(给水管)　10. 放水管

度不同,离热水进口端越近,温度越高,离热水出口端越近,温度越低。

　　自然循环上分式单管热水采暖系统如图 1-9 所示。这种系统每组散热器热水流量不能单独调节,而单管跨越式在每组散热器前面安装阀门,并用跨越管连通散热器的进口及出口支管,使进入散热器的热水分成两部分,一部分进入散热器,另一部分进入跨越管内与其回水混合,进入下一层散热器。这种系统称自然循环单管跨越式热水采暖系统,如图 1-10 所示。

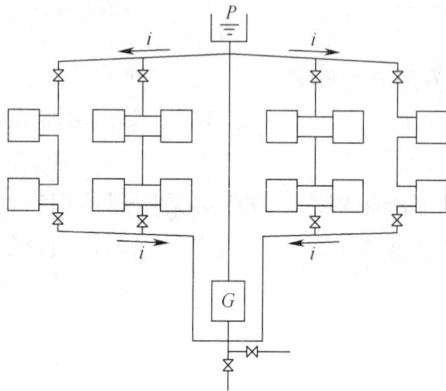

图 1-9　自然循环上分式单管热水采暖系统

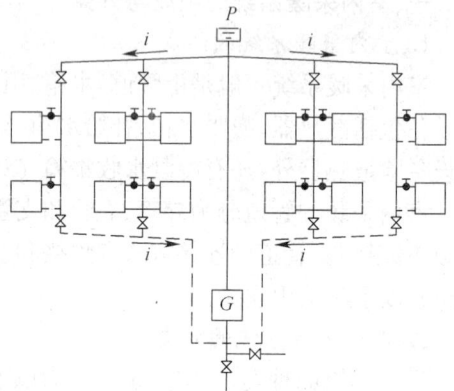

图 1-10　自然循环单管跨越式热水采暖系统

　　单管系统的工作过程与双管系统基本相同,单管系统和双管系统的主要区别是热水流向散热器的顺序不同。在双管系统中,热水平行地流经各组散热器,而单管系统热水按顺序依次流经各组散热器。

　　自然循环热水采暖系统管路布置的常用形式、适用范围及系统特点简要汇总如表 1-2 所示。

表 1-2　自然循环热水采暖系统常用几种形式

形式名称	图　式	特点及适用范围
单管上供下回式		1. 特点 (1)升温慢、作用压力小、管径大、系统简单、不消耗电能 (2)水力稳定性好 (3)可缩小锅炉中心与散热器中心距离节约钢材 (4)不能单独调节热水流量及室温 2. 适用范围 作用半径不超过 50m 的多层建筑
单管跨越式		1. 特点 (1)升温慢、作用压力小。系统简单,不消耗电能 (2)水力稳定性好 (3)节约钢材 (4)可单独调节热水流量及室温 2. 适用范围 作用半径不超过 50m 的多层建筑

续表 1-2

形式名称	图 式	特点及适用范围
双管上供下回式		1. 特点 (1)升温慢、作用压力小、管径大、系统简单、不消耗电能 (2)易产生垂直失调 (3)室温可调节 2. 适用范围 作用半径不超过 50m 的三层(≤10m)以下建筑
单户式		1. 特点 (1)一般锅炉与散热器在同一平面,故散热器安装至少提高到 300～400mm 高度 (2)尽量缩小配管长度减小阻力 2. 适用范围 单户单层建筑

(2)机械循环热水采暖系统。机械循环热水采暖系统形式与自然循环热水采暖系统形式基本相同,只是机械循环热水采暖系统中增加了水泵装置,对热水加压,使其循环压力升高,使水流速度加快,循环范围加大。

1)机械循环上分式双管及单管热水采暖系统。机械循环上分式双管及单管热水采暖系统如图 1-11 及图 1-12 所示。

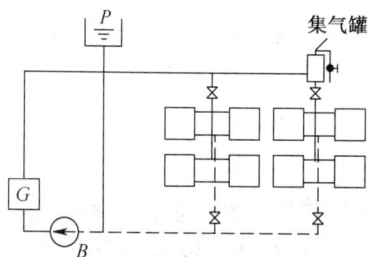

图 1-11 机械循环上分式双管热水采暖系统

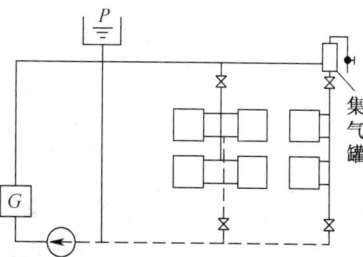

图 1-12 机械循环上分式单管热水采暖系统

机械循环上分式双管和单管的热水采暖系统,与自然循环上分式双管和单管采暖系统相比,除了增加水泵外,还增加了排气设备。

在机械循环系统中,水的流速快,超过了水中分离出的空气的浮升速度。为了防止空气进入立管,供水干管应设置沿水流方向向上的坡度,使管内气泡随水流方向运动,聚集到系统最高点,通过排气设备排到大气中去,坡度值为 0.002～0.003,回水干管按水流方向设下降坡度,使系统内的水能够顺利地排出。

2)机械循环下分式双管热水采暖系统。下分式双管热水采暖系统的供水干管和回水干管均敷设在系统所有散热器之下,如图 1-13 所示。下分式双管热水采暖系统排除空气较困难,主要靠顶层散热器的跑风阀排除空气。工作时,热水从底层散热器依次流向顶层散热器。

下分式与上分式相比较,上分式系统干管敷设在顶层天棚下,适用于顶层有天棚的建筑物,而下分式系统供水干管和回水干管均敷设在地沟中,适用于平屋顶的建筑物或有地下室的建筑物。

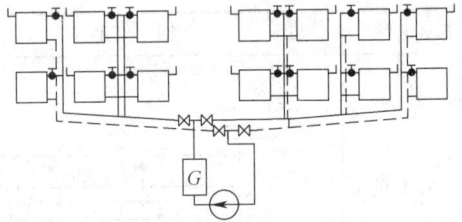

图1-13   机械循环下分式双管热水采暖系统

3)机械循环下供上回式热水采暖系统。下供上回式采暖系统有单管和双管两种形式,其特点是供水干管敷设在所有的散热器之下;而回水干管敷设在系统所有散热器之上。热水自下而上流过各层散热器,与空气气泡向上运动相一致,系统内空气易排除,一般用于高温热水采暖系统。下供上回式热水采暖系统如图1-14所示。

4)机械循环水平串联式热水采暖系统。机械循环水平串联式热水采暖系统的形式及组成如图1-15所示。

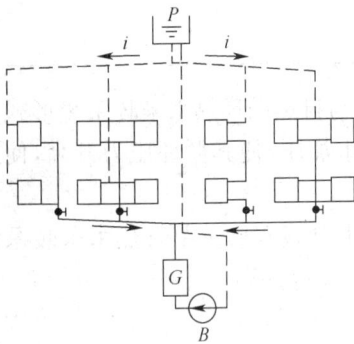

图1-14   下供上回式热水采暖系统

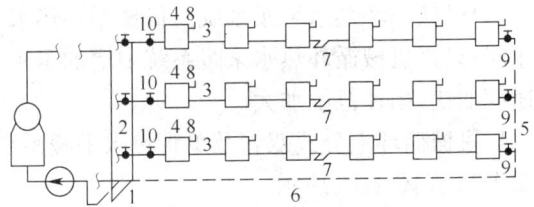

图1-15   水平串联式热水采暖系统
1. 供水干管   2. 供水立管   3. 水平串联管   4. 散热器
5. 回水立管   6. 回水干管   7. 方形伸缩器   8. 手动放
气阀   9. 泄水管   10. 阀门

这种形式构造简单,管道少穿楼板,便于施工,有较好的热稳定性。但这种系统串联的环路不宜太长,每个环路散热器组数以8~12组为宜,且每隔6m左右必须设置一个方形伸缩器,以解决水平管的热胀冷缩问题。在每一组散热器上安装手动放气阀,以排除系统内空气。水平串联式一般用于厂房、餐厅、俱乐部等采暖房间。

供回水管一般设在地沟内,也可设在散热器上面,供回水干管在散热器上的连接形式如图1-16所示。

5)同程式采暖系统与异程式采暖系统。同程式采暖系统是指采暖系统中,供回水干管

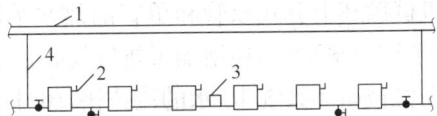

图1-16   供回水干管在散热器上的连接形式
1. 空气管   2. 排气装置   3. 方形伸缩器   4. 闭合管

中热媒流向相同,且在各个环路中热媒所流经的管路长度基本相等的系统。反之,为异程式采暖系统。同程式采暖系统的特点是水力稳定,压力易平衡;当系统较大时,采用同程式采暖系统

效果较好。同程式热水采暖系统如图1-17所示。

（3）高层建筑物的热水采暖系统。高层建筑热水采暖系统的形式有按层分区垂直式热水采暖系统、水平双线单管热水采暖系统及单、双管混合系统。

1）按层分区垂直式热水采暖系统。高层建筑按层分区垂直式热水采暖系统应用较多。这种系统是在垂直方向分成两个或两个以上的热水采暖系统。每个系统都独立设置膨胀水箱及排气装置，互不影响。下层采暖系统通常与室外管直接连接，其他层系统与外网隔绝式连接，通常采用热交换器使上层系统与室外管网隔绝，尤其是高层建筑采用的散热器承压能力较低时，这种隔绝方式应用较多。利用热交换器使上层采暖系统与室外管网隔绝的采暖系统如图1-18所示。

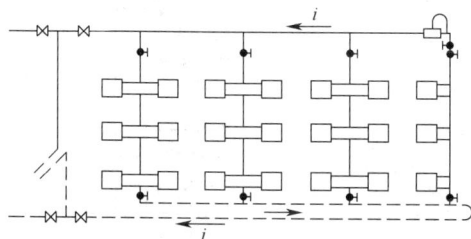

图1-17　同程式热水采暖系统

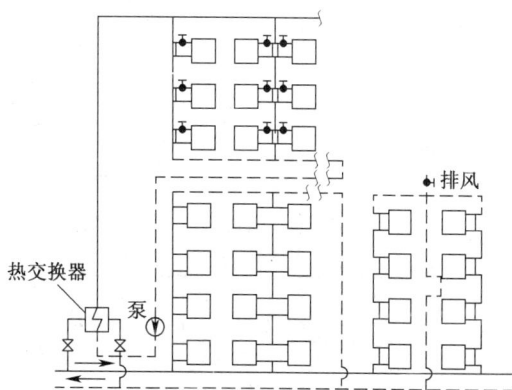

图1-18　按层分区单管垂直式热水采暖系统

当室外热力管网的压力低于高层建筑静水压力时，上层采暖系统可单独增设加压水泵，把水输送到高层采暖系统中去，如图1-19所示。

在设置加压泵时，需注意选用散热器的承压能力应大于高层建筑整个采暖系统所产生的静水压力。

2）水平双线单管热水采暖系统。水平双线单管热水采暖系统形式如图1-20所示。这种系统能够分层调节，也可以在每一个环路上设置。

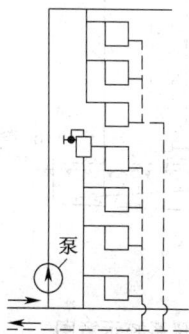

图1-19　采用加压
水泵的连接方式

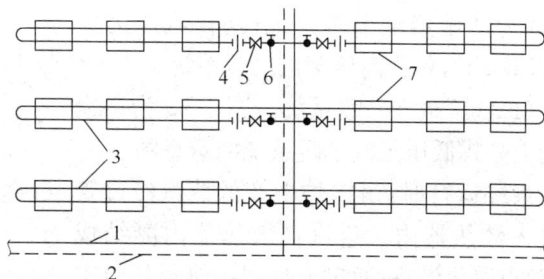

图1-20　水平双线单管热水采暖系统

1. 热水干管　2. 回水干管　3. 双线水平管　4. 节流孔板
5. 调节阀　6. 截止阀　7. 散热器

3)垂直双线单管采暖系统。垂直双线单管采暖系统的形式及构成如图1-21所示。
节流孔板、调节阀来保证各环路中的热水流量。

垂直双线单管采暖系统是由 π 形单管式立管组成。这种系统的散热器通常采用蛇形管式或辐射板式。这种系统克服了高层建筑容易产生的垂直失调,但这种系统立管阻力小,容易引起水平失调,一般可在每个 π 形单管的回水立管上设置孔板,或者采用同程式系统来消除水平失调现象。

4)单、双管混合系统。单、双管混合式热水采暖系统如图1-22所示。

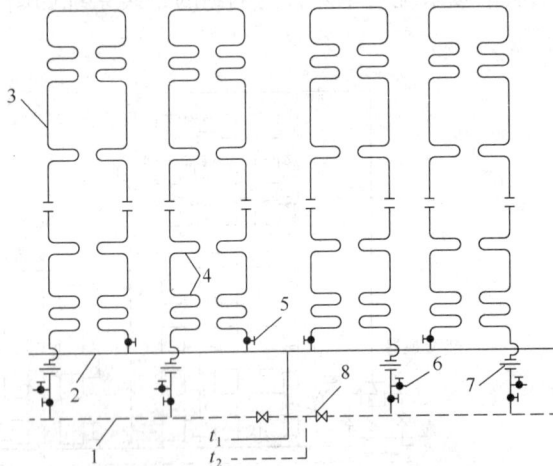

图 1-21　垂直双线单管采暖系统
1. 回水干管　2. 供水干管　3. 双线立管　4. 散热器或加热盘管
5. 截止阀　6. 立管冲洗排水阀　7. 节流孔板　8. 调节阀

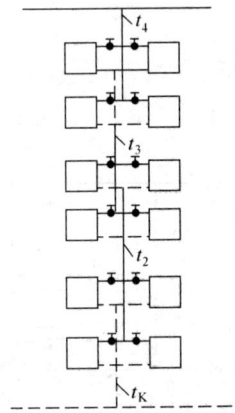

图 1-22　单、双管混合式
热水采暖系统

将高层建筑中的散热器沿垂直方向,每2~3层分为一组;在每一组内采用双管系统形式,而各组之间用单管连接;这就组成了单、双管混合式系统。

这种系统既能防止楼层过多时双管系统所产生的垂直水力失调现象,又能防止单管系统难以对散热器进行单个调节的缺点。

2. 蒸汽采暖系统的供热方式

蒸汽采暖系统当供汽压力≤0.07MPa时,称为低压蒸汽采暖系统;当供汽压力>0.07MPa时,称为高压蒸汽采暖系统。

(1)低压蒸汽采暖系统。图1-23为一完整的上分式低压蒸汽采暖系统的示意图。

系统运行时,由锅炉生产的蒸汽经过管道进入散热器内。蒸汽在散热器内凝结成水,放出汽化潜热;通过散热器把热量传给室内空气,维持室内的设计温度。而散热器中的凝结水,经回水管路流回凝结水箱中,再由凝结水泵加压送入锅炉重新加热成水蒸气再

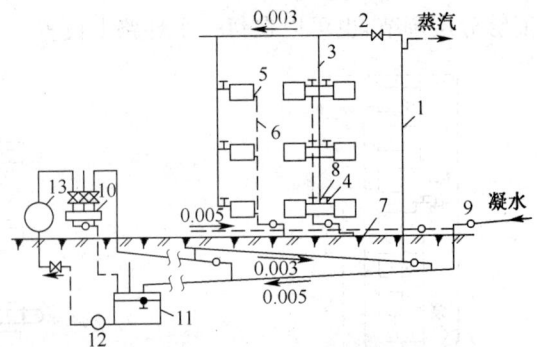

图 1-23　低压蒸汽采暖系统示意图
1. 总立管　2. 蒸汽干管　3. 蒸汽立管　4. 蒸汽支管　5. 凝
水支管　6. 凝水立管　7. 凝水干管　8. 调节阀　9. 疏水器
10. 分汽缸　11. 凝结水箱　12. 凝结水泵　13. 锅炉

送入采暖系统中,如此循环运行。

低压蒸汽采暖系统的管路布置可分为双管上分式、下分式、中分式蒸汽采暖系统及单管垂直上分式和下分式蒸汽采暖系统。

低压蒸汽采暖系统管路布置的常用形式、适用范围及系统特点简要汇总如表1-3。

表 1-3　低压蒸汽采暖系统常用的几种形式

形式名称	图　式	特点及适用范围
双管上供下回式		1. 特点 (1)常用的双管做法 (2)易产生上热下冷 2. 适用范围 室温需调节的多层建筑
双管下供下回式		1. 特点 (1)可缓和上热下冷现象 (2)供汽立管需加大 (3)需设地沟 (4)室内顶层无供汽干管、美观 2. 适用范围 室温需调节的多层建筑
双管中供下回式		1. 特点 (1)接层方便 (2)与上供下回式对比解决上热下冷有利一些 2. 适用范围 当顶层无法敷设供汽干管的多层建筑
单管下供下回式		1. 特点 (1)室内顶层无供汽干管美观 (2)供汽立管要加大 (3)安装简便、造价低 (4)需设地沟 2. 适用范围 三层以下建筑
单管上供下回式		1. 特点 (1)常用的单管做法 (2)安装简便、造价低 2. 适用范围 多层建筑

注:1. 蒸汽水平干管汽、水逆向流动时坡度应大于0.5%,其他应大于0.3%。

　　2. 水平敷设的蒸汽干管每隔30～40m宜设抬管泄水装置。

　　3. 回水为重力干式回水方式时,回水干管敷设高度,应高出锅炉供汽压力折算静水压力再加200～300mm安全高度。如系统作用半径较大时,则需采取机械回水。

(2)高压蒸汽采暖系统。高压蒸汽采暖系统比低压蒸汽采暖系统供汽压力高,流速大,作用半径大,散热器表面温度高,凝结水温度高。多用于工厂里的采暖。高压蒸汽采暖常用的形式如图1-24所示。

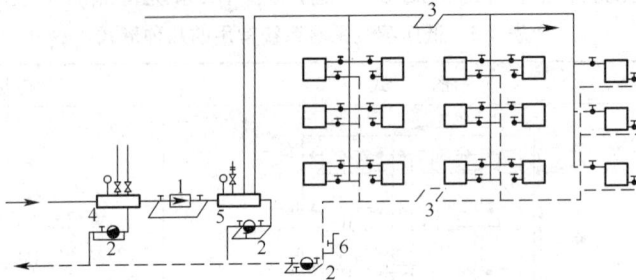

图1-24　双臂上分式高压蒸汽采暖系统图示
1. 减压阀　2. 疏水器　3. 伸缩器　4. 生产用分汽缸　5. 采暖用分汽缸　6. 放气管

高压蒸汽采暖系统一般采用双管上分式系统形式。因为单管系统里蒸汽和凝水在一根管子里流动,容易产生水击现象。在小的采暖系统可以采用异程双管上分式的系统形式;在系统的作用半径超过80m时,最好采用同程双管上分式系统形式。

高压蒸汽采暖管路布置常用的形式、适用范围及系统特点简要汇总如表1-4。

表1-4　高压蒸汽采暖系统常用的几种形式

形式名称	图　式	特点及适用范围
上供下回式		1. 特点 常用的做法,可节约地沟 2. 适用范围 单层公用建筑或工业厂房
上供上回式		1. 特点 (1)除节省地沟外检修方便 (2)系统泄水不便 2. 适用范围 工业厂房暖风机供暖系统
水平串联式		1. 特点 (1)构造最简单、造价低 (2)散热器接口处易漏水漏汽 2. 适用范围 单层公用建筑
同程辐射板式		1. 特点 (1)供热量较均匀 (2)节省地面有效面积 2. 适用范围 工业厂房及车间

续表 1-4

形式名称	图　式	特点及适用范围
双管上供下回式		1. 特点 可调节每组散热器的热流量 2. 适用范围 多层公用建筑及辅助建筑,作用半径不超过 80m

第三节　燃气工程

一、燃气输配系统

(1)燃气长距离输送系统。燃气长距离输送系统通常由集输管网、气体净化设备、起点站、输气干线、输气支线、中间调压计量站、压气站、分配站及电保护装置等组成,按燃气种类、压力、质量及输送距离的不同,在系统的设置上有所差异。

(2)燃气压送储存系统。燃气压送储存系统主要由压送设备和储存装置组成。

压送设备是燃气输配系统的心脏,用来提高燃气压力或输送燃气,目前,在中、低压两级系统中使用的压送设备有罗茨式鼓风机和往复式压送机。

储存装置的作用是保证不间断地供应燃气,平衡、调度燃气供应量。其设备主要有低压湿式储气柜、低压干式储气柜及高压储气罐(圆筒形、球形)。

燃气压送储存系统的工艺有低压储存、中压输送;低压储存、中低压分路输送等。

二、燃气管道系统

城镇燃气管道系统由输气干管、中压输配干管、低压输配干管、配气支管和用气管道组成。

(1)输气干管。输气干管是将燃气从气源厂或门站送至城市各高中压调压站的管道,燃气压力一般为高压 A 及高压 B。

(2)中压输配干管。中压输配干管是将燃气从气源厂或储配站送至城市各用气区域的管道,包括出厂管、出站管和城市道路干管。

(3)低压输配干管。低压输配干管是将燃气从调压站送至燃气供应地区,并沿途分配给各类用户的管道。

(4)配气支管。配气支管分为中压支管和低压支管。中压支管是将燃气从中压输配干管引至调压站的管道,低压支管是将燃气从低压输配干管引至各类用户室内燃气计量表前的管道。

(5)用气管道。用气管道是将燃气计量表引向室内各个燃具的管道。

三、燃气系统附属设备

(1)凝水器。凝水器按构造分为封闭式和开启式两种,设置在输气管线上,用以收集、排除燃气的凝水。封闭式凝水器无盖,安装方便,密封良好,但不易清除内部的垃圾、杂质;开启式凝水器有可以拆卸的盖,内部垃圾、杂质清除比较方便。常用的凝水器有铸铁凝水器、钢板凝水器等。

(2)补偿器。补偿器形式有套筒式补偿器和波形管补偿器,常用在架空管、桥管上,用以调节因环境温度变化而引起的管道膨胀与收缩。埋地铺设的聚乙烯管道,在长管段上通常设置套筒式补偿器。

(3)调压器。调压器按构造可分为直接式调压器与间接式调压器两类,按压力应用范围分为高压、中压和低压调节器,按燃气供应对象分为区域,专用和用户调压器,其作用是降低和稳定燃气输配管网的压力。直接式调压器靠主调压器自动调节,间接式调压器设有指挥系统。

(4)过滤器。过滤器通常设置在压送机、调压器、阀门等设备进口处,用以清除燃气中的灰尘及焦油等杂质。过滤器的过滤层用不锈钢丝绒或尼龙网组成。

第二章 给排水、采暖、燃气工程施工图识读

内容提要:

1. 掌握给排水、采暖、燃气工程施工图识读的基本规定,包括图线、比例、标高、管径及编号。

2. 了解给排水、采暖、燃气工程常用图例,如管道与管件图例、阀门与给水配件图例、卫生设备及水池图例、小型给水排水构筑物图例等。

3. 掌握给排水、采暖、燃气工程施工图的识读方法。

第一节 水暖施工图的基本规定

一、图线

1. 图线的宽度

图线的宽度 b 应按照图纸的类型、比例和复杂程度,根据现行国家标准《房屋建筑制图统一标准》(GB/T 50001—2010)中的规定选用。线宽 b 宜为 0.7mm 或 1.0mm。

2. 图线的线型

建筑给水排水专业制图中,常用的各种线型见表 2-1 的规定。

表 2-1 线型

名称	线型	线宽	用途
粗实线	————————	b	新设计的各种排水和其他重力流管线
粗虚线	– – – – – – – –	b	新设计的各种排水和其他重力流管线的不可见轮廓线
中粗实线	————————	$0.7b$	新设计的各种给水和其他压力流管线;原有的各种排水和其他重力流管线
中粗虚线	– – – – – – – –	$0.7b$	新设计的各种给水和其他压力流管线及原有的各种排水和其他重力流管线的不可见轮廓线
中实线	————————	$0.5b$	给水排水设备、零(附)件的可见轮廓线;总图中新建的建筑物和构筑物的可见轮廓线;原有的各种给水和其他压力流管线
中虚线	– – – – – – – –	$0.5b$	给水排水设备、零(附)件的不可见轮廓线;总图中新建的建筑物和构筑物的不可见轮廓线;原有的各种给水和其他压力流管线的不可见轮廓线

续表 2-1

名称	线 型	线宽	用 途
细实线	——————	0.25b	建筑的可见轮廓线;总图中原有的建筑物和构筑物的可见轮廓线;制图中的各种标注线
细虚线	- - - - - - - - - -	0.25b	建筑的不可见轮廓线;总图中原有的建筑物和构筑物的不可见轮廓线
单点长画线	—— · —— · ——	0.25b	中心线、定位轴线
折断线	——∿——	0.25b	断开界线
波浪线	∼∼∼∼	0.25b	平面图中水平线;局部构造层次范围线;保温范围示意线

二、比例

(1)建筑给水排水专业制图常用的比例,见表 2-2 的规定。

表 2-2　常用比例

名 称	比 例	备 注
区域规划图 区域位置图	1:50000、1:25000、1:10000、1:5000、1:2000	宜与总图专业一致
总平面图	1:1000、1:500、1:300	宜与总图专业一致
管道纵断面图	竖向 1:200、1:100、1:50 纵向 1:1000、1:500、1:300	—
水处理厂(站)平面图	1:500、1:200、1:100	—
水处理构筑物、设备间、卫生间、泵房平、剖面图	1:100、1:50、1:40、1:30	—
建筑给水排水平面图	1:200、1:150、1:100	宜与建筑专业一致
建筑给水排水轴测图	1:150、1:100、1:50	宜与相应图纸一致
详图	1:50、1:30、1:20、1:10、1:5、1:2、1:1、2:1	—

(2)在管道纵断面图中,竖向与纵向可采用不同的组合比例。

(3)在建筑给水排水轴测系统图中,若局部表达有困难,此处可不按比例绘制。

(4)水处理工艺流程断面图及建筑给水排水管道展开系统图可不按比例绘制。

三、标高

(1)标高符号和一般标注方法应符合《房屋建筑制图统一标准》(GB/T 50001—2010)的规定。

(2)室内工程应标注相对标高;室外工程应标注绝对标高,若无绝对标高资料,可标注相对标高,但应与总图专业一致。

(3)压力管道应标注管中心标高;重力流管道及沟渠应标注管(沟)内底标高。标高单位以 m 计时,可注写到小数点后两位。

(4)以下部位应标注标高:

1)沟渠和重力流管道:

①建筑物内宜标注起点、变径(尺寸)点、变坡点、穿外墙及剪力墙处。

②需控制标高处。

③小区内管道根据《建筑给水排水制图标准》(GB/T 50106—2010)的有关规定执行。

2)压力流管道中的标高控制点。

3)管道穿外墙、剪力墙和构筑物的壁及底板等处。

4)不同水位线处。

5)建(构)筑物中土建部分的相关标高。

(5)标高的标注方法应符合以下规定：

1)平面图中,管道标高按图 2-1 的方式标注。

2)平面图中,沟渠标高按图 2-2 的方式标注。

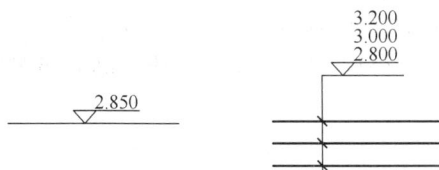

图 2-1　平面图中管道标高标注法

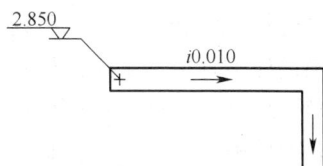

图 2-2　平面图中沟渠标高标注法

3)剖面图中,管道及水位的标高按图 2-3 的方式标注。

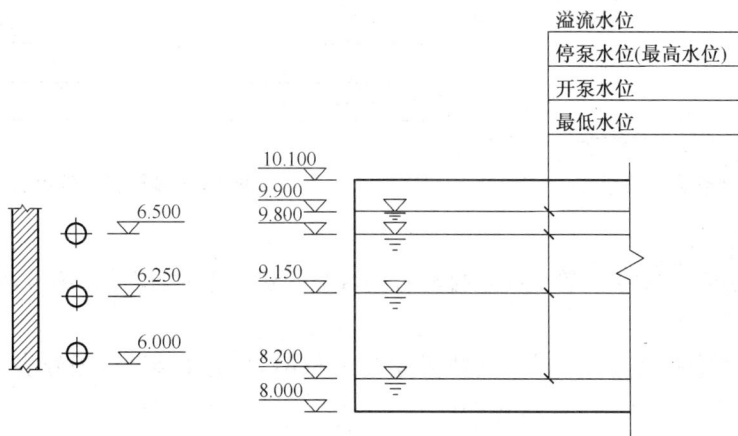

图 2-3　剖面图中管道及水位标高标注法

4)轴测图中,管道标高按图 2-4 的方式标注。

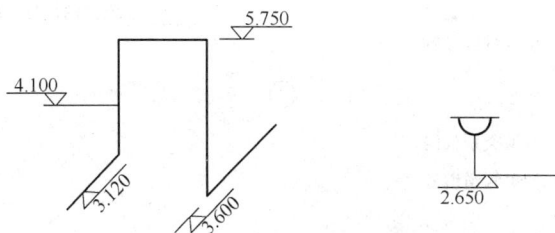

图 2-4　轴测图中管道标高标注法

(6)建筑物内的管道也可按本层建筑地面的标高加管道安装高度的方式标注管道标高,标注方法为 $H+\times.\times\times\times$,其中 H 表示本层建筑地面标高。

四、管径

(1)管径单位为 mm。

(2)管径的表达方法应符合以下规定:

1)水煤气输送钢管(镀锌或非镀锌)、铸铁管等管材,管径应以公称直径 DN 表示。

2)无缝钢管、焊接钢管(直缝或螺旋缝)等管材,管径应以外径 $D\times$壁厚表示。

3)铜管、薄壁不锈钢管等管材,管径宜以公称外径 Dw 表示。

4)建筑给水排水塑料管材,管径宜以公称外径 dn 表示。

5)钢筋混凝土(或混凝土)管,管径宜以内径 d 表示。

6)复合管、结构壁塑料管等管材,管径按产品标准的方法表示。

7)当设计中管径均采用公称直径 DN 表示时,应有公称直径 DN 与相应产品规格对照表。

(3)管径的标注方法应符合以下规定:

1)若为单根管道,管径按图 2-5 的方式标注。

2)若为多跟管道,管径按图 2-6 的方式标注。

图 2-5　单管管径表示法　　　　　　　图 2-6　多管管径表示法

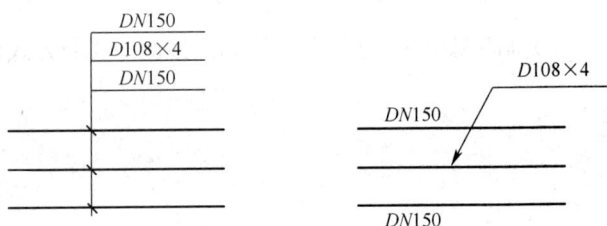

五、编号

(1)当建筑物的给水引入管或排水排出管的数量超过一根时,应进行编号,编号表示方法如图 2-7 所示。

(2)建筑物内穿越楼层的立管,其数量超过一根时,应进行编号,编号表示方法如图 2-8 所示。

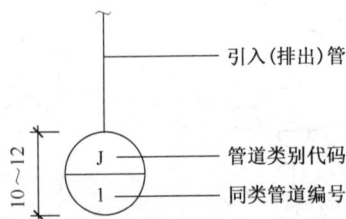

图 2-7　给水引入(排水排出)管编号表示法

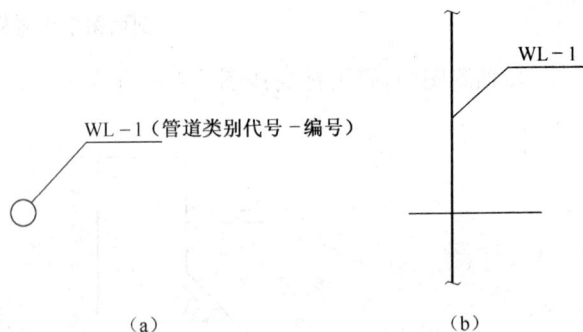

图 2-8　立管编号表示法

(a)平面图　(b)剖面图、系统图、轴测图

(3)在总图中,当同种给水排水附属构筑物的数量超过一个时,要进行编号,并符合以下规定:

1)编号方法应采用构筑物代号加编号表示。

2)给水构筑物的编号顺序宜为从水源到干管,再从干管到支管,最后到用户。

3)排水构筑物的编号顺序宜为从上游到下游,先干管后支管。

(4)当给水排水工程的机电设备数量超过一台时,宜进行编号,且应有设备编号与设备名称对照表。

第二节　给排水、采暖、燃气工程常用图例

一、管道与管件图例

(1)管道类别应用汉语拼音字母表示,管道图例宜符合表 2-3 的规定。

表 2-3　管道

序号	名称	图例	备注	序号	名称	图例	备注
1	生活给水管	—— J ——	—	17	压力雨水管	—— YY ——	—
2	热水给水管	—— RJ ——	—	18	虹吸雨水管	—— HY ——	—
3	热水回水管	—— RH ——	—	19	膨胀管	—— PZ ——	—
4	中水给水管	—— ZJ ——	—	20	保温管	～～～	也可用文字说明保温范围
5	循环冷却给水管	—— XJ ——	—				
6	循环冷却回水管	—— XH ——	—	21	伴热管	------	也可用文字说明保温范围
7	热媒给水管	—— RM ——	—				
8	热媒回水管	—— RMH ——	—	22	多孔管	✕——✕——✕	—
9	蒸汽管	—— Z ——	—	23	地沟管	═══════	—
10	凝结水管	—— N ——	—	24	防护套管	▭	—
11	废水管	—— F ——	可与中水原水管合用	25	管道立管	XL-1（平面）　XL-1（系统）	X 为管道类别 L 为立管 1 为编号
12	压力废水管	—— YF ——	—				
13	通气管	—— T ——	—	26	空调凝结水管	—— KN ——	—
14	污水管	—— W ——	—	27	排水明沟	坡向 →	—
15	压力污水管	—— YW ——	—	28	排水暗沟	坡向 →	—
16	雨水管	—— Y ——	—				

注:1. 分区管道用加注角标方式表示。

　　2. 原有管线可用比同类型的新设管线细一级的线型表示,并加斜线,拆除管线则加叉线。

(2)管道附件的图例宜符合表2-4的规定。

表2-4　管道附件

序号	名称	图　例	备注	序号	名称	图　例	备注
1	管道伸缩器		—	14	方形地漏	平面　　系统	—
2	方形伸缩器		—				
3	刚性防水套管		—	15	自动冲洗水箱		—
4	柔性防水套管		—	16	挡墩		—
5	波纹管		—	17	减压孔板		—
6	可曲挠橡胶接头	单球　　双球	—	18	Y形除污器		—
7	管道固定支架		—	19	毛发聚集器	平面　　系统	—
8	立管检查口		—	20	倒流防止器		—
9	清扫口	平面　　系统	—	21	吸气阀		—
10	通气帽	成品　　蘑菇形	—	22	真空破坏器		—
11	雨水斗	YD-　　YD- 平面　　系统	—	23	防虫网罩		—
12	排水漏斗	平面　　系统	—	24	金属软管		—
13	圆形地漏	平面　　系统	通用。如无水封,地漏应加存水弯				

（3）管道连接的图例宜符合表2-5的规定。

表2-5 管道连接

序号	名称	图例	备注	序号	名称	图例	备注
1	法兰连接		—	7	弯折管	高 低 低 高	—
2	承插连接		—	8	管道丁字上接	高 低	—
3	活接头		—				
4	管堵		—	9	管道丁字下接	高 低	—
5	法兰堵盖		—	10	管道交叉	低 高	在下面和后面的管道应断开
6	盲板		—				

（4）管件的图例宜符合表2-6的规定。

表2-6 管件

序号	名称	图例	序号	名称	图例
1	偏心异径管		8	90°弯头	
2	同心异径管		9	正三通	
3	乙字管		10	TY三通	
4	喇叭口		11	斜三通	
5	转动接头		12	正四通	
6	S形存水弯		13	斜四通	
7	P形存水弯		14	浴盆排水管	

(5)燃气工程常用管道代号宜符合表2-7的规定。

表 2-7　燃气工程常用管道代号

序号	管道名称	管道代号	序号	管道名称	管道代号
1	燃气管道(通用)	G	16	给水管道	W
2	高压燃气管道	HG	17	排水管道	D
3	中压燃气管道	MG	18	雨水管道	R
4	低压燃气管道	LG	19	热水管道	H
5	天然气管道	NG	20	蒸汽管道	S
6	压缩天然气管道	CNG	21	润滑油管道	LO
7	液化天然气气相管道	LNGV	22	仪表空气管道	IA
8	液化天然气液相管道	LNGL	23	蒸汽伴热管道	TS
9	液化石油气气相管道	LPGV	24	冷却水管道	CW
10	液化石油气液相管道	LPGL	25	凝结水管道	C
11	液化石油气混空气管道	LPG-AIR	26	放散管道	V
12	人工煤气管道	M	27	旁通管道	BP
13	供油管道	O	28	回流管道	RE
14	压缩空气管道	A	29	排污管道	B
15	氮气管道	N	30	循环管道	CI

二、阀门与给水配件图例

(1)阀门的图例宜符合表2-8的规定。

表 2-8　阀门

序号	名称	图例	备注	序号	名称	图例	备注
1	闸阀		—	7	电动闸阀		—
2	角阀		—	8	液动闸阀		—
3	三通阀		—	9	气动闸阀		—
4	四通阀		—	10	电动蝶阀		—
5	截止阀		—	11	液动蝶阀		—
6	蝶阀			12	气动蝶阀		—
				13	减压阀		左侧为高压端

续表 2-8

序号	名称	图 例	备注	序号	名称	图 例	备注
14	旋塞阀	平面　系统	—	26	持压阀		—
15	底阀	平面　系统	—	27	泄压阀		—
16	球阀		—	28	弹簧安全阀		左侧为通用
17	隔膜阀		—	29	平衡锤安全阀		—
18	气开隔膜阀		—	30	自动排气阀	平面　系统	—
19	气闭隔膜阀		—	31	浮球阀	平面　系统	—
20	电动隔膜阀		—	32	水力液位控制阀	平面　系统	—
21	温度调节阀		—	33	延时自闭冲洗阀		—
22	压力调节阀		—	34	感应式冲洗阀		—
23	电磁阀		—	35	吸水喇叭口	平面　系统	—
24	止回阀		—	36	疏水器		—
25	消声止回阀		—				

(2)给水配件的图例宜符合表 2-9 的规定。

表 2-9 给水配件

序号	名称	图 例	序号	名称	图 例
1	水嘴	平面　系统	3	洒水(栓)水嘴	
2	皮带水嘴	平面　系统	4	化验水嘴	

续表 2-9

序号	名称	图　例	序号	名称	图　例
5	肘式水嘴		8	旋转水嘴	
6	脚踏开关水嘴		9	浴盆带喷头混合水嘴	
7	混合水嘴		10	蹲便器脚踏开关	

三、卫生设备及水池图例

卫生设备及水池的图例宜符合表 2-10 的规定。

表 2-10　卫生设备及水池

序号	名称	图　例	备注	序号	名称	图　例	备注
1	立式洗脸盆		—	9	污水池		—
2	台式洗脸盆		—	10	妇女净身盆		—
3	挂式洗脸盆		—	11	立式小便器		—
4	浴盆		—	12	壁挂式小便器		—
5	化验盆、洗涤盆		—	13	蹲式大便器		—
6	厨房洗涤盆		不锈钢制品	14	坐式大便器		—
7	带沥水板洗涤盆		—	15	小便槽		—
8	盥洗槽		—	16	淋浴喷头		—

注：卫生设备图例也可以建筑专业资料图为准。

四、小型给水排水构筑物图例

小型给水排水构筑物的图例宜符合表 2-11 的规定。

表 2-11　小型给水排水构筑物

序号	名称	图例	备注	序号	名称	图例	备注
1	矩形化粪池	HC	HC 为化粪池	7	雨水口（双算）		—
2	隔油池	YC	YC 为隔油池代号	8	阀门井及检查井	J—×× W—×× Y—××	以代号区别管道
3	沉淀池	CC	CC 为沉淀池代号	9	水封井		—
4	降温池	JC	JC 为降温池代号	10	跌水井		—
5	中和池	ZC	ZC 为中和池代号	11	水表井		—
6	雨水口（单算）		—				

五、给水排水设备图例

给水排水设备的图例宜符合表 2-12 的规定。

表 2-12　给水排水设备

序号	名称	图例	备注	序号	名称	图例	备注
1	卧式水泵	平面　　系统	—	8	快速管式热交换器		—
2	立式水泵	平面　　系统	—	9	板式热交换器		—
3	潜水泵		—	10	开水器		—
4	定量泵		—	11	喷射器		小三角为进水端
5	管道泵		—	12	除垢器		—
6	卧式容积热交换器		—	13	水锤消除器		—
7	立式容积热交换器		—				

续表 2-12

序号	名称	图　例	备注	序号	名称	图　例	备注
14	搅拌器	(M)	—	15	紫外线消毒器	ZWM	—

六、给水排水专业所用仪表图例

给水排水专业所用仪表的图例宜符合表 2-13 的规定。

表 2-13　给水排水专业所用仪表

序号	名称	图　例	备注	序号	名称	图　例	备注
1	温度计		—	8	真空表		—
2	压力表		—	9	温度传感器	– – –〔T〕– – –	—
3	自动记录压力表		—	10	压力传感器	– – –〔P〕– – –	—
4	压力控制器		—	11	pH 传感器	– – –〔pH〕– – –	—
5	水表		—	12	酸传感器	– – –〔H〕– – –	—
6	自动记录流量表		—	13	碱传感器	– – –〔Na〕– – –	—
7	转子流量计	平面　系统	—	14	余氯传感器	– – –〔Cl〕– – –	—

七、燃气工程其他图例

(1)区域规划图、布置图中燃气厂站的常用图形符号见表 2-14。

表 2-14　燃气厂站的常用图形符号

序号	名　　称	图形符号	序号	名　　称	图形符号
1	气源厂		4	液化石油气储配站	
2	门站		5	液化天然气储配站	
3	储配站、储存站		6	天然气、压缩天然气储配站	

续表2-14

序号	名　称	图形符号	序号	名　称	图形符号
7	区域调压站		11	汽车加油加气站	
8	专用调压站		12	燃气发电站	
9	汽车加油站		13	阀室	
10	汽车加气站		14	阀井	

(2)常用不同用途管道图形符号见表2-15。

表2-15　常用不同用途管道图形符号

序号	名　称	图形符号	序号	名　称	图形符号
1	管线加套管		6	蒸汽伴热管	
2	管线穿地沟		7	电伴热管	
3	桥面穿越		8	报废管	
4	软管、挠性管		9	管线重叠	上或前
5	保温管、保冷管		10	管线交叉	

(3)常用管线、道路等图形符号见表2-16。

表2-16　常用管线、道路等图形符号

序号	名称	图形符号	序号	名称	图形符号
1	燃气管道	—— G ——	8	蒸汽管道	—— S ——
2	给水管道	—— W ——	9	电力线缆	—— DL ——
3	消防管道	—— FW ——	10	电信线缆	—— DX ——
4	污水管道	—— DS ——	11	仪表控制线缆	—— K ——
5	雨水管道	—— R ——	12	压缩空气管道	—— A ——
6	热水供水管线	—— H ——	13	氮气管道	—— N ——
7	热水回水管线	—— HR ——	14	供油管道	—— O ——

续表 2-16

序号	名　称	图形符号	序号	名　称	图形符号
15	架空电力线	←○━ DL ━○→	26	行道树	
16	架空通信线	●○● DX ●○●	27	地坪	
17	块石护底		28	自然土壤	
18	石笼稳管		29	素土夯实	
19	混凝土压块稳管		30	护坡	
20	桁架跨越		31	台阶或梯子	上
21	管道固定墩		32	围墙及大门	
22	管道穿墙		33	集液槽	
23	管道穿楼板		34	门	
24	铁路		35	窗	
25	桥梁		36	拆除的建筑物	

(4)用户工程的常用设备图形符号见表 2-17。

表 2-17　用户工程的常用设备图形符号

序号	名　称	图形符号	序号	名　称	图形符号
1	用户调压器		5	家用燃气双眼灶	
2	皮膜燃气表		6	燃气多眼灶	
3	燃气热水器		7	大锅灶	
4	壁挂炉、两用炉		8	炒菜灶	

续表 2-17

序号	名　称	图形符号	序号	名　称	图形符号
9	燃气沸水器		12	燃气锅炉	
10	燃气烤箱		13	可燃气体泄漏探测器	
11	燃气直燃机		14	可燃气体泄漏报警控制器	

第三节　给水、排水工程施工图识读

一、给水排水工程施工图的分类

给水排水工程施工图按内容可以大致分为以下三类：

（1）室外管道及附属设备图。室外管道及附属设备图指城镇居住区和工矿企业厂区的给水排水管道施工图。属于这类图样的有区域管道平面图、街道管道平面图、工矿企业厂区管道平面图、管道纵剖面图、管道上的附属设备图、泵站及水池和水塔管道施工图、污水及雨水出口施工图。

（2）室内管道及卫生设备图。室内管道及卫生设备图指一幢建筑物内用水房间（如厕所、浴室、厨房、实验室、锅炉房）以及工厂车间用水设备的管道平面布置图，管道系统平面图，卫生设备、用水设备、加热设备和水箱、水泵等的施工图。

（3）水处理工艺设备图。水处理工艺设备图指给水厂、污水处理厂的平面布置图、水处理设备图（如沉淀池、过滤池、曝气池、消化池等全套施工图）、水流或污流流程图。

给水排水工程施工图按图样表现的形式可分为基本图和详图两大类。基本图包括图样目录、施工图说明、材料设备明细表、工艺流程图、平面图、轴测图和立（剖）面图；详图包括节点图、大样图和标准图。

二、给水排水工程施工图的绘制要求

1. 一般规定

（1）图纸幅面规格、字体、符号等均应按现行国家标准《房屋建筑制图统一标准》（GB/T 50001—2010）的有关规定选用。图样图线、比例、管径、标高和图例等应按《建筑给水排水制图标准》（GB/T 50106—2010）第 2 章和第 3 章的有关规定选用。

（2）设计应用图样表示，当图样无法表示时可加注文字说明。设计图纸表示的内容应满足相应设计阶段的设计深度要求。

（3）对于在图样中无法表示的内容，如设计依据、管道系统划分、施工要求、验收标准等，应按以下规定，用文字说明：

1）关于项目的问题，施工图阶段应在首页或次页编写设计施工说明集中说明。

2）图样中的局部问题，应在本张图纸内用附注形式予以说明。

3)文字说明应条理清晰、简明扼要、通俗易懂。

(4)设备和管道的平面布置、剖面图均应按现行国家标准《房屋建筑制图统一标准》(GB/T 50001—2010)的规定执行,并应按直接正投影法绘制。

(5)工程设计中,应单独绘制本专业的图纸。在同一个工程项目的设计图纸中,使用的图例、术语、图线、字体、符号、绘图表示方式等应一致。

(6)在同一个工程子项目的设计图纸中,所用的图纸幅面规格应一致。若有困难,其图纸幅面规格不宜超过 2 种。

(7)尺寸的数字和计量单位应符合下列规定:

1)图样中尺寸的数字、排列、布置及标注,应按现行国家标准《房屋建筑制图统一标准》(GB/T 50001—2010)的规定执行。

2)单体项目平面图、剖面图、详图、放大图、管径等尺寸应用 mm 表示。

3)标高、管长、距离、坐标等应以 m 计,精确度可取至 cm。

(8)标高和管径的标注应符合以下规定:

1)单体建筑应标注相对标高,并应注明相对标高和绝对标高的换算关系。

2)总平面图应标注绝对标高,宜注明标高体系。

3)压力流管道,应标注管道中心。

4)重力流管道应标注管道内底。

5)横管的管径宜标注在管道上方,竖向管道的管径宜标注在管道左侧,斜向管道的标注应符合现行国家标准《房屋建筑制图统一标准》(GB/T 50001—2010)的规定。

(9)工程设计图纸中的主要设备器材表的格式,如图 2-9 所示。

序号	设备器材名称	性能参数	单位	数量	备注

图 2-9　主要设备器材表

2. 图号和图纸编排

(1)设计图纸宜按以下规定进行编号:

1)规划设计阶段宜以水规-1、水规-2……以此类推表示。

2)初步设计阶段宜以水初-1、水初-2……以此类推表示。

3)施工图设计阶段宜以水施-1、水施-2……以此类推表示。

4)单体项目只有一张图纸时,宜用水初一全、水施一全表示,并在图纸图框线内的右上角标"全部水施图纸均在此页"字样(见图 2-10)。

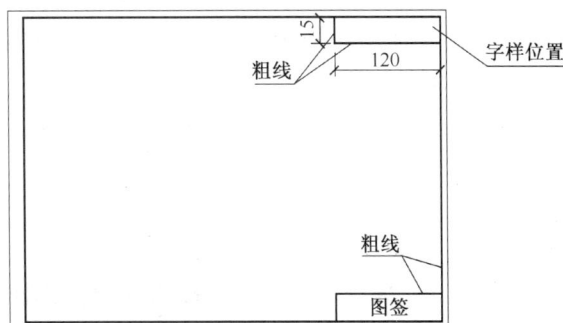

图 2-10　只有一张图纸时的右上角字样位置

5)施工图设计阶段,本工程各单体项目通用的统一详图宜以水通-1、水通-2……以此类推表示。

(2)设计图纸宜按以下规定编写目录:

1)初步设计阶段工程设计的图纸目录宜以工程项目为单位进行编写。

2)施工图设计阶段工程设计的图纸目录宜以工程项目的单体项目为单位进行编写。

3)施工图设计阶段,本工程各单体项目共同使用的统一详图宜单独进行编写。

(3)设计图纸宜按以下规定进行排列:

1)图纸目录、使用标准图目录、使用统一详图目录、主要设备器材表、图例和设计施工说明宜在前,设计图样宜在后。

2)图纸目录、使用标准图目录、使用统一详图目录、主要设备器材表、图例和设计施工说明在一张图纸内排列不完时,应按所述内容顺序单独成图和编号。

3)设计图样宜按下列规定进行排列:

①管道系统图在前,平面图、放大图、剖面图、轴测图、详图依次在后编排。

②管道展开系统图应按生活给水、生活热水、直饮水、中水、污水、废水、雨水、消防给水等依次编排。

③平面图中应按地面下各层依次在前,地面上各层由低向高依次编排。

④水净化(处理)工艺流程断面图在前,水净化(处理)机房(构筑物)平面图、剖面图、放大图、详图依次在后编排。

⑤总平面图应按管道布置图在前,管道节点图、阀门井剖面示意图、管道纵断面图或管道高程表、详图依次在后编排。

3. 图样布置

(1)在同一张图纸内绘制多个图样时,宜按以下规定布置:

1)多个平面图时应按建筑层次由低层至高层、由下而上的顺序布置。

2)既有平面图又有剖面图时,应按平面图在下,剖面图在上或在右的顺序布置。

3)卫生间放大平面图,应按平面放大图在上,从左向右排列,相应的管道轴测图在下,从左向右布置。

4)安装图、详图,宜按索引编号,并宜按从上至下、由左向右的顺序布置。

5)图纸目录、使用标准图目录、设计施工说明、图例、主要设备器材表,按自上而下、从左向右的顺序布置。

（2）每个图样均应在图样下方标注出图名，图名下应绘制一条与图名长度相等的中粗横线，图样比例应标注在图名右下侧横线上侧处。

（3）图样中某些问题需要用文字说明时，应在图面的右下侧以"附注"的形式书写，并应对说明内容分条进行编号。

4. 总图

（1）总平面图管道布置应符合以下规定：

1）建筑物和构筑物的名称、外形、编号、坐标、道路形状、比例及图样方向等，应与总图专业图纸一致，但所用图线应按《建筑给水排水制图标准》（GB/T 50106—2010）的规定选用。

2）给水、排水、热水、消防、雨水和中水等管道宜在一张图纸内绘制。

3）当管道种类较多，地形复杂，在同一张图纸内不能将全部管道表示清楚时，宜按压力流管道、重力流管道等分类适当分开绘制。

4）各类管道、阀门井、消火栓（井）、水泵接合器、洒水栓井、检查井、跌水井、雨水口、化粪池、隔油池、降温池、水表井等，应按现行国家标准《建筑给水排水制图标准》（GB/T50106—2010）的规定执行。

5）坐标标注方法应符合以下规定：

①以绝对坐标定位时，应对管道起点处、转弯处和终点处的阀门井、检查井等的中心标注定位坐标。

②以相对坐标定位时，应以建筑物外墙或轴线作为定位起始基准线，标注管道和该基准线的距离。

③圆形构筑物应以圆心为基点标注坐标或距建筑物外墙（或道路中心）的距离。

④矩形构筑物应以两对角线为基点，标注坐标或距建筑物外墙的距离。

⑤坐标线、距离标注线均采用细实线绘制。

6）标高标注方法应符合以下规定：

①总图中标注的标高应为绝对标高。

②建筑物标注室内±0.000 处的绝对标高时，标注方法见图 2-11。

③管道标高应按（3）标注。

7）管径标注方法应符合以下规定：

①管径代号应符合《建筑给水排水制图标准》（GB/T 50106—2010）的规定。

47.250(±0.000)　　　　47.250
　　　　　　　　　　　　(±0.000)

图 2-11　室内±0.000 处的绝对标高标注

②管径的标注方法应按《建筑给水排水制图标准》（GB/T 50106—2010）的规定执行。

8）指北针或风玫瑰图应绘制在总图管道布图图样的右上角。

（2）给水管道节点图宜按以下规定绘制：

1）管道节点图可以不按比例绘制，但节点位置、编号、接出管方向要与给水排水管道总图一致。

2）管道应注明管径、管长及泄水方向。

3）节点阀门井的绘制应包括下列内容：

①节点平面形状及大小。

②阀门和管件的布置、管径及连接方式。

③节点阀门井中心与井内管道的定位尺寸。

4）必要时，节点阀门井应绘制剖面示意图。

5）给水管道节点图图样见图 2-12。

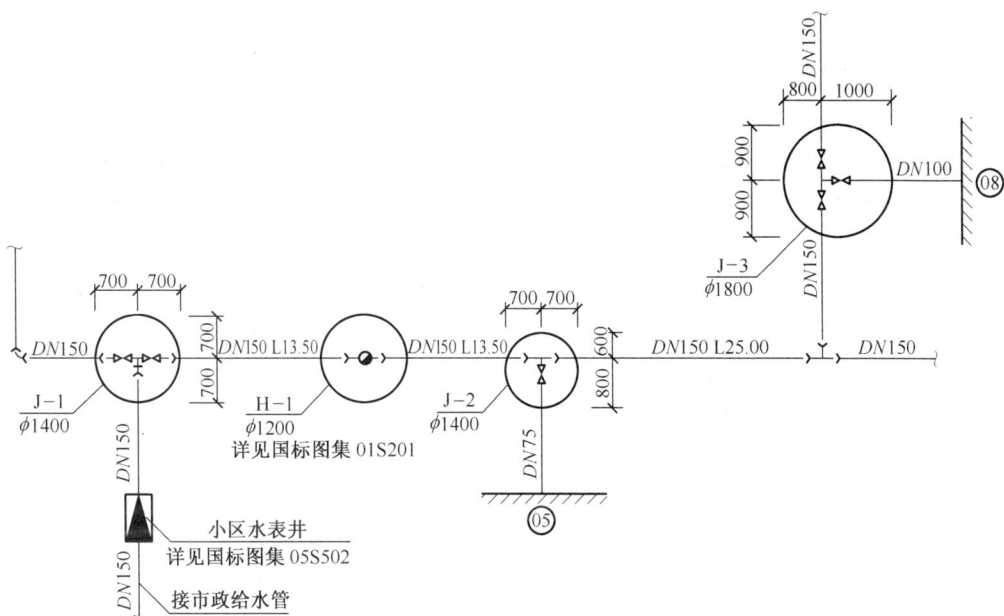

图 2-12　给水管道节点图图样

（3）总图管道布置图上标注管道标高宜符合以下规定：

1）检查井上、下游管道管径无变径，且无跌水时，标注方式见图 2-13。

2）检查井内上、下游管道的管径有变化或有跌水时，标注方式见图 2-14。

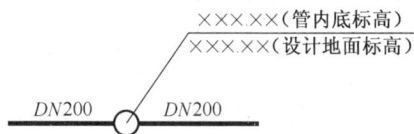

**图 2-13　检查井上、下游管道管径无变径
且无跌水时管道标高标注**

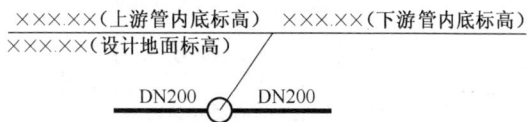

**图 2-14　检查井上、下游管道的管径有变化
或有跌水时管道标高标注**

3）检查井内一侧有支管接入时，标注方式见图 2-15。

4）检查井内两侧均有支管接入时，标注方式见图 2-16。

（4）管道标高采用管道纵断面图的方式表示时，管道纵断面图宜按下列规定绘制：

1）采用管道纵断面图表示管道标高时应包括以下图样及内容：

①压力流管道，如给水管道纵断面图见图 2-17。

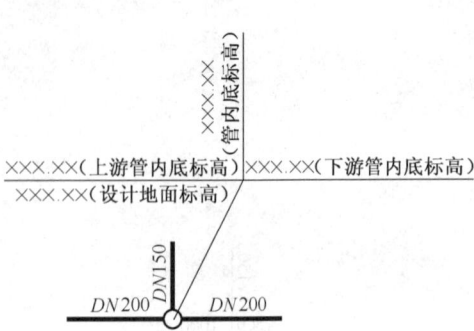

图 2-15　检查井内一侧有支管接入时管道标高标注

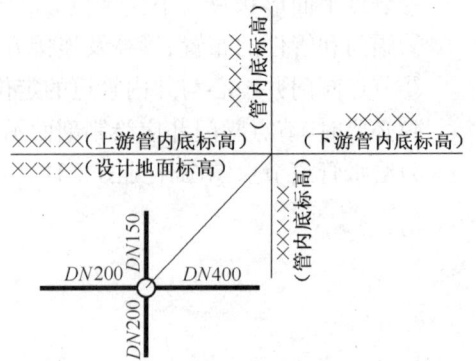

图 2-16　检查井内两侧均有支管接入时管道标高标注

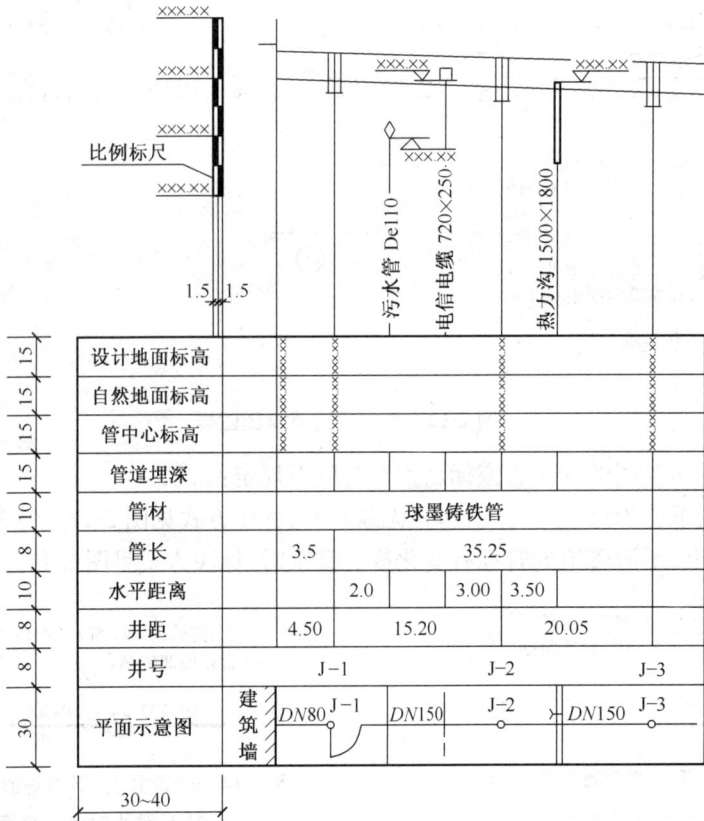

图 2-17　给水管道纵断面图(纵向 1∶500,竖向 1∶50)

②重力管道,如污水(雨水)管道纵断面图见图 2-18。

2)管道纵断面图所用图线宜按以下规定选用:

①压力流管道管径小于或等于 400mm 时,管道宜用中粗实线单线表示。

②重力流管道除建筑物排出管外,不分管径大小均用中粗实线双线表示。

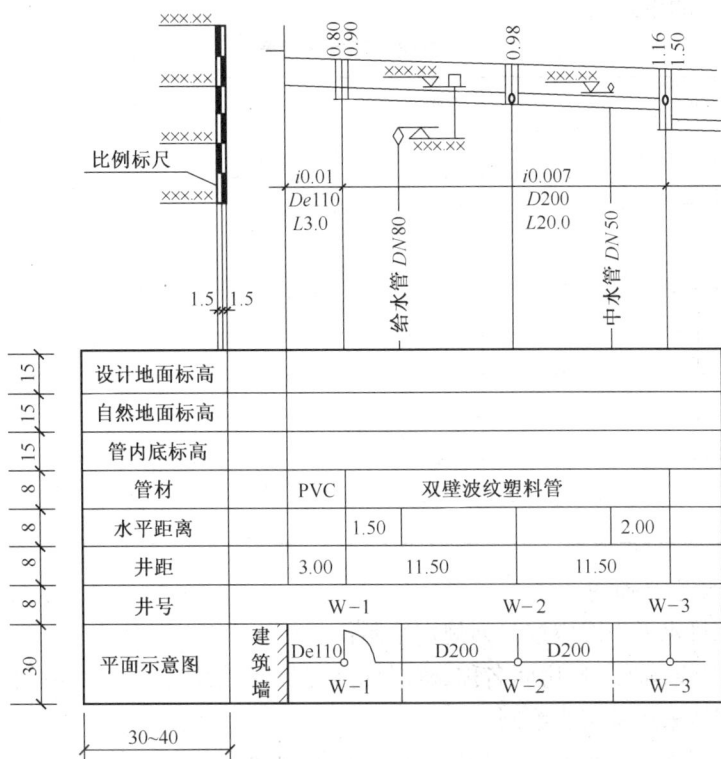

图 2-18 污水(雨水)管道纵断面图(纵向 1:500,竖向 1:50)

③图样中平面示意图栏中的管道宜用中粗单线表示。

④平面示意图中宜把与该管道相交的其他管道、管沟、铁路及排水沟等按交叉位置给出。

⑤设计地面线、竖向定位线、栏目分隔线、检查井、标尺线等宜采用细实线,自然地面线宜采用细虚线。

3)图样比例宜按以下规定选用:

①同一图样中可采用两种不同的比例。

②纵向比例应与管道平面图一致。

③竖向比例宜为纵向比例的 1/10,并应在图样左端绘制比例标尺。

4)绘制与管道相交叉管道的标高宜按以下规定标注:

①交叉管道位于该管道上面时,宜标注交叉管的管底标高。

②交叉管道位于该管道下面时,宜标注交叉管的管顶或管底标高。

5)图样"水平距离"栏中应标出交叉管距检查井或阀门井的距离,或相互间的距离。

6)压力流管道从小区引入管经水表后应按供水水流方向先干管后支管的顺序绘制。

7)排水管道以小区内最起端排水检查井为起点,并应按排水水流方向先干管后支管的顺序绘制。

(5)管道标高采用管道高程表的方法表示时,宜符合下列规定:

1)重力流管道也可采用管道高程表的方式表示管道敷设标高。

2)管道高程表的格式见表 2-18。

表 2-18   管道高程表

序号	管段编号		管长 /m	管径 /mm	坡度 (%)	管底坡降 /m	管底跌落 /m	设计地面标高/m		管内底标高/m		埋深/m		备注
	起点	终点						起点	终点	起点	终点	起点	终点	
1														
2														
3														
4														
5														
6														
7														
8														

5. 建筑给水排水平面图

(1)建筑给水排水平面图应按下列规定绘制：

1)建筑物轮廓线、轴线号、房间名称、楼层标高、门、窗、梁柱、平台及绘图比例等,均应与建筑专业一致,但图线采用细实线绘制。

2)各类管道、用水器具和设备、消火栓、喷洒水头、雨水斗、立管、管道、上弯或下弯以及主要阀门、附件等的图例,可参照《建筑给水排水制图标准》(GB/T 50106—2010)的规定。

管道种类较多,在一张平面图内不能表示清楚时,可将给水排水、消防或直饮水管分开绘制相应的平面图。

3)各类管道应标注管径和管道中心距建筑墙、柱或轴线的定位尺寸,必要时还应标注管道标高。

4)管道立管应按不同管道代号在图面上自左至右分别进行编号,且不同楼层同一立管编号应一致。

5)敷设在该层的各种管道和为该层服务的压力流管道均应绘制在该层的平面图中;敷设在下一层而为本层器具和设备排水服务的污水管、废水管和雨水管应绘制在本层平面图中。若有地下层,各种排出管、引入管可绘制在地下层平面图中。

6)另绘制设备机房、卫生间等放大图时,应在这些房间内按《房屋建筑制图统一标准》(GB/T 50001—2010)的规定绘制引出线,并应在引出线上注明"详见水施××"字样。

7)平面图、剖面图的局部部位需另绘制详图时,应在平面图、剖面图和详图上依《房屋建筑制图统一标准》(GB/T 50001—2010)的规定绘制被索引详图图样和编号。

8)引入管、排出管应注明与建筑轴线的定位尺寸、穿建筑外墙的标高和防水套管形式,并以管道类别自左至右按顺序进行编号。

9)管道布置不相同的楼层应分别绘制其平面图;管道布置相同的楼层可绘制一个楼层的平面图,并按《房屋建筑制图统一标准》(GB/T 50001—2010)的规定标注楼层地面标高。

10)地面层(±0.000)平面图应在图幅的右上方按《房屋建筑制图统一标准》(GB/T

50001—2010)的规定绘制指北针。

11)建筑专业的建筑平面图采用分区绘制时,本专业的平面图也应分区绘制,分区部位和编号要与建筑专业一致,并应绘制分区组合示意图,各区管道相连但在该区中断时,第一区应用"至水施—××",第二区左侧应用"自水施—××",右侧应用"至水施—××"方式表示,以此类推。

12)建筑各楼层地面标高应以相对标高标注,并应与建筑专业一致。

(2)屋面给水排水平面图应按以下规定绘制:

1)屋面形状、伸缩缝或沉降位置、图而比例、轴线号等应与建筑专业一致,但图线用细实线绘制。

2)同一建筑的楼层面如有不同标高时,应分别注明不同高度屋面的标高和分界线。

3)屋面应绘制出雨水汇水天沟、雨水斗、分水线位置、屋面坡向、每个雨水斗的汇水范围,以及雨水横管和主管等。

4)雨水斗应进行编号,每只雨水斗宜标明汇水面积。

5)雨水管应标注管径、坡度。若雨水管仅绘制系统原理图,则应在平面图上标注雨水管起始点及终止点的管道标高。

6)屋面平面图中还应绘制污水管、废水管、污水潜水泵坑等通气立管的位置,并注明立管编号。当某标高层屋面设有冷却塔时,应按实际设计数量表示。

6. 管道系统图

(1)管道系统图应表示出管道内的介质流经的设备、管道、附件、管件等连接和配置情况。

(2)管道展开系统图应按以下规定绘制:

1)管道展开系统图不受比例和投影法则限制,可按展开图绘制方法根据不同管道种类分别用中粗实线进行绘制,并应按系统编号。

2)管道展开系统图应与平面图中的引入管、排出管、横干管、立管、给水设备、附件、仪器仪表及用水和排水器具等要素相对应。

3)应绘出楼层(含夹层、跃层、同层升高或下降等)地面线。层高相同时楼层地面线应等距离绘制,并应在楼层地面线左端标注楼层层次和相对应楼层地面标高。

4)立管排列应以建筑平面图左端立管为起点,按顺时针方向自左向右根据立管位置及编号依次顺序排列。

5)横管应与楼层线平行绘制,并应与相应立管连接,而环状管道两端应封闭,封闭线处宜绘制轴线号。

6)立管上的引出管和接入管应按所在楼层用水平线绘出,可不标注标高(但应在平面图中标注),其方向、数量应与平面图一致,为污水管、废水管和雨水管时,应按平面图接管顺序对应排列。

7)管道上的阀门、附件,给水设备、给水排水设施和给水构筑物等,均应按图例示意绘出。

8)立管偏置(不包括乙字管和2个45°弯头偏置)时,应在所在楼层用短横管表示。

9)立管、横管及末端装置等应标注管径。

10)不同类别管道的引入管或排出管,应绘出所穿建筑外墙的轴线号,并应标注出引入管或排出管的编号。

(3)管道轴测系统图应按以下规定绘制:

1)轴测系统图应以 45°正面斜轴测的投影规则绘制。

2)轴测系统图应采用与对应的平面图一样的比例绘制。

当局部管道密集或重叠处不易表达清楚时,可采用断开绘制画法或细虚线连接绘制画法。

3)轴测系统图应绘出楼层地面线,并应标注出楼层地面标高。

4)轴测系统图应绘出横管水平转弯方向、标高变化、接入管或接出管以及末端装置等。

5)轴测系统图应将平面图中对应的管道上的各类阀门、附件等给水排水要素按数量、位置、比例一一绘出。

6)轴测系统图应标注管径、控制点标高或距楼层面垂直尺寸、立管及系统编号,且应与平面图一致。

7)引入管和排出管均需标出所穿建筑外墙的轴线号、引入管和排出管编号、建筑室内地面线与室外地面线,并应标出相应标高。

8)卫生间放大图应绘制管道轴测图。多层建筑宜绘制管道轴测系统图。

(4)卫生间采用管道展开系统图时应按以下规定绘制:

1)给水管、热水管应以立管或入户管为基点,按平面图的分支、用水器具的顺序依次绘制。

2)排水管道应按用水器具和排水支管接入排水横管的先后顺序依次绘制。

3)卫生器具、用水器具给水和排水接管,应以其外形或文字形式予以标注,其数量、顺序应与平面图相同。

4)展开系统图可不按比例绘制。

7. 局部平面放大图、剖面图

(1)局部平面放大图应按以下规定绘制:

1)本专业设备机房、局部给水排水设施和卫生间等应符合《建筑给水排水制图标准》(GB/T 50106—2010)第 4.3.1 条的规定,平面图不能表达清楚时,应绘制局部平面放大图。

2)局部平面放大图应将设计选用的设备和配套设施,按比例全部采用细实线绘制出其外形或基础外框、检修通道、机房排水沟等平面布置图和平面定位尺寸,对设备、设施及构筑物等应按自左向右、自上而下的顺序进行编号。

3)按图例绘出各种管道与设备、设施及器具等相互接管关系及在平面图中的平面定位尺寸;管道用双线绘制时应用中粗实线按比例绘出,管道中心线应用单点长画细线表示。

4)各类管道上的阀门、附件应按图例、比例及实际位置绘出,并应标注出管径。

5)局部平面放大图应按建筑轴线编号和地面标高定位,并应与建筑平面图一致。

6)绘制设备机房平面放大图时,应在图签上部绘制"设备编号与名称对照表",如图 2-19所示。

7)卫生间如果绘制管道展开系统图,应标出管道的标高。

(2)剖面图应按以下规定绘制:

1)设备、设施数量多,各类管道重叠、交叉多,且用轴测图难以表达清楚时,应绘制剖面图。

2)剖面图的建筑结构外形应与建筑结构专业一致,采用细实线绘制。

3)剖面图的剖切位置应选在能反映设备、设施及管道全貌的部位。剖切线、投射方向、剖切符号编号、剖切线转折等,应按《房屋建筑制图统一标准》(GB/T 50001—2010)的规定执行。

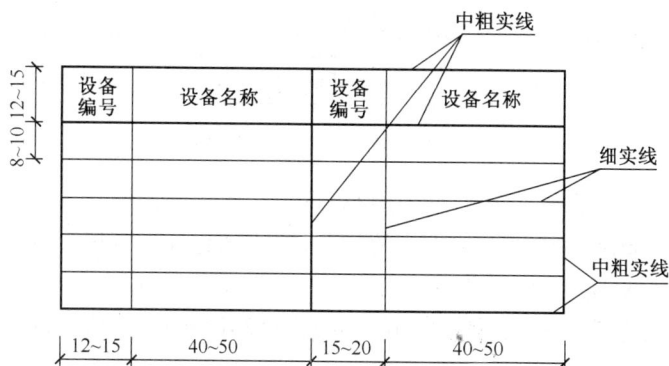

图2-19　设备编号与名称对照表

4)剖面图应按直接正投影法绘制出沿投影方向观察到的设备设施的形状、基础形式、构筑物内部的设备设施和不同水位线标高、设备设施和构筑物各种管道连接关系、仪器仪表的位置等。

5)剖面图还应表示出设备、设施和管道上的阀门、附件和仪器仪表等位置及支架(或吊架)形式。剖面图局部需要另绘详图时,应标注索引符号,索引符号应符合《房屋建筑制图统一标准》(GB/T 50001—2010)的规定。

6)应标注出设备、设施、构筑物、各类管道的定位尺寸、标高、管径,以及建筑结构的空间尺寸。

7)仅表示某楼层管道密集处的剖面图,宜在该层平面图内绘制。

8)剖切线应用中粗线,剖切面编号用阿拉伯数字从左至右顺序编号,且应标注在剖切线一侧,剖切编号所在侧应为该剖切面的剖示方向。

(3)安装图和详图应按以下规定绘制:

1)无定型产品可供设计选用的设备、附件、管件等应绘制制造详图。无标准图可供选用的用水器具安装图、构筑物节点图等,也应绘制施工安装图。

2)设备、附件、管件等制造详图,应按实际形状绘制总装图,并应对各零部件进行编号,再对零部件绘制制造图。该零部件下面或左侧应绘制包括编号、名称、规格、材质、数量、重量等内容的材料明细表;其图线、符号、绘制方法等应符合《机械制图图样画法图线》(GB/T 4457.4—2002)《机械制图剖面符号》(GB/T 4457.5—2013)《机械制图装配图中零、部件序号及其编排方法》(GB/T 4458.2—2003)的有关规定。

3)设备及用水器具安装图应以实际外形绘制,安装图各部件应进行编号,标注安装尺寸代号,并应在安装图右侧或下面绘制包括相应尺寸代号的安装尺寸表和安装所需的主要材料表。

4)构筑物节点详图应与平面图或剖面图中的索引号一致,其中使用材质、构造做法、实际尺寸等应按《房屋建筑制图统一标准》(GB/T 50001—2010)的规定绘制多层共用引出线,并在各层引出线上方用文字进行说明。

8. 水净化处理流程图

(1)初步设计宜采用方框图绘制水净化处理工艺流程图,如图2-20所示。

```
优质杂排水 → 格栅 → 调节池 → 毛发聚集器 → 一级提升泵 → 生物接触氧化
中水管网 ← 中水加压泵 ← 中水池 ← 活性炭吸附 ← 砂滤 ← 二次提升泵
```

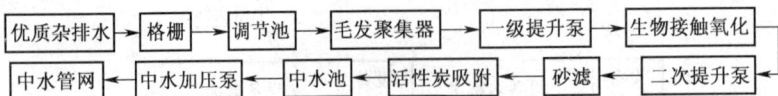

图 2-20　水净化处理工艺流程

（2）施工图设计应按以下规定绘制水净化处理工艺流程断面图：

1）水净化处理工艺流程断面图应按水流方向，将水净化处理各单元的设备、设施、管道连接方式按设计数量一一对应绘出，但可不按比例。

2）水净化处理工艺流程断面图应采用细实线将全部设备及相关设施按设备形状、实际数量绘出。

3）水净化处理设备和相关设施之间的连接管道应用中粗实线绘制，设备和管道上的阀门、附件、仪器仪表应用细实线绘制，并应对设备、附件、仪器仪表进行编号。

4）水净化处理工艺流程断面图（见图 2-21）应标注管道标高。

5）水净化处理工艺流程断面图应绘制设备、附件等编号与名称对照表。

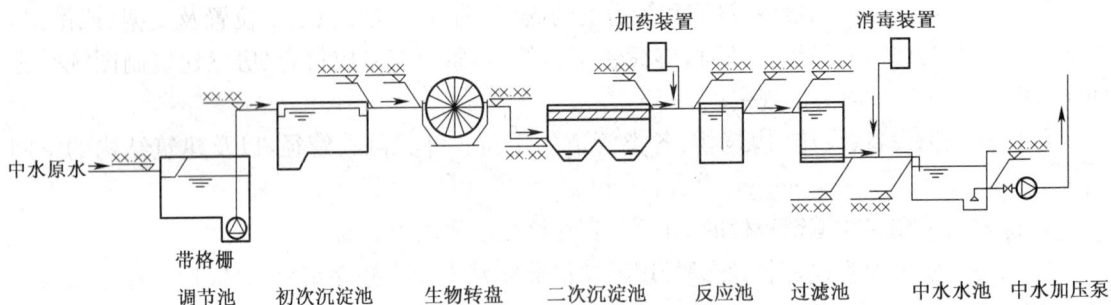

图 2-21　水净化处理工艺流程断面图画法示例

三、给水排水工程识图要点

（1）平面图的识读。识读平面图应掌握的主要内容和注意事项包括以下内容。

1）查明卫生器具、用水设备（开水炉、水加热器等）和升压设备（水泵、水箱）的类型、数量、安装位置、定位尺寸。卫生器具及各种设备通常是用图例来表示的，它只能说明器具和设备的类型，而没有具体表现各部尺寸及构造。因此，必须结合有关详图或技术资料，搞清楚这些器具和设备的构造、接管方式和尺寸。常用的卫生器具和设备的构造和安装尺寸应心中有数，以便于准确无误地计算工程量。

2）弄清楚给水引入管和污水排出管的平面位置、走向、定位尺寸、与室外给水排水管网的连接形式、管径、坡度等。给水引入管通常是从用水量最大或不允许间断供水的位置引入，这样可使大口径管道最短，供水可靠。给水引入管上一般都装设阀门。阀门如果装在室外阀门井内，在平面图上就能够表示出来，这时要查明阀门的型号、规格及距建筑物的位置。

污水排出管与室外排水总管的连接，是通过检查井来实现的。要了解检查井距外墙的距离，即排出管的长度。排出管在检查井内通常取管顶平连接（排出管与检查井内排水管的管顶标高相同），以免排出管埋设过深或产生倒流。

给水引入管和污水排出管通常都注上系统编号，编号和管道种类分别写在直径约为

8～10mm的圆圈内,圆圈内过圆心画一水平线,线上面标注管道种类,如给水系统写"给"或写汉语拼音字母"J",污水系统写"污"或写汉语拼音字母"W"。线下面标注编号。用阿拉伯数字书写。

3)查明给水排水干管、立管、支管的平面位置、走向、管径及立管编号。平面图上的管线虽然是示意性的,但是它还是按一定比例绘制的,因此,计算平面图上的工程量可以结合详图、图注尺寸或用比例尺计算。

如果系统内立管较少时,可只在引入管处进行系统编号,只有当立管较多时,才在每个立管旁边进行编号。立管编号标注方法与系统编号标注方法基本相同。

4)在给水管道上设置水表时,要查明水表的型号、安装位置以及水表前后的阀门设置。

5)对于室内排水管道,还要查明清通设备布置情况,明露敷设弯头和三通。有时为了便于清扫,在适当位置设置有门弯头和有门三通(即设有清扫口的弯头和三通),在识读时也要注意;对于大型厂房,要注意是否设置检查井和检查井进口管的连接方向;对于雨水管道,要查明雨水斗的型号、数量及布置情况,并结合详图搞清雨水斗与天沟的连接方式。

(2)系统轴测图的识读。给水和排水管道系统轴测图,通常按系统画成正面斜等测图,主要表明管道系统的立体走向。在给水系统轴测图上卫生器具不画出来,只画出水龙头、淋浴器莲蓬头、冲洗水箱等符号;用水设备如锅炉、热交换器、水箱等则画出示意性的立体图,并在支管上注以文字说明;在排水系统轴测图上也只画出相应的卫生器具的存水弯或器具排水管。

识读系统轴测图应掌握的主要内容和注意事项如下。

1)查明给水管道系统的具体走向、干管的敷设形式、管径及其变径情况,阀门的设置,引入管、干管及各支管的标高。

识读给水管道系统图时,一般按引入管、干管、立管、支管及用水设备的顺序进行。

2)查明排水管道系统的具体走向、管路分支情况、管径、横管坡度、管道各部标高、存水弯形式、清通设备设置情况以及弯头和三通的选用(90°弯头还是135°弯头,正三通还是斜三通等)。

识读排水管道系统图时,一般是按卫生器具或排水设备的存水弯、器具排水管、排水横管、立管、排出管的顺序进行。

在识读时结合平面图及说明,了解和确定管材和管件。排水管道为了保证水流通畅,根据管道敷设的位置往往选用135°弯头和斜三通,在分支处变径又不用大小头而用变径三通。存水弯有铸铁、黑铁和"P"式、"S"式以及有清扫口和不带清扫口之分。在识读图纸时也要弄清楚卫生器具的种类、型号和安装位置等。

3)在给水排水施工图上一般都不表示管道支架,而由施工人员按规程和习惯做法自己确定。给水管支架一般分为管卡、钩钉、吊环和角钢托架,支架需要的数量及规格应在识读图纸时确定下来。民用建筑的明装给水管通常用管卡,工业厂房给水管则多用角钢托架或吊环。铸铁排水立管通常用铸铁立管卡子,装设在铸铁排水管的承口上面,每根管子上设1个;铸铁排水横管则采用吊卡,间距不超过2m,吊在承口上。

四、给水排水工程识图举例

1. 给水、排水平面图

图2-22为某办公楼卫生间(五层)的给水排水平面布置图,它表明了卫生间给水排水管道

及卫生设备的平面布置情况。建筑物中给水、排水管道往往集中布置在厨房、卫生间、盥洗间等用水房间,为了表达得清楚,绘图时可只绘出建筑平面图中的用水房间。可以把给水平面布置图和排水平面布置图分别绘制,也可以绘制在同一建筑平面图上,但读图时应分别进行识读。

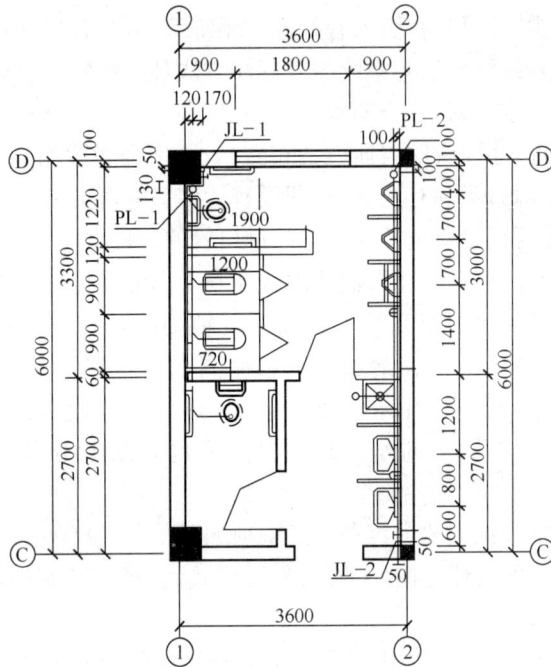

公共卫生间给排水平面图 1:150

图 2-22　某办公楼卫生间给排水平面图

建筑平面图上用细实线表示房屋建筑平面的墙身和门窗,用中实线表示各种卫生器具等设备,用粗实线表示给水管道,用粗虚线表示排水管道。因此,可以了解到此卫生间用水器具有:2个蹲便器、2个坐便器、3个小便器、2个洗脸盆和1个拖把池,分别靠东、西两侧墙布置,从定位尺寸上可确定其之间的间隔距离。

给水系统采用了两根立管供水,立管编号分别为 JL-1、JL-2,给水立管是指每个给水系统穿过室内地面及各楼层的竖向给水干管,每根立管表示一个给水系统。立管 JL-1 位于卫生间西北角,引出的水平支管沿西墙布置,经截止阀、分支管把水直接送到蹲式大便器和坐便器上。立管 JL-2 位于卫生间东南角,引出的水平支管沿东墙布置,经截止阀、分支管把水直接送到洗脸盆、拖把池、小便器上。

排水系统与给水系统相对应的采用了两套排水系统,立管编号分别为 PL-1、PL-2,各自连接有水平排水支管,将支管上连接的卫生器具中的脏水集中后通过排出管排至室外。

浴室只在五层有,从图 2-23 上可以看到浴室中没有单独的给水排水系统,而是与隔壁卫生间的给水立管 JL-2 相连接为淋浴器及洗脸盆供水;通过排水立管 PL-2 将污水排出。

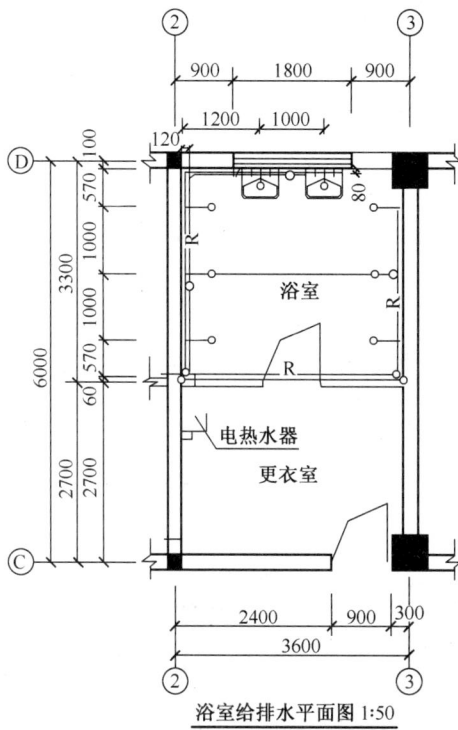

浴室给排水平面图 1:50

图 2-23 浴室给排水平面图

2. 给水、排水系统图

给水与排水管道系统图应分别单独画出,单独读图。读图时应将系统图与平面布置图进行对照识读,才能了解到整个室内给水与排水管道及用水设备的布置情况。给水与排水立管穿越的楼地面用一短横细实线表示,并标注出楼地面标高或用文字加以说明。

给排水管道系统图与给排水平面图标注的立管编号相对应,图 2-24 中立管编号 JL-1、JL-2、PL-1、PL-2 分别表示两个给水系统和两个排水系统,图中没有画出卫生器具的图例,只按这些卫生器具的实际位置画出了给水管道和卫生器具以外的配件图例,如放水龙头等图例,排水系统图中的卫生器具连接处只绘出存水弯,位置与平面图相对应。存水弯保留的水相当于一个水封,用来隔绝和防止有害、易燃气体及虫类通过卫生器具、管口侵入室内。

给排水系统图可将立管、水平支管绘制在同一图纸上,也可以将水平支管单独绘制,如图2-25、图 2-26 和图 2-27 所示,识读时需注意水平支管与所连接的立管的编号以及所在楼层的标注。

给排水系统图识读时,需要反复与给排水平面布置图进行对照识读,给水系统图识读时一般先从引入管开始,沿给水走向顺序读图,排水系统图识读时一般先从上至下,沿污水流向顺序读依次看清管道的走向及与设备的连接。此外还需读到必要的文字说明,如标注了给水管管径、楼地面标高尺寸、给水管管中心标高等、排水管管径、排水坡度、排水管内底标高、通气帽中心距屋面的尺寸等。

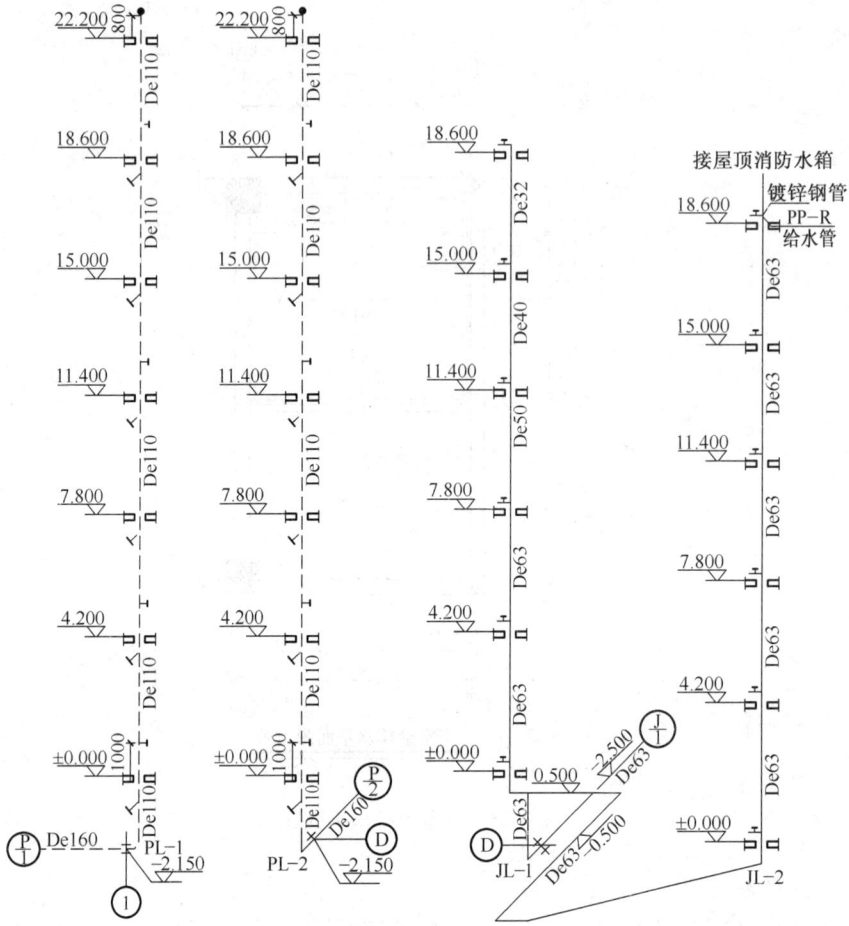

给排水立管系统图1:100

图 2-24　给排水立管系统图

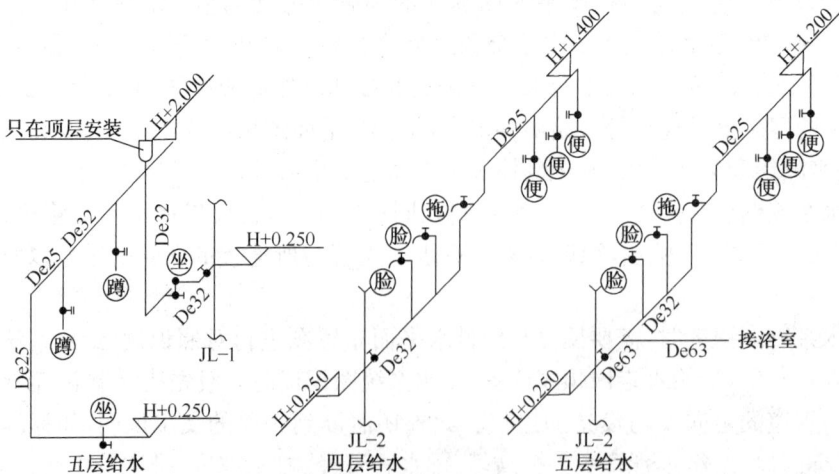

图 2-25　卫生间给水管道系统

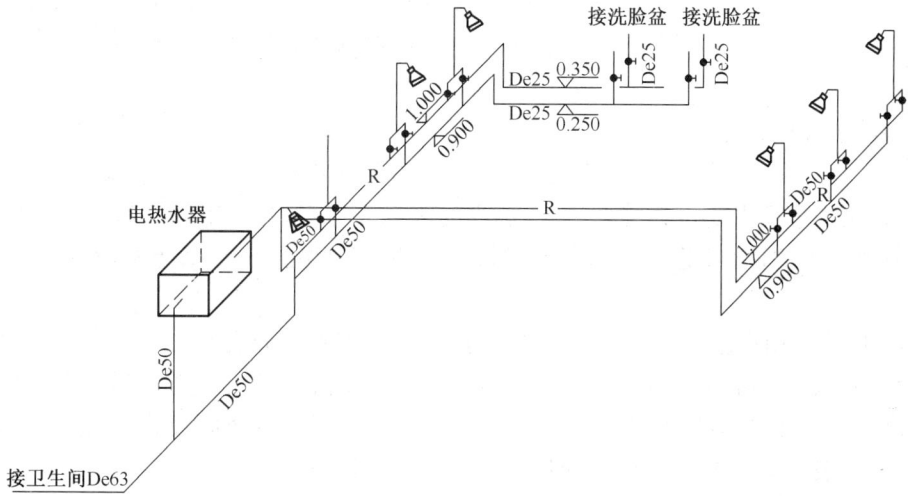

图 2-26　浴室给水管道系统图

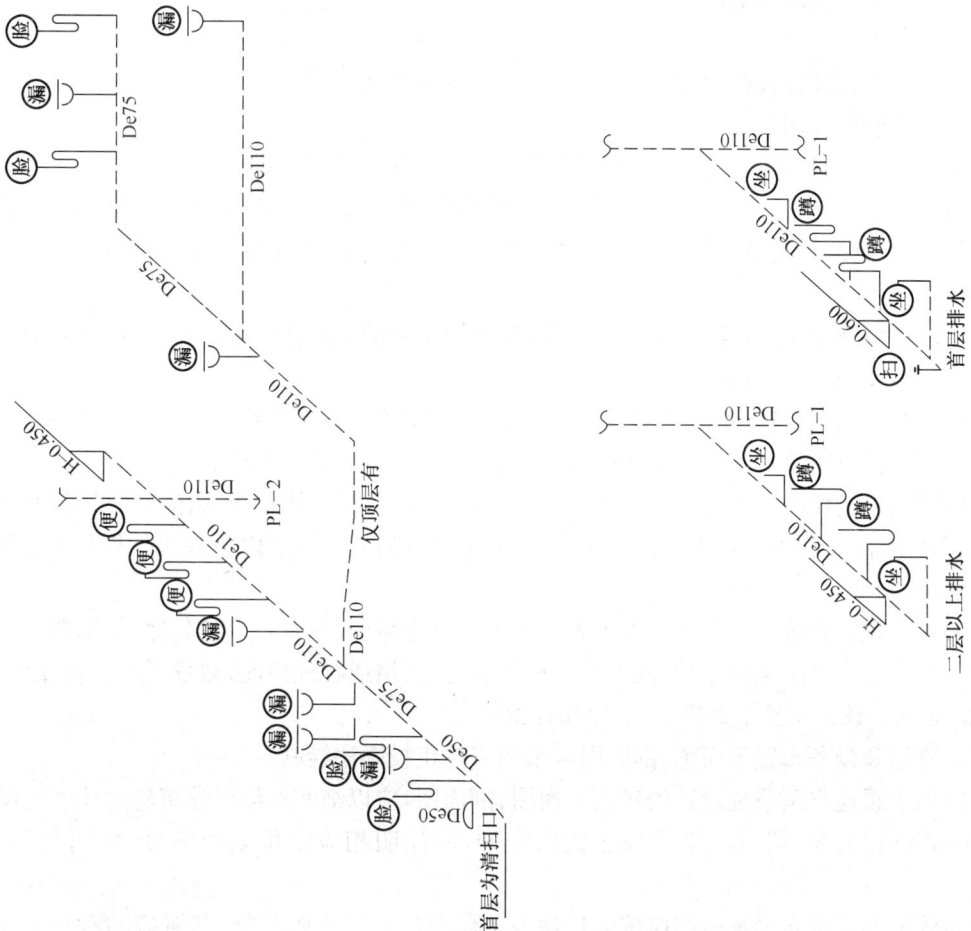

图 2-27　卫生间、浴室排水管道系统图

第四节　采暖工程施工图识读

一、采暖工程施工图的内容

(1)设计说明书。设计说明书用来说明设计意图和施工中需要注意的问题。通常在设计说明书中应说明的事项主要包括总耗热量,热媒的来源及参数,各个不同房间内的温度、相对湿度,采暖管道材料的种类、规格,管道保温材料、保温厚度及保温方法,管道及设备的刷油遍数及要求等。

(2)施工图。采暖施工图分为室外与室内两部分。室外部分表明 1 个区域(如 1 个住宅小区或 1 个工矿区)内的供热系统热媒输送干管的管网布置情况,其中包括管道敷设总平面图、管道横剖面图、管道纵剖面图和详图。室内部分表明 1 幢建筑物的供暖设备、管道安装情况和施工要求。它一般包括供暖平面图、系统图、详图、设备材料表及设计说明。

(3)设备材料表。采暖工程所需要的设备和材料,在施工图册中都列有设备材料清单,以备订货和采购之用。

二、采暖工程施工图的绘制要求

1. 一般规定

(1)各工程、各阶段的设计图纸应满足相应的设计深度要求。

(2)本专业设计图纸编号应独立。

(3)在同一套工程设计图纸中,图样线宽组、图例、符号等应一致。

(4)在工程设计中,应依次表示图纸目录、选用图集(纸)目录、设计施工说明、图例、设备及主要材料表、总图、工艺图、系统图、平面图、剖面图、详图等,若单独成图,其图纸编号应按所述顺序排列。

(5)图样的文字说明,应以"注:"、"附注:"或"说明:"的形式在图纸右下方、标题栏的上方书写,并应用"1、2、3⋯⋯"进行编号。

(6)一张图幅内绘制多种图样时,应按平面图、剖面图、安装详图,从上至下、从左至右的顺序排列;当一张图幅绘有多层平面图时,应按建筑层次由低至高,由下而上顺序排列。

(7)图纸中的设备或部件不使用文字注明时,可进行编号。图样中只标注编号时,其名称宜以"注:"、"附注:"或"说明:"表示。如需表明其型号(规格)、性能等内容时,宜用"明细表"表示,如图 2-28 所示。

(8)初步设计和施工图设计的设备表应至少包括序号(或编号)、设备名称、技术要求、数量、备注栏;材料表应至少包括序号(或编号)、材料名称、规格或物理性能、数量、单位、备注栏。

2. 管道和设备布置平面图、剖面图及详图

(1)管道和设备布置平面图、剖面图应采用直接正投影法绘制。

(2)用于暖通空调系统设计的建筑平面图、剖面图,应以细实线绘出建筑轮廓线和与暖通空调系统有关的门、窗、梁、柱、平台等建筑构配件,并注明相应定位轴线编号、房间名称、平面标高。

(3)管道和设备布置平面图应按假想除去上层板后俯视规则绘制,其对应的垂直剖面图应在平面图中注明剖切符号,如图 2-29 所示。

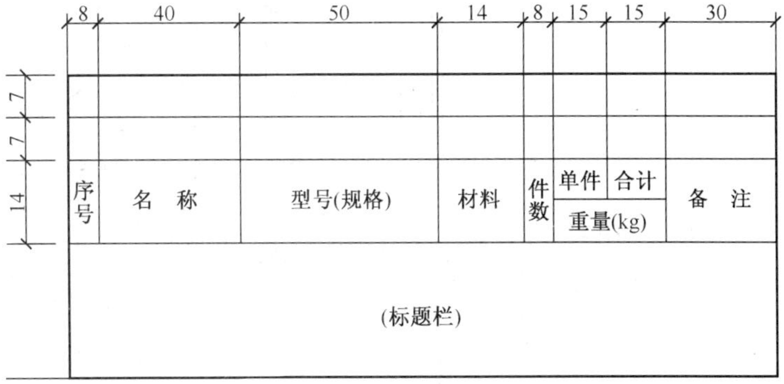

8	40	50	14	8	15	15	30
序号	名　称	型号(规格)	材料	件数	单件	合计	备　注
					重量(kg)		

(标题栏)

图 2-28　明细栏示例

(4)剖视的剖切符号应由剖切位置线、投射方向线及编号组成,剖切位置线和投射方向线均用粗实线绘制。剖切位置线的长度宜为 6~10mm;投射方向线长度应短于剖切位置线,宜为 4~6mm;剖切位置线和投射方向线不能与其他图线相接触;宜用阿拉伯数字编号,并标在投射方向线的端部;转折的剖切位置线,宜在转角的外顶角处加注编号。

(5)断面的剖切符号用剖切位置线和编号表示。剖切位置线宜为长度 6~10mm 的粗实线;编号可用阿拉伯数字、罗马数字或小写拉丁字母,标在剖切位置线的一侧,并标明投射方向。

(6)平面图上应注明设备、管道定位(中心、外轮廓)线与建筑定位(轴线、墙边、柱边、柱中)线间的关系;剖面图上应标出设备、管道(中、底或顶)标高。必要时,还应标出距该层楼(地)板面的距离。

(7)剖面图应在平面图上选择反映系统全貌的位置垂直剖切后绘制。当剖切的投射方向为向下和向右,且不致被误解时,可省略剖切方向线。

(8)建筑平面图采用分区绘制时,暖通空调专业平面图也可采用分区绘制。但分区部位应与建筑平面图一致,并需绘制分区组合示意图。

(9)除方案设计、初步设计及精装修设计外,平面图、剖面图中的水、汽管道可用单线绘制,但风管不宜用单线绘制。

(10)平面图、剖面图中的局部需另绘详图时,应在平、剖面图上注出索引符号。索引符号的画法如图 2-30 所示。

(11)当表示局部位置的相互关系时,在平面图上应标出内视符号,如图 2-31 所示。

3. 管道系统图、原理图

(1)管道系统图应能确认管径、标高及末端设备,可按系统编号分别绘制。

(2)管道系统图采用轴测投影法绘制时,宜与相应的平面图比例一致,按正等轴测或正面斜二轴测的投影规则绘制,可按现行国家标准《房屋建筑制图统一标准》(GB/T 50001—2010)绘制。

(3)在不致引起误解时,管道系统图可不按轴测投影法绘制。

(4)管道系统图的基本要素应与平、剖面图相对应。

(5)水、汽管道及通风、空调管道系统图均可用单线绘制。

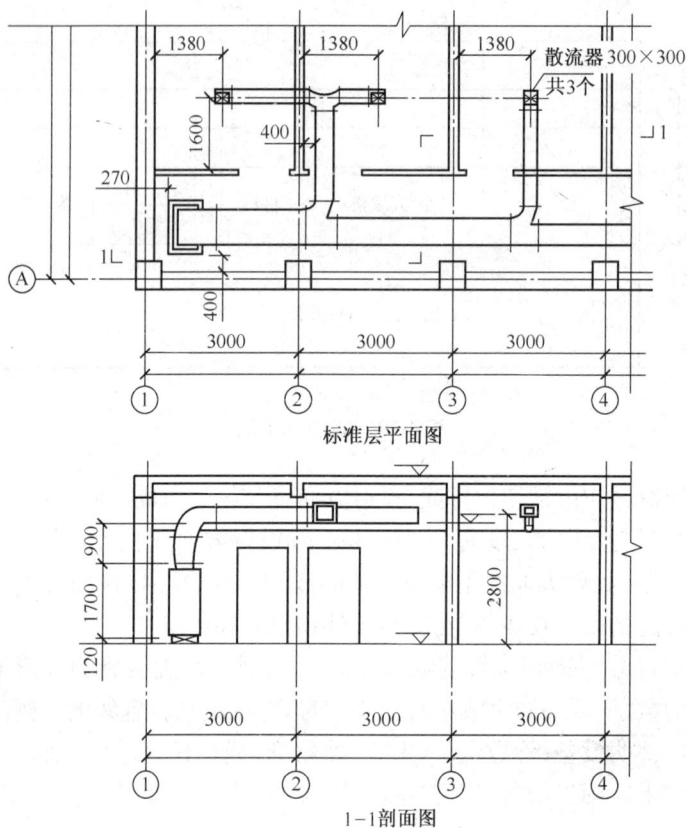

图 2-29　平、剖面示例

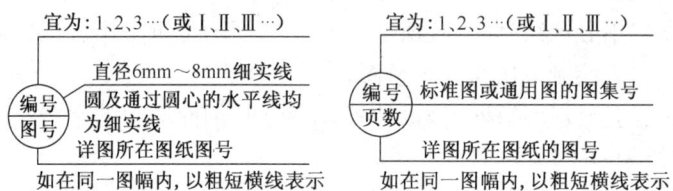

图 2-30　索引符号的画法

图 2-31　内视符号画法

（6）系统图中的管线重叠、密集处，可采用断开画法。断开处宜用相同的小写拉丁字母表示，或者用细虚线连接。

(7)室外管网工程设计应绘制管网总平面图和管网纵剖面图。

(8)原理图可不按比例和投影规则绘制。

(9)原理图基本要素应与平面图、剖视图及管道系统图相对应。

4. 系统编号

(1)一个工程设计中同时有供暖、通风、空调等两个及两个以上系统时,应进行系统编号。

(2)暖通空调系统编号、入口编号,由系统代号和顺序号组成。

(3)系统代号用大写拉丁字母表示,见表 2-19,顺序号用阿拉伯数字表示,如图 2-32 所示。当一个系统出现分支时,可采用图 2-32 右图的画法。

表 2-19　系统代号

序号	字母代号	系统名称	序号	字母代号	系统名称
1	N	(室内)供暖系统	9	H	回风系统
2	L	制冷系统	10	P	排风系统
3	R	热力系统	11	XP	新风换气系统
4	K	空调系统	12	JY	加压送风系统
5	J	净化系统	13	PY	排烟系统
6	C	除尘系统	14	P(PY)	排风兼排烟系统
7	S	送风系统	15	RS	人防送风系统
8	X	新风系统	16	RP	人防排风系统

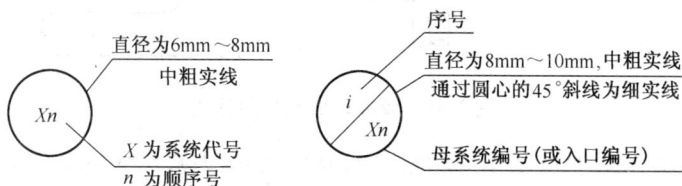

图 2-32　系统代号、编号的画法

(4)系统编号宜标注在系统总管处。

(5)竖向布置的垂直管道系统,应注明立管号,如图 2-33 所示。在不致引起误解时,可只标注序号,但需与建筑轴线编号有明显区别。

5. 管道标高、管径(压力)、尺寸标注

(1)在无法标注垂直尺寸的图样中,应标注标高。标高单位以 m 计,并应精确到 cm 或 mm。

(2)标高符号用直角等腰三角形表示。当标准层较多时,可只标注与本层楼(地)板面的相对标高,如图 2-34 所示。

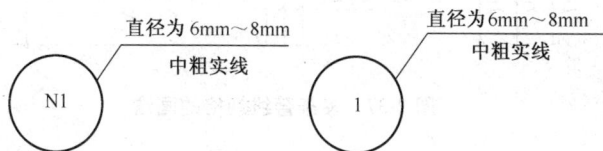

图 2-33　立管号的画法　　　　　　　　　　　　图 2-34　相对标高的画法

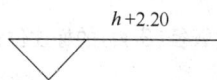

(3)水、汽管道所注标高未予说明时,应表示为管中心标高。

(4)水、汽管道标注管外底或顶标高时,应在数字前加"底"或"顶"字样。

(5)矩形风管所注标高应表示管底标高;圆形风管所注标高应表示管中心标高。当不采用此方法标注时,应予以说明。

(6)低压流体输送用焊接管道规格应注明公称通径或压力。公称通径的标记由字母"DN"后跟一个以毫米表示的数值组成;公称压力的代号为"PN"。

(7)输送流体用无缝钢管、螺旋缝或直缝焊接钢管、铜管、不锈钢管,当需要标注外径和壁厚时,应用"D(或φ)外径×壁厚"表示。在不致引起误解时,也可采用公称通径表示。

(8)塑料管外径应用"de"表示。

(9)圆形风管的截面定型尺寸应用直径"φ"表示,单位为 mm。

(10)矩形风管(风道)的截面定型尺寸应用"A×B"表示。"A"为视图投影面的边长尺寸,"B"为另一边尺寸。A、B 单位均应为 mm。

(11)平面图中无坡度要求的管道标高可标注在管道截面尺寸后的括号里。必要时,需在标高数字前加"底"或"顶"的字样。

(12)水平管道的规格宜标注在管道上方;竖向管道的规格宜标注在管道左侧。双线表示的管道,其规格可标注在管道轮廓线内,如图 2-35 所示。

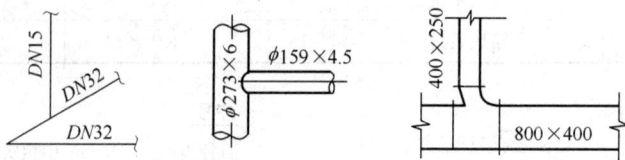

图 2-35　管道截面尺寸的画法

(13)若斜管道不在图 2-36 所示 30°范围内,其管径(压力)、尺寸应平行标在管道的斜上方。不用该图的方法标注时,可用引出线标注。

(14)多条管线的规格标注方法,如图 2-37 所示。

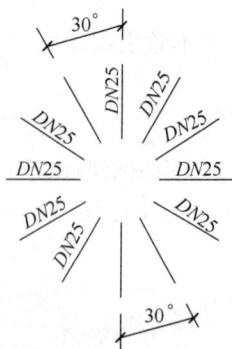

图 2-36　管径(压力)的标注位置示例

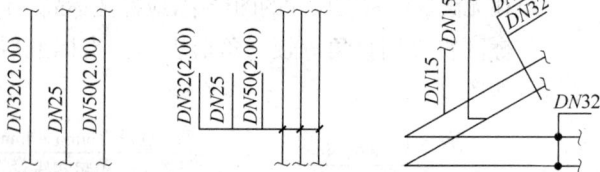

图 2-37　多条管线规格的画法

(15)风口表示方法,如图 2-38 所示。

(16)图样中尺寸标注应符合现行国家标准的有关规定。

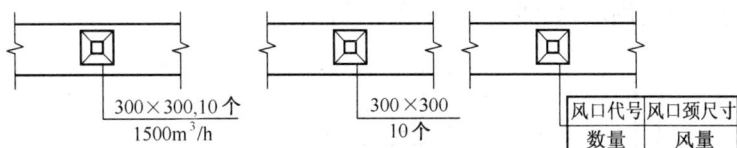

图 2-38　风口、散流器的表示方法

(17)平面图、剖面图上如需注明连续排列的设备或管道的定位尺寸和标高时,应至少有一个误差自由段,如图 2-39 所示。

图 2-39　定位尺寸的表示方式

(18)挂墙安装的散热器应说明其安装高度。

(19)设备加工(制造)图的尺寸标注应符合《机械制图尺寸注法》(GB/T 4458.4—2003)的有关规定。焊缝应符合《技术制图焊缝符号的尺寸、比例及简化表示法》(GB/T 12212—2012)的有关规定。

6. 管道转向、分支、重叠及密集处的画法

(1)单线管道转向的画法,如图 2-40 所示。

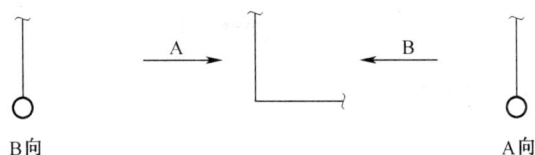

图 2-40　单线管道转向的画法

(2)双线管道转向的画法,如图 2-41 所示。

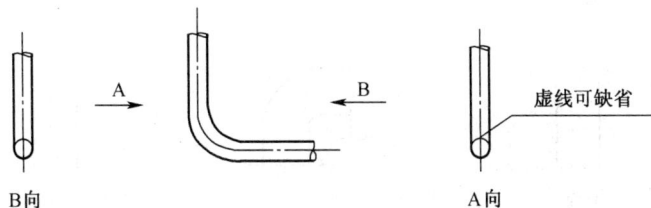

图 2-41　双线管道转向的画法

(3)单线管道分支的画法,如图 2-42 所示。

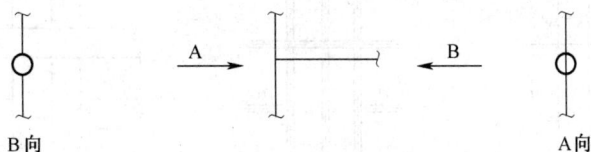

图 2-42　单线管道分支的画法

(4)双线管道分支的画法,如图 2-43 所示。

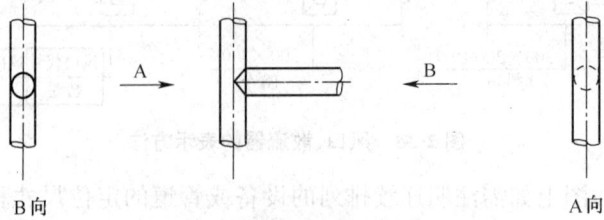

图 2-43　双线管道分支的画法

(5)送风管转向的画法,如图 2-44 所示。

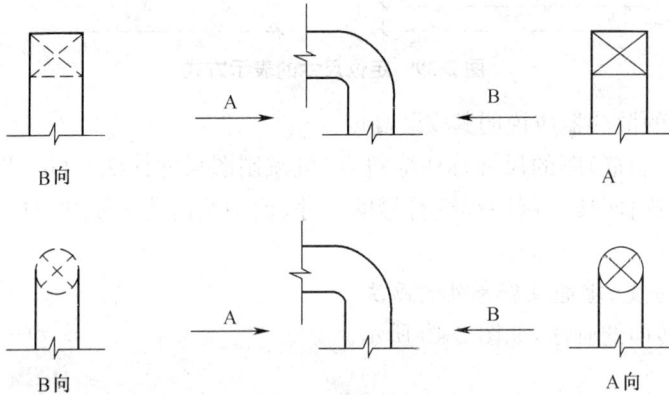

图 2-44　送风管转向的画法

(6)回风管转向的画法,如图 2-45 所示。

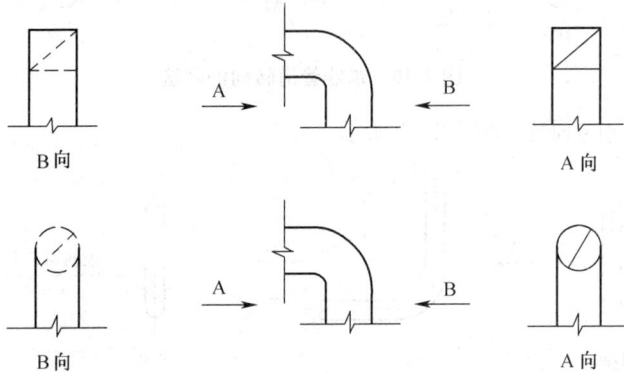

图 2-45　回风管转向的画法

(7)平面图、剖视图中管道因重叠、密集需断开时,应采用断开画法,如图 2-46 所示。

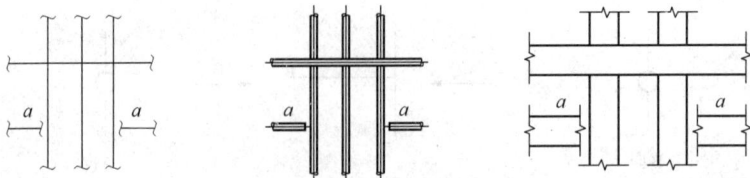

图 2-46　管道断开的画法

(8)管道在本图中断,转至其他图面表示(或由其他图面引来)时,需注明转至(或来自)的图纸编号,如图2-47所示。

(9)管道交叉的画法,如图2-48所示。

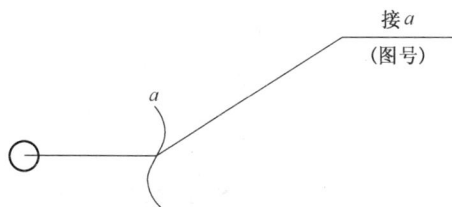

图 2-47　管道在本图中断的画法

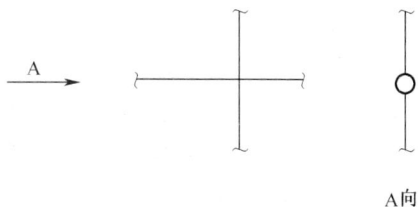

图 2-48　管道交叉的画法

(10)管道跨越的画法,如图2-49所示。

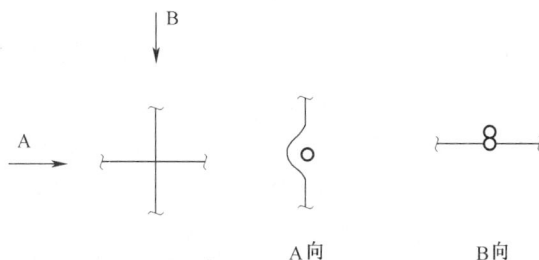

图 2-49　管道跨越的画法

三、室内采暖工程识图要点

(1)平面图的识读。室内采暖平面图主要表示管道、附件及散热器在建筑物平面上的位置以及它们之间的相互关系。平面图是采暖施工的主要图纸,识读时要掌握的主要内容和注意事项如下:

1)了解建筑物内散热器(热风机、辐射板等)的平面位置、种类、片数以及散热器的安装方式(是明装、暗装或半暗装)。

2)了解水平干管的布置方式、干管上的阀门、固定支架、补偿器等的平面位置和型号以及干管的管径。

3)通过立管编号查清系统立管数量和布置位置。

4)在热水采暖系统平面图上还标有膨胀水箱、集气罐等设备的位置、型号以及设备上连接管道的平面布置和管道直径。

5)在蒸汽采暖系统平面图上还有疏水装置的平面位置及其规格尺寸。水平管的末端常积存有凝结水,为了排除这些凝结水,在系统末端设有疏水装置。另外,当水平干管抬头登高时,在转弯处也要设疏水器。识读时要了解疏水器的规格及疏水装置的组成。

6)查明热媒入口及入口地沟情况。当热媒入口无节点图时,平面图上一般将入口装置组成的各配件、阀件,如减压阀、混水器、疏水器、分水器、分汽缸、除污器、控制阀门等管径、规格以及热媒来源、流向、参数等表示清楚。如果入口装置是按标准图设计的,则在平面图上注有规格及标准图号,识读时可按标准图号查阅标准图。如果施工图中画有入口装置节点图时,可按平面图标注的节点图编号查找热媒入口放大图进行识读。

(2)系统轴测图的识读。采暖系统轴测图表示从热媒入口至出口的管道、散热器、主要设备、附件的空间位置和相互关系。系统轴测图是以平面图为主视图,进行斜投影绘制的斜等测图。识读系统轴测图要掌握的主要内容和注意事项如下:

1)采暖系统轴测图可以清楚地表达出干管与立管之间以及立管、支管与散热器之间的连接方式、阀门安装位置及数量,整个系统的管道空间布置等一目了然。散热器支管都有一定的坡度,其中供水支管坡向散热器,回水支管则坡向回水立管。要了解各管段管径、坡度坡向、水平管的标高、管道的连接方法,以及立管编号等。

2)了解散热器类型及片数。光滑管散热器,要查明散热器的型号(A 型或 B 型)、管径、排数及长度;翼型或柱形散热器,要查明规格、片数以及带脚散热器的片数;其他采暖方式,则要查明采暖器具的形式、构造以及标高等。

3)要查清各种阀件、附件与设备在系统中的位置,凡注有规格型号者,要与平面图和材料明细表进行核对。

4)查明热媒入口装置中各种设备、附件、阀门、仪表之间的关系及热媒的来源、流向、坡向、标高、管径等。如有节点详图时,要查明详图编号。

(3)详图的识读。详图是表明某些供暖设备的制作、安装和连接的详细情况的图样。

室内采暖详图,包括标准图和非标准图两种。标准图包括散热器的连接和安装、膨胀水箱的制作和安装、集气罐和补偿器的制作和连接等,它可直接查阅标准图集或有关施工图。非标准详图是指为在平面图、系统图中表示不清而又无标准详图的节点和做法另绘出的详图。

四、采暖工程识图举例

图 2-50 是某水处理车间底层和二层的采暖平面图,图 2-51 是该车间的采暖轴测系统图。

识读采暖施工图时,要把平面图和系统轴测图联系起来,这样可以互相对照,便于识图。

通过对平面图和系统轴测图的识读,可以了解和掌握以下内容:

(1)从平面图可以了解到该建筑物的方向为东西朝向,总宽度为 12m,总长度为 32m,①至⑤轴线为两层建筑,⑤至⑨轴线为单层建筑。采暖系统设置在①至⑤轴线需要采暖的各房间内。

(2)热媒入口降压装置设置在楼梯间。该采暖系统为双管上分式蒸汽采暖系统。供热干管安装在二层楼的天棚下面,沿墙敷设,有三个固定支架,设计标高为 +8.3m,坡度为 $i=0.003$。根据管子长度可以计算出各转弯处的标高。凝水干管设计标高,二层楼为 +4.4m,底层为 +0.2m。凝水管跨越大门口时,从门下地沟通过。凝水干管的坡度与供热管相同,在凝水干管的末端设置疏水装置一组。

(3)本采暖系统供热干管共设置 5 根立管,因系统比较简单,未对立管编号。供热干管和凝水干管的管道直径在平面图和系统轴测图上都有标注。而支管的管道直径和阀门设置未在施工图上标注而写在施工说明中,从说明中得知:在每组散热器的供热和凝水支管上均装有截止阀,支管管径为 DN15。

(4)从平面图上可以了解散热器的布置情况:二层楼每个房间 1 组,共 7 组,底层只有两个房间装有散热器,各房间的散热器都在窗台下明装。散热器型号为四柱型,二层楼为有脚,底层为无脚。无脚散热器安装时挂在墙上。散热器的片数标注在平面图和系统轴测图上。

施工说明：

1. 平面图上，管道与墙柱的距离是假设的，沿墙敷设于地面的回水管，应绕柱敷设。
2. 图中所注管道标高约为管底标高，以室内地坪为±0.00起标。
3. 采暖管道采用水煤气输送钢管，凡管径在DN32以上者采用焊接连接。
4. 在每组散热器的供热和凝水支管上，均装有截止阀，支管管径为DN15。
5. 散热器和管道，支架刷铝粉铁红防锈漆一遍，银粉漆二遍。
6. 散热器为四柱型，二层楼有脚，底层的无脚。

二层采暖平面图

底层采暖平面图

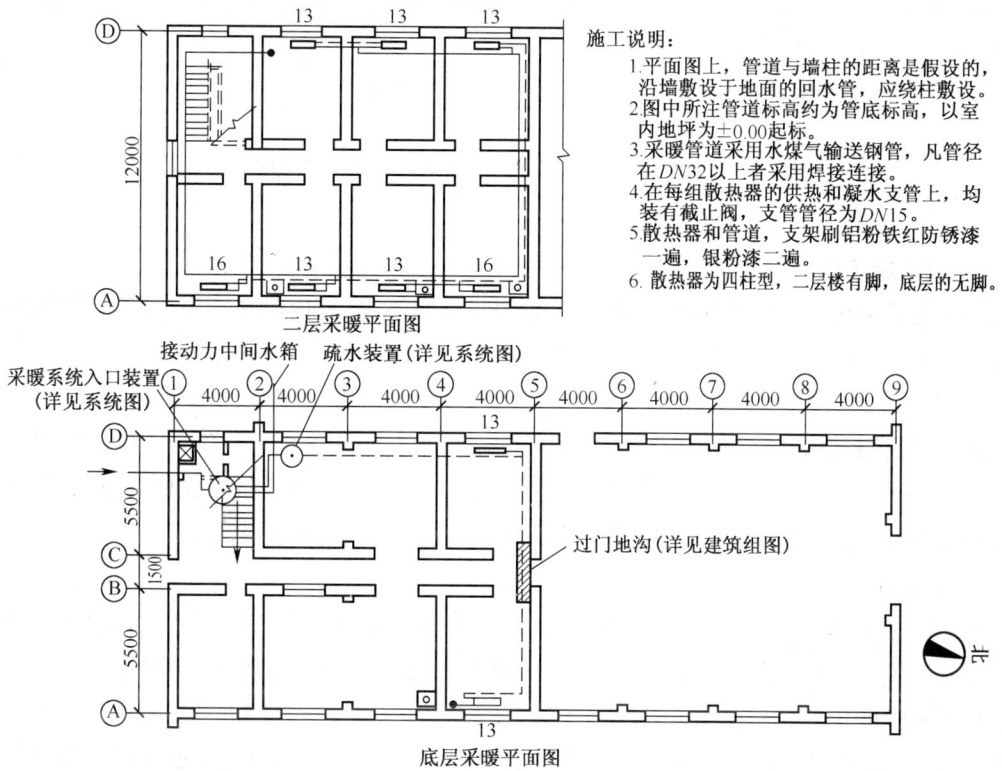

图 2-50　采暖平面图

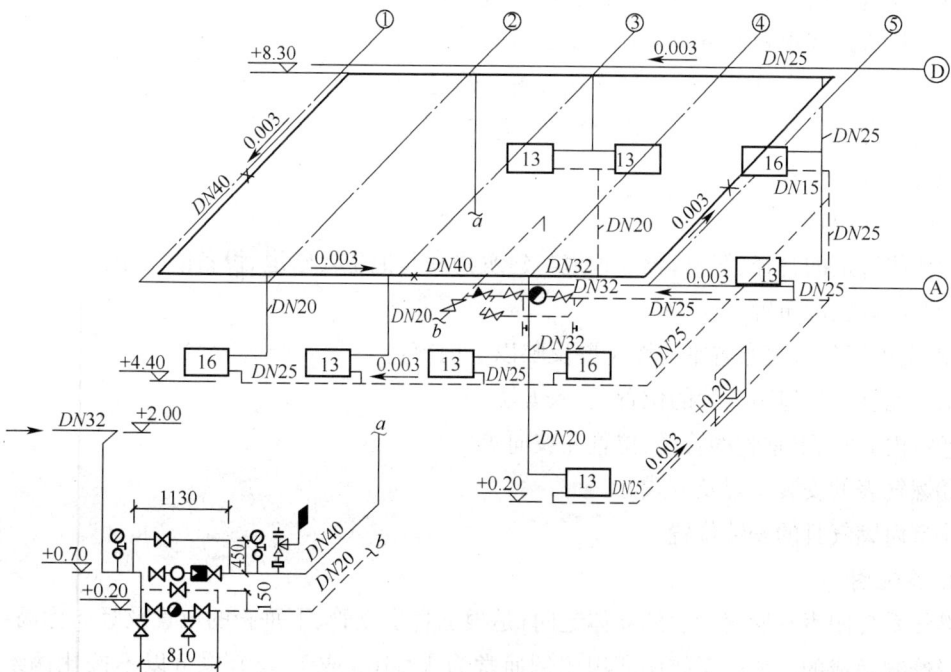

图 2-51　采暖系统图

(5)热媒入口装置和疏水装置画在系统轴测图中,识读系统轴测图可以了解到热媒入口装置和疏水装置的结构形式和安装位置。

(6)通过施工说明,可以了解到安装和刷油漆具体要求。

第五节 燃气工程施工图识读

一、燃气施工图的组成

燃气施工图包括设计总说明、庭院燃气管道平面布置图、室内燃气管道平面布置图、室内燃气管道系统图和详图、设备及主要材料表等部分。

1. 设计总说明

设计总说明是用文字对施工图上无法表示出来而又非要施工人员知道不可的内容予以说明,如工程规模、燃气种类、燃气用具情况、管道压力、管道材料、管道气密性检验方法、管道防腐方式和敷设方式、管道之间安全净距等,以及设计上对施工的特殊要求等。

2. 平面图

平面图分为室内燃气管道平面图和庭院燃气管道平面布置图。庭院燃气管道平面图主要表示室外燃气管道的平面分布、管道的走向。室内燃气管道平面布置图主要表示燃气引入管、立管和下垂管的位置。根据引入管的引入位置的不同,施工图应分层表示。室内燃气管道平面布置图常用比例有 1：100、1：200、1：50,在图中均有标注。庭院燃气管道平面图常用比例有 1：500、1：1000、1：10000 等。

(1)庭院燃气管道平面图主要反映以下内容:

①现状道路或规划道路的中心线及折点坐标。

②燃气主管与市政燃气管道的连接位置和管径。

③庭院管道的分布、管径、坡度,分支管道变径等。

④凝水缸的位置。

⑤阀门井位置。

⑥楼前管道的管径、管材,燃气管道与建筑物和其他主要管道、设备的间距。

⑦调压设施的布置。

(2)室内燃气管道布置平面图主要反映以下内容:

①单元燃气管道引入管的位置、引入方法。

②室内立管、下垂管的管径、位置和坡向等。

③燃气表的安装位置及方式。

④室内燃气具的安装位置。

3. 系统图

燃气系统图表示燃气管道的立体走向,是根据各层立管、下垂管的位置及竖向标高,用斜轴侧投影绘制而成的。燃气系统图所用比例通常为 1：100 或 1：50,也可以不按比例绘制。系统图应标注立管管径、支管的管径、水平管道坡度、管道标高,及活接位置、套管位置等。

4. 设备、材料表

燃气施工图包括设计总说明、庭院燃气管道平面图、室内燃气管道平面布置图、室内燃气管道系统图和详图,设备及主要材料表等部分。

二、燃气工程施工图的绘制要求

1. 一般规定

(1)燃气工程各设计阶段的设计图纸应满足相应的设计深度要求。

(2)图面应突出重点、布置匀称,且比例选用合理,用图样和图形符号能表达清楚的内容不宜采用文字说明。关于全项目的问题应在首页说明,局部问题应在对应图纸内说明。

(3)图名的标注方式宜符合以下规定:

1)当一张图中只有一个图样时,可在标题栏中标注图名。

2)当一张图中有两个及以上图样时,需分别标注各自的图名,且图名位置在图样的下方正中。

(4)图面布置宜符合以下规定:

1)当在一张图内布置两个及两个以上图样时,应按平面图在下,正剖面图在上,侧剖面图、流程图、管路系统图或详图在右的原则绘制。

2)当在一张图内布置两个及两个以上平面图时,应按工艺流程顺序或下层平面图在下、上层平面图在上的原则绘制。

3)图样的说明应布置在图面右侧或下方。

(5)在同一套工程设计图纸中,图样线宽、图例、术语、符号等绘制方法需一致。

(6)设备材料表包括设备名称、规格、数量、备注等栏;管道材料表包括序号(或编号)、材料名称、规格(或物理性能)、数量、单位、备注等栏。

(7)图样的文字说明,应以"注:"、"附注:"或"说明:"的形式书写,并用"1、2、3……"进行编号。

(8)简化画法宜符合以下规定:

1)两个及以上相同的图形或图样,可绘制其中的一个,其余的则采用简化画法。

2)两个及以上形状类似、尺寸不同的图形或图样,可绘制其中的一个,其余的采用简化画法,但尺寸需标注清楚。

2. 图样内容及画法

(1)燃气厂站工艺流程图的绘制应符合以下规定:

1)工艺流程图采用单线绘制,且可不按比例。其中燃气管线采用粗实线,其余管线采用中线(实线、虚线、点画线),设备轮廓线采用细实线。

2)工艺流程图应绘出燃气厂站内的工艺装置、设备与管道间的相对关系,以及工艺过程进行的先后顺序。当绘制带控制点的工艺流程图时,还要符合自控专业制图的规定。

3)工艺流程图应绘出全部工艺设备,并注明设备编号或名称。工艺设备应按设备形状用细实线绘制或用图形符号表示。

4)工艺流程图应绘出全部工艺管线和必要的公用管线,根据各设计阶段的不同深度要求,工艺管线应注明管道编号、规格及介质流向,公用管线应注明介质名称、流向及必要的参数等。

5)应绘出管线上的阀门等管道附件,但不含管道的连接件。

6)管道与设备的接口方位与实际情况相符。

7)管线应采用水平和垂直绘制。管线应避开设备图形,并应减少管线交叉;若有交叉,主要管路应连通,次要管路可断开。

8)当有两套及以上相同系统时,可只绘出其中一套系统的工艺流程图,其余系统的相同设备和相应阀件等可省略,但应表示出相连支管,并标明设备编号。

(2)燃气厂站总平面布置图的绘制应符合以下规定:

1)应绘出厂站围墙内的建(构)筑物轮廓、装置区范围、处于室外及装置区外的设备轮廓;工程设计阶段的总平面布置图的绘制应以现状实测地形图为基础,对于邻近燃气厂站的建(构)筑物及地形、地貌应表示清楚。应绘出指北针或风玫瑰图。

2)图中的建(构)筑物应注写编号或设计子项分号。对应编号或设计子项分号应给出建(构)筑物一览表;表中应注明各建(构)筑物的层数、占地面积、建筑面积、结构形式等。

3)图中应标出有爆炸危险的建(构)筑物与厂站内外其他建(构)筑物的水平净距。

4)图中需标出厂站围墙、建(构)筑物、装置区范围、征地红线范围等的四角坐标;对处于室外及装置区外的设备,需标出其中心坐标。

5)图中原有的建(构)筑物用细实线表示,新建的建(构)筑物用粗实线表示,预留建设的建(构)筑物用粗虚线表示。

6)图中应给出厂站的占地面积、建筑物的占地面积、建筑面积、建筑系数、绿化系数、围墙长度、道路及回车场地面积等主要技术指标。

(3)燃气厂站设备和管道安装图的绘制应符合以下规定:

1)设备和管道的安装图应按设计子项分号分别进行设计。安装图包括平面图、剖面图及剖视图。

2)设备和管道安装的平面图应以设计子项的建筑平面图、结构平面图或总平面布置图为基础进行绘制。图中应绘出设计子项内的燃气工艺设备的外轮廓线和管道,并给出设备和管道安装的定位尺寸。按建筑图标注建(构)筑物的轴线号及主要尺寸,并应绘出墙、门、窗、楼梯和操作平台等。应绘出指北针或风玫瑰图。

3)在平面图上表示不清楚的位置,应绘制设备和管道安装的剖面图或剖视图。这两种图应绘出剖切面投影方向可见的建(构)筑物、设备的外轮廓线和管道,并应标出设备和管道安装的定位尺寸和标高。

4)安装图中的管道编号应与流程图中的管道编号一致,并标注在管道的上方或左侧;或者用细实线引至空白处,标出管道编号、规格、材质、输送介质等。

5)安装图中的设备轮廓线用细实线绘制。设备编号应与设备明细表一致;当设备有操作平台时,还应标出操作平台的标高。

6)安装图中应给出设备明细表,表中应标明设备的编号、名称、规格、工艺参数、材料、数量、加工图或通用图图号、选型所执行的国家现行相关标准等内容。

7)安装图中直径小于300mm的管道宜用单条粗实线绘制,而直径不小于300mm的管道宜用两条粗实线绘制,法兰宜用两条细实线绘制。埋地管道应用粗虚线绘制,管沟内的管道应用单粗实线绘制,并用细实线绘制出管沟的边缘。

8)安装图中的工艺管道应给出管道标高,并注明坡度、坡向和介质流向。

9)安装图中应绘出管道的支、吊架,注明定位尺寸,并编号。总图和罐区支架应列支架一览表,给出支架中心坐标、管道标高、支架顶标高、地面标高、支架长度等。

10)平面图中应注写设计子项建(构)筑物的定位坐标和设备基础的定位尺寸。当有储罐区时,应标注防液堤的四角坐标。

11)剖面图、剖视图中应标出设备的安装高度、设备基础高度及设备进出 1:3 管道的标高。图中应表现出管道转弯、交叉等的方向和标高变化。

12)对于非标设备,应绘制管口方位图,并列出管口表,标明管口的压力等级、连接方式和用途等。

13)与其他设计子项相接的管道应注明续接的子项分号和图号。当管道超出本图图幅时应注明续接图纸的图号。

(4)小区和庭院燃气管道施工图的绘制应符合以下规定:

1)小区和庭院燃气管道施工图应绘制燃气管道平面布置图,而管道纵断面图可不绘制。若小区较大,应绘制区位示意图对燃气管道的区域进行标识。

2)燃气管道平面图应以小区和庭院的平面施工图、竣工图或实际测绘地形图为基础绘制。图中的地形、地貌、道路及所有建(构)筑物等均应采用细线绘制。应注写建(构)筑物和道路的名称,多层建筑应注明层数,并应绘出指北针。

3)平面图中应绘出中、低压燃气管道和调压站、调压箱、阀门、凝水缸、放水管等,燃气管道应采用粗实线绘制。

4)平面图中应给出燃气管道的定位尺寸。

5)平面图中应注明燃气管道的规格、长度、坡度、标高等。

6)燃气管道平面图中应注明调压站、调压箱、阀门、凝水缸、放水管及管道附件的规格及编号,并给出定位尺寸。

7)平面图中表示不清楚的地方,应绘制局部大样图。局部大样图可不按比例绘制。

8)平面图中应绘出与燃气管道相邻或交叉的其他管道,并注明燃气管道与其他管道的相对位置。

(5)室内燃气管道施工图的绘制应符合以下规定:

1)室内燃气管道施工图应绘制平面图和系统图。当管道、设备布置比较复杂,系统图不能表示清楚时,宜辅以剖面图。

2)室内燃气管道平面图应以建筑物的平面施工图、竣工图或实际测绘平面图为基础绘制。平面图应按直接正投影法绘制。明敷的燃气管道应采用粗实线绘制;墙内暗埋或埋地的燃气管道应采用粗虚线绘制;图中的建筑物应采用细线绘制。

3)平面图中应绘出燃气管道、燃气表、调压器、阀门、燃具等。

4)平面图中燃气管道的相对位置和管径应标注清楚。

5)系统图应按 45°正面斜轴测法绘制。系统图的布图方向应与平面图一致,并应按比例绘制;若局部管道按比例不能表示清楚,则可不按比例。

6)系统图中应绘出燃气管道、燃气表、调压器、阀门、管件等,并注明规格。

7)系统图中应标出室内燃气管道的标高、坡度等。

8)室内燃气设备、入户管道等处的连接做法,宜绘制大样图。

(6)高压输配管道走向图、中低压输配管网布置图的绘制应符合以下规定:

1)高压输配管道、中低压输配管网布置图应以现有地形图、道路图、规划图为基础绘制。图中的地形、地貌、道路及所有建(构)筑物等均应采用细线绘制,并应绘出指北针。

2)图中应表示出各厂站的位置和管道的走向,并标出管径。按照设计阶段的不同深度要求,表示出管道上阀门的位置。

3)燃气管道应采用粗线(实线、虚线、点画线)绘制,绘制彩图时,可采用同一种线型的不同颜色来区分不同压力级制或不同建设分期的燃气管道。

4)图中应标注主要道路、河流、街区、村镇等的名称。

(7)高压、中低压燃气输配管道平面施工图的绘制应符合以下规定:

1)高压、中低压燃气输配管道平面施工图应以沿燃气管道路由实际测绘的带状地形图或道路平面施工图、竣工图为基础绘制。图中的地形、地貌、道路及所有建(构)筑物等均应采用细线绘制,并应绘出指北针。

2)宜采用幅面代号为 A2 或 A2 加长尺寸的图幅。

3)图中应绘出燃气管道及与其相邻、相交的其他管线。燃气管道用粗实线单线绘制,其他管线用细实线、细虚线或细点画线绘制。

4)图中应标注燃气管道的定位尺寸,在管道起点、止点、转点等重要控制点应标注坐标;管道平面弹性敷设时,应给出弹性敷设曲线的相关参数。

5)图中应注明燃气管道的规格,其他管线宜标注名称和规格。

6)图中应绘出凝水缸、放水管、阀门和管道附件等,同时注明规格、编号及防腐等级、做法。

7)当图中三通、弯头等处表示不清楚时,应绘制局部大样图。

8)图中应绘出管道里程桩,注明里程数。里程桩宜采用长度为 3mm 垂直于燃气管道的细实线表示。

9)图中管道平面转点处,应标注转角度数。

10)应绘出管道配重稳管、管道锚固、管道水工保护等的位置、范围,并注明做法。

11)对于采用定向钻方式的管道穿越工程,应绘出管道入土、出土处的工作场地范围;对于架空敷设的管道,应绘出管道支架,并应注明支架、支座的形式、编号。

12)当平面图的内容较少时,可作为管道平面示意图并入到燃气输配管道纵断面图中。

13)当两条燃气管道同沟并行敷设时,应分别进行设计。设计的燃气管道用粗实线表示,并行燃气管道用中虚线表示。

(8)高压、中低压燃气输配管道纵断面施工图的绘制应符合以下规定:

1)高压、中低压燃气输配管道纵断面施工图应以沿燃气管道路由实际测绘的地形纵断面图或道路纵断面施工图、竣工图为基础绘制。

2)宜采用幅面代号为 A2 或 A2 加长尺寸的图幅。

3)对应标高标尺,应绘出管道路由处的现状地面线、设计地面线、燃气管道及与其交叉的其他管线。穿越有水的河流、沟渠、水塘等处应绘出水位线。燃气管道应采用中粗实线双线绘制。

现状地面线、其他管线应采用细实线绘制;设计地面线应采用细虚线绘制。

4)应绘出燃气管道的平面示意图。

5)对应平面图中的里程桩,应分别注明管道里程数、原地面高程、设计地面高程、设计管底高程、管沟挖深、管道坡度等。

6)管道纵向弹性敷设时,图面应标注出弹性敷设曲线的相关参数。

7)图中应绘出凝水缸、放水管、阀门、三通等,并标注规格和编号。

8)应绘出管道配重稳管、管道锚固、管道水工保护、套管保护等的位置、范围,并给出做法说明及相关的大样图。

9)对于采用定向钻方式的管道穿越工程,应在管道纵断图中绘出穿越段的土壤地质状况。对于架空敷设的管道,应绘出管道支架,并给出支架、支座的形式、编号、做法。

10)应注明管道的材质、规格及防腐等级、做法。

11)宜注明管道沿线的土壤电阻率状况和管道施工的土石方量。

12)图中管道竖向或空间转角处,应标注转角度数和弯头规格。

13)对于顶管穿越或加设套管敷设的管道,应注明套管的管底标高。

14)应标出与燃气管道交叉的其他管线及障碍物的位置及相关参数。

三、燃气工程识图要点

燃气施工图分为室内和室外燃气管道的施工图。识读燃气管道施工图应按照燃气流向进行。

1. 室内燃气管道平面图

识读时,应注意了解以下内容:

(1)了解燃气引入管的位置、方法和管径。

(2)了解楼前燃气管道与建筑物的间距。

(3)了解底层和标准层中立管、下垂管的位置。

(4)燃气具安装位置。燃气具安装时应考虑具体的安全距离要求。

2. 室外(庭院)燃气管道平面图

识读时,应注意了解以下内容:

(1)了解整个燃气工程的燃气接入点及参数。

(2)燃气调压设施的位置。

(3)庭院管道埋设深度。

(4)燃气管道的坡度和凝水缸的位置。

(5)庭院管的管径、长度以及与建构筑物的间距。

3. 室内燃气管道系统图

燃气系统图是用正面斜等轴侧方法绘制的,表明各层立管、燃气表、下垂管的位置及竖向标高。识读系统图时,应将平面图和系统图结合对照进行,以弄清空间布置关系。

识读时,应注意了解以下内容:

(1)室内、室外地坪标高基准。

(2)建筑物的层高。

(3)明确室外燃气管道的埋设深度、坡度。

(4)引入管与庭院管道连接结构。

(5)引入管的安装方式,是地上引入还是地下引入。

(6)立管管径、立管阀位置。

(7)燃气表的连接形式,如左进右出或右进左出。

(8)灶前阀安装高度。

四、燃气工程识图举例

某住宅楼燃气工程施工图如图 2-52～图 2-55 所示。该住宅楼为六层单元式住宅,有 3 个单元,每单元 2 户,上下层厨房、餐厅相互对应。

燃气设计说明

1. 本设计室内为低压管道,室外中压燃气管道经过减压箱压送入户内。减压箱每栋楼一个,地下设置。

2. 室外管道采用无缝钢管,室内管道采用水煤气镀锌焊接钢管,与用气设备连接管道采用软管。

3. 室内管道连接采用焊接,室外管道连接采用焊接。

4. 阀门采用球阀,压力等级为1.0MPa。

5. 煨弯采用冷煨,曲率半径不小于4D。

6. 管道防腐。

室外埋地管道防腐刷环氧煤沥青三道,地上管道除锈后,刷两道防锈底漆,再刷两道黄色面漆,室内管道刷银粉两道。

7. 试压吹扫

1) 管道试压吹扫采用压缩空气,室内管道不做强度试验。通气使用前系统进行氮气置换。

2) 试验压力19.6kPa,稳压3h后,观察5h内压力降不超过100Pa为合格。

3) 室内管道在未安装燃气表前用7kPa的压力对总进气管阀门到表前阀门的管道进行严密性试验,观察10min压力不降为合格。接通燃气表后用3kPa压力对总进气管阀门到用具前的管道进行严密性试验,观察5min压力不降为合格。

8. 其他未尽事宜按《城市燃气设计规范》执行。

图 2-52　燃气工程图首页

1. 燃气工程平面图

如图 2-53 所示为一至五层燃气单元平面图。燃气进户管从一层地下厨房进入,每户一根,从内墙角的燃气立管上引一根水平支管,再接燃气计量表,表后接燃气用具。

如图 2-54 所示为六层燃气单元平面图。燃气水平支管的布置与图 2-53 有所区别,建筑平面布局也不同,其他燃气设施基本相同。

2. 燃气工程系统图

该住宅楼燃气工程系统图如图 2-55 所示。燃气进户管从室外地面下进入,管径为 DN25,经外墙穿墙套管进入厨房,管的端部接一根向楼上供燃气的管径为 DN25 总立管,立管上、下端部设排水丝堵,每户接一根用户支管,每户设一个阀门,阀后设一智能型燃气计量表,表后接用户支管,支立管下端接一个带倒齿管的旋塞阀,用于连接燃气用具软管,图中还标注了各管段的长度、标高等。

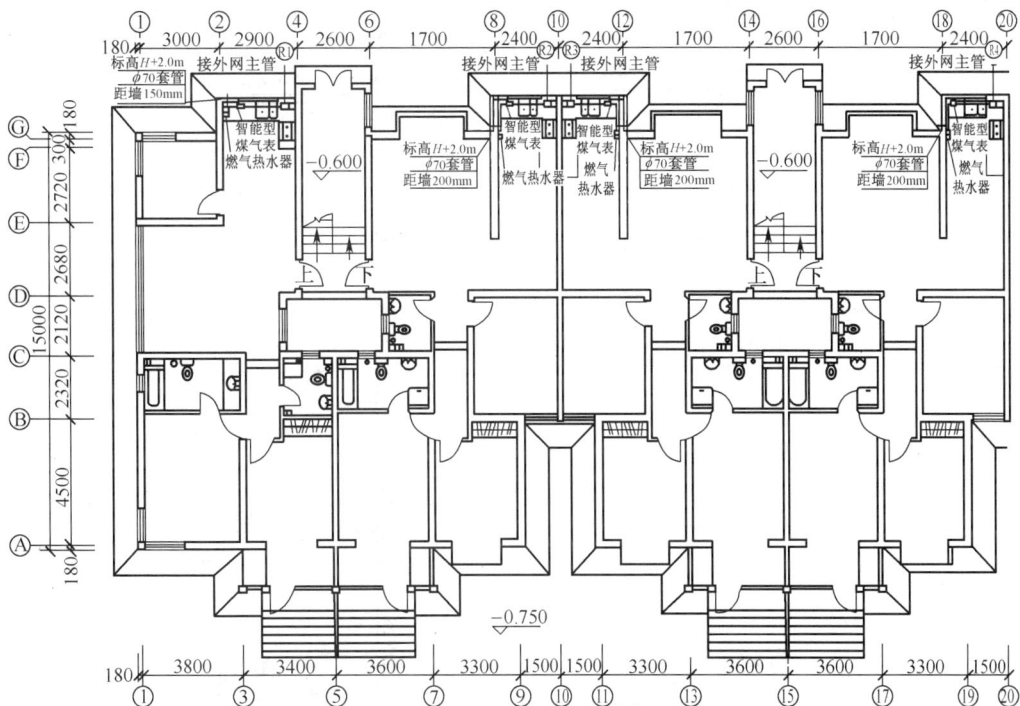

说明：
本设计范围为燃气表及燃气表前，燃气表或内容做示意布置。
室外管道保温采用聚胺脂，保温厚度50mm。

图 2-53　一至五层燃气单元平面图

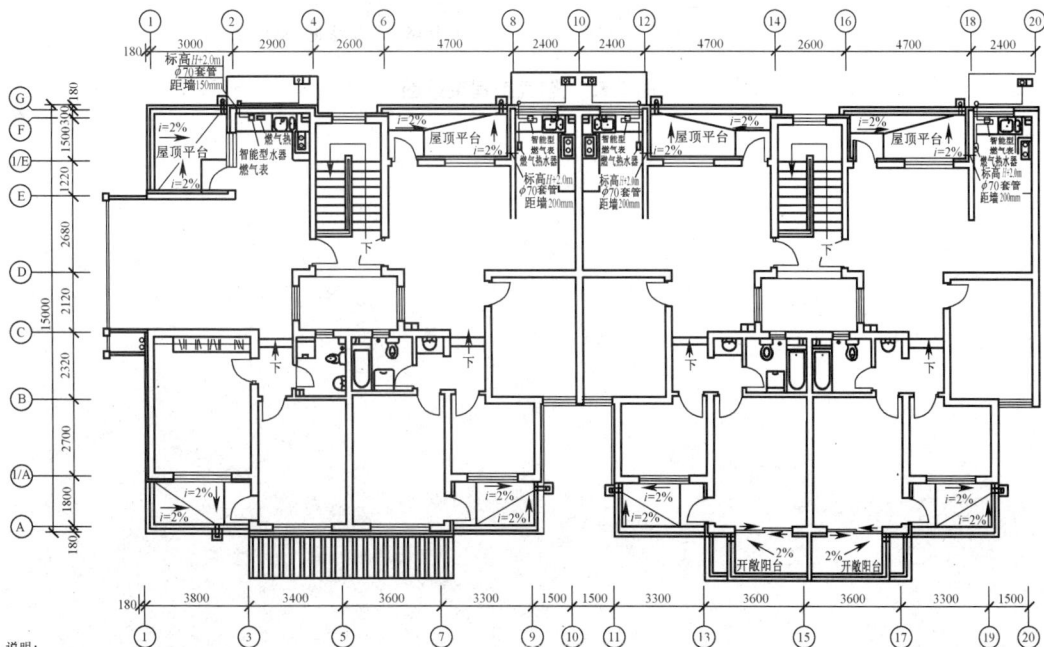

说明：
本设计范围为燃气表及燃气表前，燃气表后内容做示意布置。
室外管保温采用聚胺脂，保温层厚度50mm。

图 2-54　六层燃气单元平面图

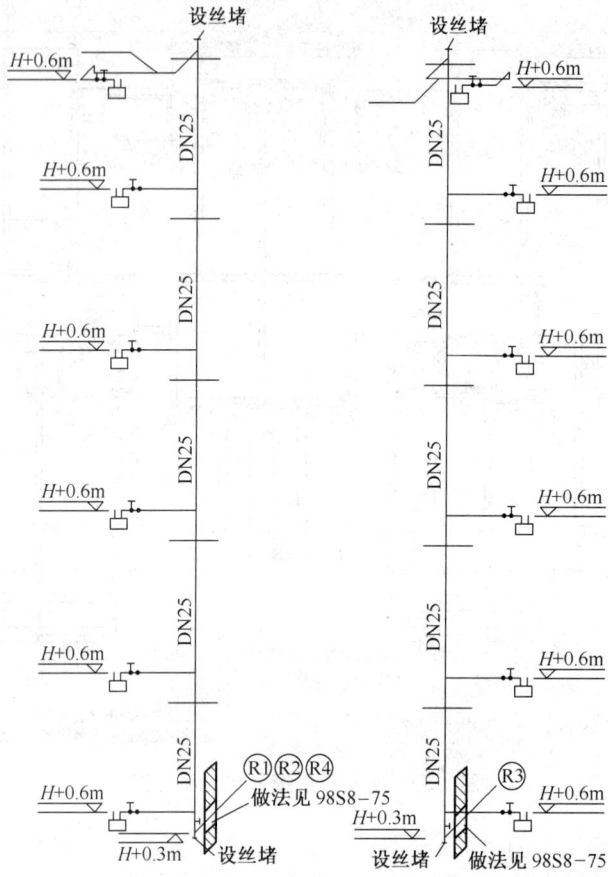

图 2-55　燃气工程系统图

第二部分 给排水、采暖、燃气工程计价理论

第三章 工程造价概述

> **内容提要：**
> 1. 熟悉工程造价的定义与分类。
> 2. 了解建筑安装工程费用构成及计算方法、计价程序。

第一节 工程造价的定义与分类

一、工程造价的定义

工程造价从不同的角度定义有不同含义。

工程造价的第一种含义：从投资者——业主的角度定义，工程造价是指建设一项工程预期开支或实际开支的全部固定资产投资费用，包括建筑安装工程费、设备及工器具购置费、工程建设其他费用、预备费、建设期贷款利息与固定资产方向调节税。投资者在投资活动中所支付的全部费用最终形成了工程建成以后交付使用的固定资产、无形资产和递延资产价值，所有这些开支就构成了工程造价。从这一意义上来说，工程造价就是建设工程项目的固定资产投资费用。

工程造价的第二种含义：是从市场的角度来定义，工程造价是指工程价格。即为建成一项工程，预计或实际在土地市场、设备市场、技术劳务市场，以及承包市场等交易活动中所形成的建筑安装工程的价格和建设工程总价格。显然，工程造价的第二种含义是将工程项目作为特殊的商品形式，通过招投标、承发包和其他交易方式，在多次预估的基础上，最终由市场形成价格。通常把工程造价的第二种含义只认定为工程承发包价格。

工程造价的两种含义是对客观存在的概括。它们既是一个统一体，又是相互区别的。区别工程造价的两种含义的理论意义在于，为投资者及以承包商为代表的供应商在工程建设领域的市场行为提供理论依据；区别工程造价的两种含义的现实意义在于，为实现不同的管理目标，不断充实工程造价的管理内容，完善管理方法，从而有利于推动经济全面增长。

二、工程造价的分类

1. 按用途分类

建筑安装工程造价按用途分类包括标底价格、投标价格、中标价格、直接发包价格、合同价

格和竣工结算价格。

(1)标底价格。标底价格是招标人的期望价格,不是交易价格。招标人以此作为衡量投标人投标价格的一个尺度,也是招标人的一种控制投资的手段。

招标人设置标底价有两个目的,一是在坚持最低价中标时,标底价可作为招标人自己掌握的招标底数,起参考作用,而不作评标的依据;二是为避免因标价太低而损害质量,使靠近标底的报价评为最高分,高于或低于标底的报价均递减评分,则标底价可作为评标的依据,使招标人的期望价成为价格控制的手段之一。根据哪种目的设置标底,要在招标文件中做出交代。编制标底价可由招标人自行操作,也可由招标人委托招标代理机构操作,由招标人做出决策。

(2)投标价格。投标人为了得到工程施工承包的资格,按照招标人在招标文件中的要求进行估价,然后根据投标策略确定投标价格,以争取中标并通过工程实施取得经济效益。因此投标报价是卖方的要价,如果中标,这个价格就是合同谈判和签订合同确定工程价格的基础。

如果设有标底,投标报价时要研究招标文件中评标时如何使用标底:

1)以靠近标底者得分最高,这时报价就无须追求最低标价。

2)标底价只作为招标人的期望,但仍要求低价中标,这时,投标人就要努力采取措施,即使标价最具竞争力(最低价),又使报价不低于成本,即能获得理想的利润。由于"既能中标,又能获利"是投标报价的原则,故投标人的报价必须有雄厚的技术和管理实力做后盾,编制出有竞争力、又能盈利的投标报价。

(3)中标价格。《中华人民共和国招标投标法》第四十条规定:"评标委员会应当按照招标文件确定的评标标准和方法,对投标文件进行评审和比较;设有标底的,应当参考标底"。所以,评标的依据一是招标文件,二是标底(如果设有标底时)。

《中华人民共和国招标投标法》第四十一条规定,中标人的投标应符合下列两个条件之一:一是"能最大限度地满足招标文件中规定的各项综合评价标准";二是"能够满足招标文件的实质性要求,并且经评审的投标价格最低,但是投标价低于成本的除外"。这第二项条件主要说的是投标报价。

(4)直接发包价格。直接发包价格是由发包人与指定的承包人直接接触,通过谈判达成协议签订施工合同,而不需要像招标承包定价方式那样,通过竞争定价。直接发包方式计价只适用于不宜进行招标的工程,如军事工程、保密技术工程、专利技术工程及发包人认为不宜招标而又不违反《中华人民共和国招标投标法》第三条(招标范围)的规定的其他工程。

直接发包方式计价首先提出协商价格意见的可能是发包人或其委托的中介机构,也可能是承包人提出价格意见交发包人或其委托的中介组织进行审核。无论由哪一方提出协商价格意见,都要通过谈判协商,签订承包合同,确定为合同价。直接发包价格是以审定的施工图预算为基础,由发包人与承包人商定增减价的方式定价。

(5)合同价格。《建设工程施工发包与承包计价管理办法》中分别有如下规定。

第十二条:"合同价可采用以下方式:(一)固定价。合同总价或者单价在合同约定的风险范围内不可调整。(二)可调价。合同总价或者单价在合同实施期内,根据合同约定的办法调整。(三)成本加酬金。"

第十三条："发承包双方在确定合同价时,应当考虑市场环境和生产要素价格变化对合同价的影响"。

针对上述两条规定,分别作如下解释。

1)固定合同价。合同中确定的工程合同价在实施期间不因价格变化而调整。固定合同价可分为固定合同总价和固定合同单价两种。

①固定合同总价。它是指承包整个工程的合同价款总额已经确定,在工程实施中不再因物价上涨而变化,所以,固定合同总价应考虑价格风险因素,也须在合同中明确规定合同总价包括的范围。这类合同价可以使发包人对工程总开支做到大体了解,在施工过程中可以更有效地控制资金的使用。但对承包人来说,要承担较大的风险,如物价波动、气候条件恶劣、地质地基条件及其他意外困难等,因此合同价款一般会高些。

②固定合同单价。它是指合同中确定的各项单价在工程实施期间不因价格变化而调整,而在每月(或每阶段)工程结算时,根据实际完成的工程量结算,在工程全部完成时以竣工图的工程量最终结算工程总价款。

2)可调合同价

①可调总价。合同中确定的工程合同总价在实施期间可随价格变化而调整。发包人和承包人在商订合同时,以招标文件的要求及当时的物价计算出合同总价。如果在执行合同期间,由于通货膨胀引起成本增加达到某一限度时,合同总价则作相应调整。可调合同价使发包人承担了通货膨胀的风险,承包人则承担其他风险。一般适合于工期较长(如一年以上)的项目。

②可调单价。合同单价可调,一般是在工程招标文件中规定。在合同中签订的单价,根据合同约定的条款,如在工程实施过程中物价发生变化等,可作调整。有的工程在招标或签约时,因某些不确定性因素而在合同中暂定某些分部分项工程的单价,在工程结算时,再根据实际情况和合同约定对合同单价进行调整,确定实际结算单价。

2.按计价方法分类

建筑安装工程造价按计价方法可分为投资估算造价、设计概算造价、施工图预算造价、竣工结(决)算造价等。具体参见本书第四章中的相关内容。

第二节　建筑安装工程费用构成及计算

一、建筑安装工程费用构成及计算

我国现行建筑安装工程费用项目组成,按住房城乡建设部、财政部共同颁发的建标[2013] 44号文件规定如下。

1.建筑安装工程费用项目组成(按费用构成要素划分)

建筑安装工程费按照费用构成要素划分:由人工费、材料(包含工程设备,下同)费、施工机具使用费、企业管理费、利润、规费和税金组成。其中人工费、材料费、施工机具使用费、企业管理费和利润包含在分部分项工程费、措施项目费、其他项目费中,具体如图3-1所示。

(1)人工费:是指按工资总额构成规定,支付给从事建筑安装工程施工的生产工人和附属生产单位工人的各项费用。内容包括:

建筑安装工程费
├── 人工费
│   ├── 1. 计时工资或计件工资
│   ├── 2. 奖金
│   ├── 3. 津贴、补贴
│   ├── 4. 加班加点工资
│   └── 5. 特殊情况下支付的工资
├── 材料费
│   ├── 1. 材料原价
│   ├── 2. 运杂费
│   ├── 3. 运输损耗费
│   └── 4. 采购及保管费
├── 施工机具使用费
│   ├── 1. 施工机械使用费
│   │   ├── ① 折旧费
│   │   ├── ② 大修理费
│   │   ├── ③ 经常修理费
│   │   ├── ④ 安拆费及场外运费
│   │   ├── ⑤ 人工费
│   │   ├── ⑥ 燃料动力费
│   │   └── ⑦ 税费
│   └── 2. 仪器仪表使用费
├── 企业管理费
│   ├── 1. 管理人员工资
│   ├── 2. 办公费
│   ├── 3. 差旅交通费
│   ├── 4. 固定资产使用费
│   ├── 5. 工具用具使用费
│   ├── 6. 劳动保险和职工福利费
│   ├── 7. 劳动保护费
│   ├── 8. 检验试验费
│   ├── 9. 工会经费
│   ├── 10. 职工教育经费
│   ├── 11. 财产保险费
│   ├── 12. 财务费
│   ├── 13. 税金
│   └── 14. 其他
├── 利润
├── 规费
│   ├── 1. 社会保险费
│   │   ├── ① 养老保险费
│   │   ├── ② 失业保险费
│   │   ├── ③ 医疗保险费
│   │   ├── ④ 生育保险费
│   │   └── ⑤ 工伤保险费
│   ├── 2. 住房公积金
│   └── 3. 工程排污费
└── 税金
    ├── 1. 营业税
    ├── 2. 城市维护建设税
    ├── 3. 教育费附加
    └── 4. 地方教育附加

（右侧分类）
1. 分部分项工程费
2. 措施项目费
3. 其他项目费

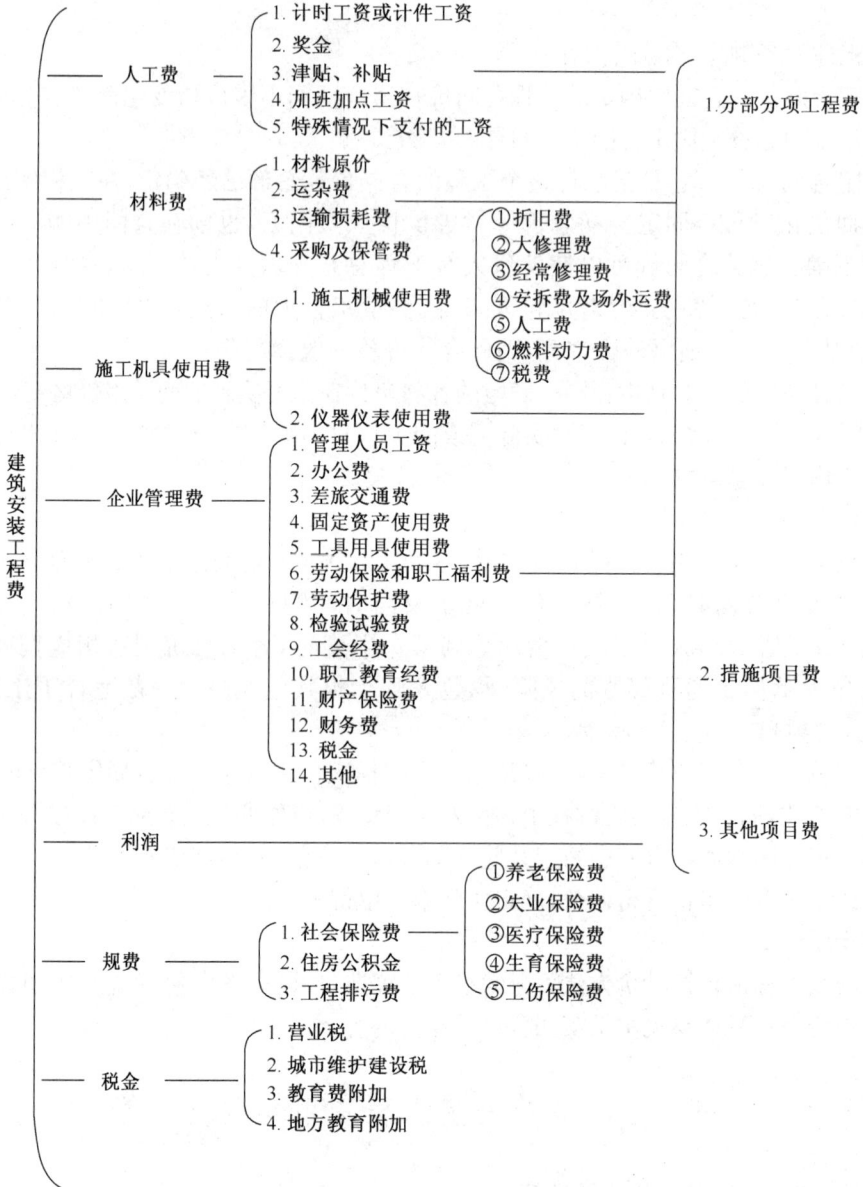

图 3-1　建筑安装工程费用项目组成（按费用构成要素划分）

1）计时工资或计件工资：是指按计时工资标准和工作时间或对已做工作按计件单价支付给个人的劳动报酬。

2）奖金：是指对超额劳动和增收节支支付给个人的劳动报酬。如节约奖、劳动竞赛奖等。

3）津贴补贴：是指为了补偿职工特殊或额外的劳动消耗和因其他特殊原因支付给个人的津贴，以及为了保证职工工资水平不受物价影响支付给个人的物价补贴。如流动施工津贴、特殊地区施工津贴、高温（寒）作业临时津贴、高空津贴等。

4)加班加点工资:是指按规定支付的在法定节假日工作的加班工资和在法定日工作时间外延时工作的加点工资。

5)特殊情况下支付的工资:是指根据国家法律、法规和政策规定,因病、工伤、产假、计划生育假、婚丧假、事假、探亲假、定期休假、停工学习、执行国家或社会义务等原因按计时工资标准或计时工资标准的一定比例支付的工资。

(2)材料费:是指施工过程中耗费的原材料、辅助材料、构配件、零件、半成品或成品、工程设备的费用。内容包括:

1)材料原价:是指材料、工程设备的出厂价格或商家供应价格。

2)运杂费:是指材料、工程设备自来源地运至工地仓库或指定堆放地点所发生的全部费用。

3)运输损耗费:是指材料在运输装卸过程中不可避免的损耗。

4)采购及保管费:是指为组织采购、供应和保管材料、工程设备的过程中所需要的各项费用。包括采购费、仓储费、工地保管费、仓储损耗。

工程设备是指构成或计划构成永久工程一部分的机电设备、金属结构设备、仪器装置及其他类似的设备和装置。

(3)施工机具使用费:是指施工作业所发生的施工机械、仪器仪表使用费或其租赁费。

1)施工机械使用费:以施工机械台班耗用量乘以施工机械台班单价表示,施工机械台班单价应由下列七项费用组成:

①折旧费:指施工机械在规定的使用年限内,陆续收回其原值的费用。

②大修理费:指施工机械按规定的大修理间隔台班进行必要的大修理,以恢复其正常功能所需的费用。

③经常修理费:指施工机械除大修理以外的各级保养和临时故障排除所需的费用。包括为保障机械正常运转所需替换设备与随机配备工具附具的摊销和维护费用,机械运转中日常保养所需润滑与擦拭的材料费用及机械停滞期间的维护和保养费用等。

④安拆费及场外运费:安拆费指施工机械(大型机械除外)在现场进行安装与拆卸所需的人工、材料、机械和试运转费用以及机械辅助设施的折旧、搭设、拆除等费用;场外运费指施工机械整体或分体自停放地点运至施工现场或由一施工地点运至另一施工地点的运输、装卸、辅助材料及架线等费用。

⑤人工费:指机上司机(司炉)和其他操作人员的人工费。

⑥燃料动力费:指施工机械在运转作业中所消耗的各种燃料及水、电等。

⑦税费:指施工机械按照国家规定应缴纳的车船使用税、保险费及年检费等。

2)仪器仪表使用费:是指工程施工所需使用的仪器仪表的摊销及维修费用。

(4)企业管理费:是指建筑安装企业组织施工生产和经营管理所需的费用。内容包括:

1)管理人员工资:是指按规定支付给管理人员的计时工资、奖金、津贴补贴、加班加点工资及特殊情况下支付的工资等。

2)办公费:是指企业管理办公用的文具、纸张、账表、印刷、邮电、书报、办公软件、现场监控、会议、水电、烧水和集体取暖降温(包括现场临时宿舍取暖降温)等费用。

3)差旅交通费:是指职工因公出差、调动工作的差旅费、住勤补助费,市内交通费和误餐补助费,职工探亲路费,劳动力招募费,职工退休、退职一次性路费,工伤人员就医路费,工地转移费以及管理部门使用的交通工具的油料、燃料等费用。

　　4)固定资产使用费:是指管理和试验部门及附属生产单位使用的属于固定资产的房屋、设备、仪器等的折旧、大修、维修或租赁费。

　　5)工具用具使用费:是指企业施工生产和管理使用的不属于固定资产的工具、器具、家具、交通工具和检验、试验、测绘、消防用具等的购置、维修和摊销费。

　　6)劳动保险和职工福利费:是指由企业支付的职工退职金、按规定支付给离休干部的经费,集体福利费、夏季防暑降温、冬季取暖补贴、上下班交通补贴等。

　　7)劳动保护费:是企业按规定发放的劳动保护用品的支出。如工作服、手套、防暑降温饮料以及在有碍身体健康的环境中施工的保健费用等。

　　8)检验试验费:是指施工企业按照有关标准规定,对建筑以及材料、构件和建筑安装物进行一般鉴定、检查所发生的费用,包括自设试验室进行试验所耗用的材料等费用。不包括新结构、新材料的试验费,对构件做破坏性试验及其他特殊要求检验试验的费用和建设单位委托检测机构进行检测的费用,对此类检测发生的费用,由建设单位在工程建设其他费用中列支。但对施工企业提供的具有合格证明的材料进行检测不合格的,该检测费用由施工企业支付。

　　9)工会经费:是指企业按《工会法》规定的全部职工工资总额比例计提的工会经费。

　　10)职工教育经费:是指按职工工资总额的规定比例计提,企业为职工进行专业技术和职业技能培训,专业技术人员继续教育、职工职业技能鉴定、职业资格认定以及根据需要对职工进行各类文化教育所发生的费用。

　　11)财产保险费:是指施工管理用财产、车辆等的保险费用。

　　12)财务费:是指企业为施工生产筹集资金或提供预付款担保、履约担保、职工工资支付担保等所发生的各种费用。

　　13)税金:是指企业按规定缴纳的房产税、车船使用税、土地使用税、印花税等。

　　14)其他:包括技术转让费、技术开发费、投标费、业务招待费、绿化费、广告费、公证费、法律顾问费、审计费、咨询费、保险费等。

　　(5)利润:是指施工企业完成所承包工程获得的盈利。

　　(6)规费:是指按国家法律、法规规定,由省级政府和省级有关权力部门规定必须缴纳或计取的费用。包括:

　　1)社会保险费。

　　①养老保险费:是指企业按照规定标准为职工缴纳的基本养老保险费。

　　②失业保险费:是指企业按照规定标准为职工缴纳的失业保险费。

　　③医疗保险费:是指企业按照规定标准为职工缴纳的基本医疗保险费。

　　④生育保险费:是指企业按照规定标准为职工缴纳的生育保险费。

　　⑤工伤保险费:是指企业按照规定标准为职工缴纳的工伤保险费。

　　2)住房公积金:是指企业按规定标准为职工缴纳的住房公积金。

　　3)工程排污费:是指按规定缴纳的施工现场工程排污费。

　　其他应列而未列入的规费,按实际发生计取。

　　(7)税金:是指国家税法规定的应计入建筑安装工程造价内的营业税、城市维护建设税、教育费附加以及地方教育附加。

2. 建筑安装工程费用项目组成（按造价形成划分）

建筑安装工程费按照工程造价形成由分部分项工程费、措施项目费、其他项目费、规费、税金组成，分部分项工程费、措施项目费、其他项目费包含人工费、材料费、施工机具使用费、企业管理费和利润（见图3-2）。

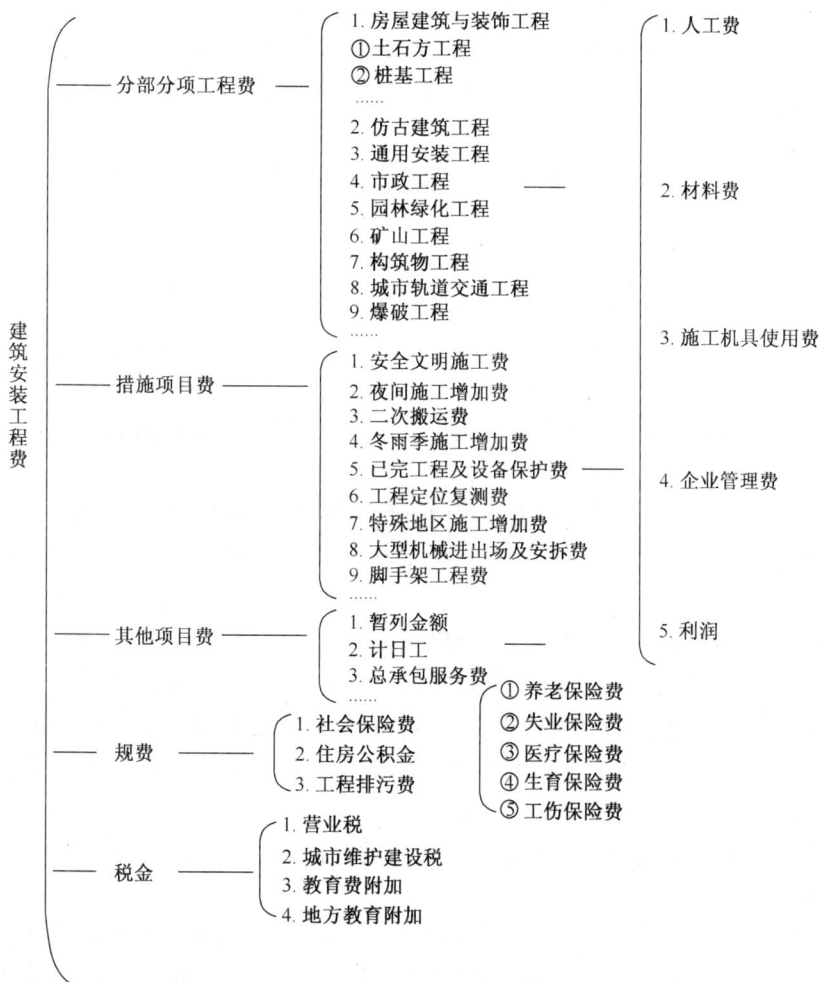

图3-2 建筑安装工程费用项目组成（按造价形成划分）

（1）分部分项工程费：是指各专业工程的分部分项工程应予列支的各项费用。

1）专业工程：是指按现行国家计量规范划分的房屋建筑与装饰工程、仿古建筑工程、通用安装工程、市政工程、园林绿化工程、矿山工程、构筑物工程、城市轨道交通工程、爆破工程等各类工程。

2）分部分项工程：指按现行国家计量规范对各专业工程划分的项目。如房屋建筑与装饰工程划分的土石方工程、地基处理与桩基工程、砌筑工程、钢筋及钢筋混凝土工程等。

各类专业工程的分部分项工程划分见现行国家或行业计量规范。

(2)措施项目费:是指为完成建设工程施工,发生于该工程施工前和施工过程中的技术、生活、安全、环境保护等方面的费用。内容包括:

1)安全文明施工费。

①环境保护费:是指施工现场为达到环保部门要求所需要的各项费用。

②文明施工费:是指施工现场文明施工所需要的各项费用。

③安全施工费:是指施工现场安全施工所需要的各项费用。

④临时设施费:是指施工企业为进行建设工程施工所必须搭设的生活和生产用的临时建筑物、构筑物和其他临时设施费用。包括临时设施的搭设、维修、拆除、清理费或摊销费等。

2)夜间施工增加费:是指因夜间施工所发生的夜班补助费、夜间施工降效、夜间施工照明设备摊销及照明用电等费用。

3)二次搬运费:是指因施工场地条件限制而发生的材料、构配件、半成品等一次运输不能到达堆放地点,必须进行二次或多次搬运所发生的费用。

4)冬雨季施工增加费:是指在冬季或雨季施工需增加的临时设施、防滑、排除雨雪,人工及施工机械效率降低等费用。

5)已完工程及设备保护费:是指竣工验收前,对已完工程及设备采取的必要保护措施所发生的费用。

6)工程定位复测费:是指工程施工过程中进行全部施工测量放线和复测工作的费用。

7)特殊地区施工增加费:是指工程在沙漠或其边缘地区、高海拔、高寒、原始森林等特殊地区施工增加的费用。

8)大型机械设备进出场及安拆费:是指机械整体或分体自停放场地运至施工现场或由一个施工地点运至另一个施工地点,所发生的机械进出场运输及转移费用及机械在施工现场进行安装、拆卸所需的人工费、材料费、机械费、试运转费和安装所需的辅助设施的费用。

9)脚手架工程费:是指施工需要的各种脚手架搭、拆、运输费用以及脚手架购置费的摊销(或租赁)费用。

措施项目及其包含的内容详见各类专业工程的现行国家或行业计量规范。

(3)其他项目费。

1)暂列金额:是指建设单位在工程量清单中暂定并包括在工程合同价款中的一笔款项。用于施工合同签订时尚未确定或者不可预见的所需材料、工程设备、服务的采购,施工中可能发生的工程变更、合同约定调整因素出现时的工程价款调整以及发生的索赔、现场签证确认等的费用。

2)计日工:是指在施工过程中,施工企业完成建设单位提出的施工图纸以外的零星项目或工作所需的费用。

3)总承包服务费:是指总承包人为配合、协调建设单位进行的专业工程发包,对建设单位自行采购的材料、工程设备等进行保管以及施工现场管理、竣工资料汇总整理等服务所需的费用。

(4)规费:定义同1.建筑安装工程费用项目组成(按费用构成要素划分)中的规费。

(5)税金:定义同1.建筑安装工程费用项目组成(按费用构成要素划分)中的税金。

二、建筑安装工程费用参考计算方法

(1)各费用构成要素参考计算方法如下:

1)人工费。

$$人工费=\sum(工日消耗量\times 日工资单价) \tag{3-1}$$

$$日工资单价=\frac{生产工人平均月工资(计时/计件)+平均月(奖金+津贴补贴+特殊情况下支付的工资)}{年平均每月法定工作日}$$

$$\tag{3-2}$$

注:公式(3-1)、公式(3-2)主要适用于施工企业投标报价时自主确定人工费,也是工程造价管理机构编制计价定额确定定额人工单价或发布人工成本信息的参考依据。

$$人工费=\sum(工程工日消耗量\times 日工资单价) \tag{3-3}$$

其中,日工资单价是指施工企业平均技术熟练程度的生产工人在每工作日(国家法定工作时间内)按规定从事施工作业应得的日工资总额。

工程造价管理机构确定日工资单价应通过市场调查、根据工程项目的技术要求,参考实物工程量人工单价综合分析确定,最低日工资单价不得低于工程所在地人力资源和社会保障部门所发布的最低工资标准的:普工1.3倍、一般技工2倍、高级技工3倍。

工程计价定额不可只列一个综合工日单价,应根据工程项目技术要求和工种差别适当划分多种日人工单价,确保各分部工程人工费的合理构成。

注:公式(3-3)适用于工程造价管理机构编制计价定额时确定定额人工费,是施工企业投标报价的参考依据。

2)材料费。

①材料费:

$$材料费=\sum(材料消耗量\times 材料单价) \tag{3-4}$$

$$材料单价=[(材料原价+运杂费)\times[1+运输损耗率(\%)]]\times[1+采购保管费率(\%)]$$

$$\tag{3-5}$$

②工程设备费:

$$工程设备费=\sum(工程设备量\times 工程设备单价) \tag{3-6}$$

$$工程设备单价=(设备原价+运杂费)\times[1+采购保管费率(\%)] \tag{3-7}$$

3)施工机具使用费。

①施工机械使用费:

$$施工机械使用费=\sum(施工机械台班消耗量\times 机械台班单价) \tag{3-8}$$

$$机械台班单价=台班折旧费+台班大修费+台班经常修理费+台班安拆费及场外运费$$
$$+台班人工费+台班燃料动力费+台班车船税费 \tag{3-9}$$

注:工程造价管理机构在确定计价定额中的施工机械使用费时,应根据《建筑施工机械台班费用计算规则》结合市场调查编制施工机械台班单价。施工企业可以参考工程造价管理机构发布的台班单价,自主确定施工机械使用费的报价,如租赁施工机械,公式为:施工机械使用费=$\sum$(施工机械台班消耗量×机械台班租赁单价)。

②仪器仪表使用费。

$$仪器仪表使用费=工程使用的仪器仪表摊销费+维修费 \tag{3-10}$$

4）企业管理费费率。

①以分部分项工程费为计算基础：

$$企业管理费费率(\%)=\frac{生产工人年平均管理费}{年有效施工天数×人工单价}×人工费占分部分项工程费比例(\%)$$

(3-11)

②以人工费和机械费合计为计算基础

$$企业管理费费率(\%)=\frac{生产工人年平均管理费}{年有效施工天数×(人工单价+每一工日机械使用费)}×100\%$$

(3-12)

③以人工费为计算基础：

$$企业管理费费率(\%)=\frac{生产工人年平均管理费}{年有效施工天数×人工单价}×100\%$$

(3-13)

注：上述公式适用于施工企业投标报价时自主确定管理费，是工程造价管理机构编制计价定额确定企业管理费的参考依据。

工程造价管理机构在确定计价定额中企业管理费时，应以定额人工费或(定额人工费+定额机械费)作为计算基数，其费率根据历年工程造价积累的资料，辅以调查数据确定，列入分部分项工程和措施项目中。

5）利润。

①施工企业根据企业自身需求并结合建筑市场实际自主确定，列入报价中。

②工程造价管理机构在确定计价定额中利润时，应以定额人工费或(定额人工费+定额机械费)作为计算基数，其费率根据历年工程造价积累的资料，并结合建筑市场实际确定，以单位(单项)工程测算，利润在税前建筑安装工程费的比重可按不低于5%且不高于7%的费率计算。利润应列入分部分项工程和措施项目中。

6）规费。

①社会保险费和住房公积金。社会保险费和住房公积金应以定额人工费为计算基础，根据工程所在地省、自治区、直辖市或行业建设主管部门规定费率计算。

$$社会保险费和住房公积金=\sum(工程定额人工费×社会保险费和住房公积金费率)$$

(3-14)

式中　社会保险费和住房公积金费率可以每万元发承包价的生产工人人工费和管理人员工资含量与工程所在地规定的缴纳标准综合分析取定。

②工程排污费。工程排污费等其他应列而未列入的规费应按工程所在地环境保护等部门规定的标准缴纳，按实计取列入。

7）税金。税金计算公式：

$$税金=税前造价×综合税率(\%)$$

(3-15)

综合税率：

①纳税地点在市区的企业：

$$综合税率(\%)=\frac{1}{1-3\%-(3\%×7\%)-(3\%×3\%)-(3\%×2\%)}-1$$

(3-16)

②纳税地点在县城、镇的企业：

$$综合税率(\%)=\frac{1}{1-3\%-(3\%\times5\%)-(3\%\times3\%)-(3\%\times2\%)}-1 \qquad (3-17)$$

③纳税地点不在市区、县城、镇的企业：

$$综合税率(\%)=\frac{1}{1-3\%-(3\%\times1\%)-(3\%\times3\%)-(3\%\times2\%)}-1 \qquad (3-18)$$

④实行营业税改增值税的,按纳税地点现行税率计算。

(2)建筑安装工程计价参考公式如下：

1)分部分项工程费。

$$分部分项工程费=\Sigma(分部分项工程量\times综合单价) \qquad (3-19)$$

式中　综合单价包括人工费、材料费、施工机具使用费、企业管理费和利润以及一定范围的风险费用(下同)。

2)措施项目费。

①国家计量规范规定应予计量的措施项目,其计算公式为：

$$措施项目费=\Sigma(措施项目工程量\times综合单价) \qquad (3-20)$$

②国家计量规范规定不宜计量的措施项目计算方法如下。

a. 安全文明施工费：

$$安全文明施工费=计算基数\times安全文明施工费费率(\%) \qquad (3-21)$$

计算基数应为定额基价(定额分部分项工程费+定额中可以计量的措施项目费)、定额人工费或(定额人工费+定额机械费),其费率由工程造价管理机构根据各专业工程的特点综合确定。

b. 夜间施工增加费：

$$夜间施工增加费=计算基数\times夜间施工增加费费率(\%) \qquad (3-22)$$

c. 二次搬运费：

$$二次搬运费=计算基数\times二次搬运费费率(\%) \qquad (3-23)$$

d. 冬雨季施工增加费：

$$冬雨季施工增加费=计算基数\times冬雨季施工增加费费率(\%) \qquad (3-24)$$

e. 已完工程及设备保护费：

$$已完工程及设备保护费=计算基数\times已完工程及设备保护费费率(\%) \qquad (3-25)$$

上述 b~e 项措施项目的计费基数应为定额人工费或(定额人工费+定额机械费),其费率由工程造价管理机构根据各专业工程特点和调查资料综合分析后确定。

3)其他项目费。

①暂列金额由建设单位根据工程特点,按有关计价规定估算,施工过程中由建设单位掌握使用、扣除合同价款调整后如有余额,归建设单位。

②计日工由建设单位和施工企业按施工过程中的签证计价。

③总承包服务费由建设单位在招标控制价中根据总包服务范围和有关计价规定编制,施工企业投标时自主报价,施工过程中按签约合同价执行。

4)规费和税金。

建设单位和施工企业均应按照省、自治区、直辖市或行业建设主管部门发布标准计算规费和税金,不得作为竞争性费用。

(3)相关问题的说明。

①各专业工程计价定额的编制及其计价程序,均按本通知实施。

②各专业工程计价定额的使用周期原则上为 5 年。

③工程造价管理机构在定额使用周期内,应及时发布人工、材料、机械台班价格信息,实行工程造价动态管理,如遇国家法律、法规、规章或相关政策变化以及建筑市场物价波动较大时,应适时调整定额人工费、定额机械费以及定额基价或规费费率,使建筑安装工程费能反映建筑市场实际。

④建设单位在编制招标控制价时,应按照各专业工程的计量规范和计价定额以及工程造价信息编制。

⑤施工企业在使用计价定额时除不可竞争费用外,其余仅作参考,由施工企业投标时自主报价。

三、建筑安装工程计价程序

建筑安装工程计价程序见表 3-1～表 3-3。

表 3-1　建设单位工程招标控制价计价程序

工程名称：　　　　　　　标段：　　　　　　　第 页 共 页

序号	内　　容	计 算 方 法	金额/元
1	分部分项工程费	按计价规定计算	
1.1			
1.2			
1.3			
1.4			
1.5			
2	措施项目费	按计价规定计算	
2.1	其中:安全文明施工费	按规定标准计算	
3	其他项目费		
3.1	其中:暂列金额	按计价规定估算	
3.2	其中:专业工程暂估价	按计价规定估算	

续表3-1

序号	内 容	计 算 方 法	金额/元
3.3	其中:计日工	按计价规定估算	
3.4	其中:总承包服务费	按计价规定估算	
4	规费	按规定标准计算	
5	税金(扣除不列入计税范围的工程设备金额)	(1+2+3+4)×规定税率	

招标控制价合计=1+2+3+4+5

表3-2 施工企业工程投标报价计价程序

工程名称: 标段: 第 页 共 页

序号	内 容	计 算 方 法	金额/元
1	分部分项工程费	自主报价	
1.1			
1.2			
1.3			
1.4			
1.5			
2	措施项目费	自主报价	
2.1	其中:安全文明施工费	按规定标准计算	
3	其他项目费		
3.1	其中:暂列金额	按招标文件提供金额计列	
3.2	其中:专业工程暂估价	按招标文件提供金额计列	
3.3	其中:计日工	自主报价	
3.4	其中:总承包服务费	自主报价	
4	规费	按规定标准计算	
5	税金(扣除不列入计税范围的工程设备金额)	(1+2+3+4)×规定税率	

投标报价合计=1+2+3+4+5

表3-3　竣工结算计价程序

工程名称：　　　　　　　　　标段：　　　　　　　　第　页　共　页

序号	内　容	计　算　方　法	金额/元
1	分部分项工程费	按合同约定计算	
1.1			
1.2			
1.3			
1.4			
1.5			
2	措施项目	按合同约定计算	
2.1	其中:安全文明施工费	按规定标准计算	
3	其他项目		
3.1	其中:专业工程结算价	按合同约定计算	
3.2	其中:计日工	按计日工签证计算	
3.3	其中:总承包服务费	按合同约定计算	
3.4	索赔与现场签证	按发承包双方确认数额计算	
4	规费	按规定标准计算	
5	税金(扣除不列入计税范围的工程设备金额)	(1＋2＋3＋4)×规定税率	
竣工结算总价合计＝1＋2＋3＋4＋5			

第四章 定额计价基础知识

内容提要：

1. 熟悉施工定额的基本概念、施工定额的组成。
2. 掌握预算定额的编制与适用条件。
3. 了解投资估算指标的内容与编制。
4. 了解单位估价表与预算定额的关系及单位估价表的编制与使用方法。
5. 了解企业定额的性质与编制。

第一节 施 工 定 额

一、施工定额的基本概念

施工定额即在正常施工组织条件下，建筑安装企业班组或个人完成单位合格产品所消耗人工、材料和机械台班的数量标准。建筑安装企业编制施工作业计划，编制人工、材料和机械需要计划，进行工料分析和施工队向生产班组签发工程任务单，进行经济核算，均需以施工定额为依据。另外，它也是制定预算定额的基础。

二、施工定额的组成

施工定额一般包括劳动定额、材料消耗定额、机械台班使用定额三个相对独立的部分。

1. 劳动定额

劳动定额也叫人工定额，指在正常施工条件下，完成单位合格产品所需的劳动消耗量标准，是规定安装工人在正常施工组织条件下劳动生产率的平均合理指标。它依据企业内部进行组织施工，编制作业计划、签发生产任务单和考核工效、计算工资和奖金、进行经济核算。同时，它也是核定安装工程产品人工成本及编制安装工程预算的重要基础。它包括时间定额和产量定额两种基本表现形式。

(1)时间定额。即某种专业的工人班组或个人，在正常施工组织与合理使用材料的条件下，完成单位合格产品所需消耗的工作时间。包括工人准备和结束必须消耗的时间、基本生产时间、辅助生产时间、不可避免的中断时间以及必要的休息时间。

时间定额一般以工日或工时为计量单位，每个工日按 8h 计算。单位产品时间定额计算式如下：

$$单位产品时间定额 = \frac{1}{每工日产量} \tag{4-1}$$

或

$$单位产品时间定额 = \frac{班组成员工日数总和}{班组产量} \tag{4-2}$$

（2）产量定额。即某种专业的工人班组或个人，在正常施工与合理使用材料的条件下，单位工日中完成合格产品数量的标准。

产量定额以单位时间的产品数量为计量单位，计算公式如下：

$$每工日产量＝\frac{1}{单位产品时间定额} \tag{4-3}$$

或

$$班组产量＝\frac{班组成员工日数的总和}{单位产品时间定额} \tag{4-4}$$

时间定额与产量定额互为倒数关系，即：时间定额×产量定额＝1。

（3）劳动定额的计算。时间定额和产量定额均可以用于劳动定额的计算。实际工作中，时间定额以工日为单位，便于统计总工日数、核算工人工资、编制进度计划。常用它计算综合工日或各工种的工日。产量定额以产品数量为单位，便于施工小组分配任务，签发施工任务单，考核工人的劳动生产率，只是不如时间定额计算方便。因为其不能直接相加减或用插入法计算综合产品定额。

2. 材料消耗定额

材料消耗定额即在节约与合理使用材料的条件下，生产单位合格产品所必须消耗一定规格的材料、半成品或管件的数量，包括材料的净用量和必要的施工损耗量。计算公式如下：

$$材料消耗定额＝材料净用量＋材料耗损量＝材料净用量×（1＋材料损耗率） \tag{4-5}$$

$$材料损耗率＝\frac{材料损耗量}{材料净用量}×100\% \tag{4-6}$$

不同材料的损耗率也不相同，即使同种材料也会因受施工方法的影响而不同，其值由国家有关部门综合取定。

3. 机械台班使用定额

机械台班使用定额也叫机械使用定额，指在合理的劳动组织和合理使用施工机械以及正常施工条件下，完成一定计量单位质量合格产品所必须消耗的机械台班数量标准。有机械时间定额和机械产量定额两种基本表现形式。

（1）机械时间定额。即在正常施工组织条件下，班组职工操纵施工机械完成单位合格产品所必须消耗的机械台班数量标准。所谓1个台班，就是工人使用一台机械工作8h，它既包括机械的运行，也包括工人的劳动。计算公式如下：

$$机械时间定额＝\frac{1}{机械台班产量定额} \tag{4-7}$$

（2）机械产量定额。即在正常施工组织条件下，在单位时间内，班组工人操作施工机械完成合格产品的数量，以单位时间的产品计量单位表示。计算公式如下：

$$机械产量定额＝\frac{1}{机械时间定额} \tag{4-8}$$

机械时间定额与机械产量定额互为倒数关系，即：机械时间定额×机械产量定额＝1。

第二节　预　算　定　额

一、预算定额的概念与作用

1. 预算定额的概念

预算定额是规定消耗在合格质量的单位工程基本构造要素上的人工、材料和机械台班的数量标准,是计算建筑安装产品价格的基础。基本构造要素,即通常所说的分项工程和结构构件。预算定额按工程基本构造要素规定劳动力、材料和机械的消耗数量,来满足编制施工图预算、规划和控制工程造价的要求。

2. 预算定额的作用

(1)编制施工图预算及确定工程造价的依据。

(2)编制单位估价汇总表的依据。

(3)在招标投标制度中,是编制招标标底及投标报价的依据。

(4)拨付工程价款和进行工程竣工结算的依据。

(5)编制施工组织设计、确定劳动力、建筑材料、成品、半成品施工机械台班需用量的依据。

二、预算定额的编制

1. 预算定额的编制依据

(1)现行的设计规范,施工及验收规范、质量评定标准及安全操作规程等建筑技术法规。

(2)通用标准图集和定型设计图纸及有代表性的设计图纸和图集。

(3)历年及现行的预算定额、施工定额及全国各省、市、自治区的预算定额和施工定额。

(4)新技术、新结构、新材料和先进施工经验等资料。

(5)有关科学实验、技术测定和统计资料。

(6)现行的人工工资标准、材料预算价格和施工机械台班预算价格等。

2. 预算定额的编制程序

(1)制定预算定额的编制方案

预算定额的编制方案主要内容有:

1)建立相应的机构。

2)确定编制定额的指导思想、编制原则和编制进度。

3)明确定额的作用、编制的范围和内容。

4)确定人工、材料、机械消耗定额的计算基础和收集的基础资料,并对收集到的资料进行分析整理,使其资料系统化。

(2)预算定额项目及其工作内容。划分定额项目以施工定额为基础,合理确定预算定额的步距,进一步考虑其综合性。尽量做到项目齐全、粗细适度、简明适用。同时,应将各工程项目的工程内容、范围予以确定。

(3)确定分项工程的定额消耗指标。确定分项工程的定额消耗指标,应以选择计量单位、确定施工办法、计算工程量及含量测算为基础进行。

1)选择计量单位

预算定额的计量单位既要使用方便,还要与工程项目内容相适应,可反映分项工程最终产品形态和实物量。

计量单位一般应按结构构件或分项工程的特征及变化规律来确定。通常,当物体的三个度量(长、宽、高)都可能发生变化时,选用 m³(立方米)为计量单位;当物体的三个度量(长、宽、高)中有两个度量经常发生变化时,选用 m²(平方米)为计量单位;与物体的截面形状基本固定,长度变化不定时,选用 m(米)、km(千米)为计量单位。当分项工程无一定规格,而构造又比较复杂时,可按个、块、套、座、t(吨)等为计量单位。一般计量单位应按公制执行。

2)确定施工方法

施工方法直接影响预算定额中的人工、材料和施工机械台班的消耗指标。因此在编制定额时,必须以本地区的施工(生产)技术组织条件、施工验收规范、安全技术操作规程以及已经推广和成熟的新工艺、新结构、新材料和新的操作方法等为依据,合理地确定施工方法,以正确反映当前社会生产力的水平。

3)计算工程量及含量的测算

工程量计算需选择有代表性的图纸、资料和已经确定的定额项目、计量单位,根据工程量的计算规则进行计算。

计算中要特别注意的是预算定额项目的工作内容、范围及其所包括内容在该项目中所占的比例,也就是含量的测算。通过会计师的测算,才能保证定额项目综合的合理性,使定额内的人工、材料、机械台班的消耗做到相对准确。

4)确定人工、材料、机械台班消耗量指标。

5)编制定额项目表

定额表中的人工消耗部分,需列出综合工日和其他人工费。

定额表中的机械台班消耗部分,需列出主要机械名称,主要机械台班消耗定额(以台班为计量单位)或其他机械费。

定额表中的材料消耗部分,需列出不同规格的主要材料名称、计量单位、主要材料的数量;对次要材料综合列入其他材料费,以元为计量单位。

在预算定额的基价部分,需列出人工费、材料费、机械费,同时还需列出基价(预算价值)。

6)修改定稿,颁发执行。

初稿编出后,与以往相应的定额进行对照,对新定额进行水平测算。依据测算结果,分析出新定额水平提高或降低的因素,并对初稿进行合理的修订。

在测算和修改的基础上,组织有关部门进行讨论并征求意见,定稿后连同编制说明书呈报上级主管部门审批。经批准后,在正式颁发执行前,应向各有关部门进行政策性和技术性的交底,以便定额的正确贯彻执行。

三、预算定额的适用条件

定额是以正常施工条件为基础编制的,所以只适用于正常施工条件。正常施工条件包括:

(1)设备、材料、成品、半成品及构件完整无损,符合质量标准和设计要求,附有合格证书和试验记录。

(2)安装工程和土建工程之间的交叉作业正常。

(3)正常的气候、地理条件和施工环境。

(4)安装地点、建筑物、设备基础、预留孔洞等均符合要求。

(5)水电供应均满足安装施工正常使用。

若在非正常施工条件下施工,如在高原、水下等特殊自然地理条件下施工,应根据相关规定增加其安装费用。

第三节　投资估算指标

一、投资估算指标的概念

投资估算指标(简称估算指标)是编制项目建议书和可行性研究报告投资估算的依据,也是编制固定资产长远规划投资额的参考。估算指标中的主要材料消耗也是一种扩大材料消耗定额,可作为计算建设项目主要材料消耗量的基础。估算指标对于保证投资估算的准确性和项目决策的科学化具有重要意义。

二、投资估算指标的内容

投资估算指标是确定和控制建设项目全过程各项投资支出的技术经济指标,涉及建设前期、建设实施期和竣工验收交付使用期等各个阶段的费用支出,通常分为建设项目综合指标、单项工程指标和单位工程指标三个层次。

1. 建设项目综合指标

建设项目综合是指应列入建设项目总投资的从立项筹建开始至竣工验收交付使用的全部投资额,包括单项工程投资、工程建设其他费用和预备费等。

建设项目综合指标一般以项目的综合生产能力单位投资表示,如:元/kW。也可以使用功能表示,如医院床位:元/床。

2. 单项工程指标

单项工程指标指应列入能独立发挥生产能力或使用效益的单项工程内的全部投资额,包括建筑工程费、安装工程费、设备、工器具及生产家具购置费和可能包含的其他费用。单项工程的一般划分原则为:

(1)主要生产设施。即直接参加生产产品的工程项目,包括生产车间或生产装置。

(2)辅助生产设施。即为主要生产车间服务的工程项目。包括集中控制室、中央实验室、机修、电修、仪器仪表修理及木工(模)等车间,原材料、半成品、成品及危险品等仓库。

(3)公用工程。包括给排水系统(给排水泵房、水塔、水池及全厂给排水管网)、供热系统(锅炉房及水处理设施、全厂热力管网)、供电及通信系统(变配电所、开关所及全厂输电、电信线路)以及热电站、热力站、煤气站、空压站、冷冻站、冷却塔和全厂管网等。

(4)环境保护工程。包括废气、废渣、废水等处理和综合利用设施及全厂性绿化。

(5)总图运输工程。包括厂区防洪、围墙大门、传达及收发室、汽车库、消防车库、厂区道路、桥涵、厂区码头及厂区大型土石方工程。

(6)厂区服务设施。包括厂部办公室、厂区食堂、医务室、浴室、哺乳室、自行车棚等。

(7)生活福利设施。包括职工医院、住宅、生活区食堂、俱乐部、托儿所、幼儿园、子弟学校、商业服务点以及与之配套的设施。

(8)厂外工程。包括水源工程,厂外输电、输水、排水、通信、输油等管线以及公路、铁路专用线等。

单项工程指标通常以单项工程生产能力单位投资,如"元/t"或其他单位表示。例如:变配电站:"元/(kV·A)";供水站:"元/m³";锅炉房:"元/蒸汽吨";办公室、住宅等房屋则区别不同结构形式以"元/m²"表示。

3. 单位工程指标

单位工程指标指应列入能独立设计、施工的工程项目的费用,即建筑安装工程费用。

单位工程指标通常用以下方式表示:房屋区别不同结构形式以"元/m²"表示;道路区别不同结构层、面层以"元/m²"表示;水塔区别不同结构层、容积以"元/座"表示;管道区别不同材质、管径以"元/m"表示。

三、投资估算指标的编制

1. 投资估算指标的编制原则

(1)投资估算指标项目的确定,需考虑以后几年编制建设项目建议书和可行性研究报告投资估算的需要。

(2)投资估算指标的分类、项目划分、项目内容、表现形式等要结合各专业的特点,并且要与项目建议书、可行性研究报告的编制深度相适应。

(3)投资估算指标的编制内容,典型工程的选择,必须符合国家的有关建设方针政策,符合国家技术发展方向,贯彻国家高科技政策和发展方向原则,使指标的编制既能反映现实的高科技成果,反映正常建设条件下的造价水平,又能适应今后若干年的科技发展水平。坚持技术上先进、可行和经济上的合理,力争以较少的投入取得最大的投资效益。

(4)投资估算指标的编制应反映不同行业、不同项目和不同工程的特点,投资估算指标要适应项目前期工作深度的需要,而且具有更大的综合性。投资估算指标要密切结合行业特点,项目建设的特定条件,在内容上既要贯彻指导性、准确性和可调性原则,又要有一定的深度和广度。

(5)投资估算指标的编制要贯彻静态和动态相结合的原则。应充分考虑到在市场经济条件下建设条件、实施时间、建设期限等因素的不同,考虑到建设期的动态因素,即价格、建设期利息、固定资产投资方向调节税及涉外工程的汇率等因素的变动导致指标的量差、价差、利息差、费用差等"动态"因素对投资估算的影响,对以上动态因素予以必要的调整办法和调整参数,尽量减少这些动态因素对投资估算准确度的影响,使指标具有较强的实用性和可操作性。

2. 投资估算指标的编制方法

投资估算指标的编制工作,涉及建设项目的产品规模、产品方案、工艺流程、设备选型、工程设计和技术经济等各个方面,既要考虑到现阶段技术状况,又要展望近期技术发展趋势和设计动向,以便指导以后建设项目的实践。投资估算指标的编制应当成立专业齐全的编制小组,且编制人员要具备较高的专业素质。投资估算指标的编制应当制定一个从编制原则、编制内容、指标的层次相互衔接、项目划分、表现形式、计量单位、计算、复核、审查程序到相互应有的责任制等内容的编制方案或编制细则,以便编制工作有章可循。投资估算指标的编制通常分三个阶段进行。

(1)收集整理资料阶段。收集整理已建成或正在建设的、符合现行技术政策和技术发展方向、有可能重复采用的、有代表性的工程设计施工图、标准设计以及相应的竣工决算或施工图预算资料等,这些是编制工作的基础,资料收集越广泛,编制工作考虑越全面,就越有利于提高投资估算指标的实用性和覆盖面。而且,对调查收集到的资料要选择占投资比重大,相互关联多的项目进行认真的分析整理。由于已建成或正在建设的工程的设计意图、建设时间和地点、资料的基础等不同,相互之间有很大差异,需要加以整理,才能重复利用。将整理后的数据资料按项目划分栏目加以归类,按照编制年度的现行定额、费用标准和价格,调整成编制年度的造价水平及相互比例。

(2)平衡调整阶段。由于调查资料的来源不同,即使经过一定的分析整理,也难免会由于设计方案、建设条件和建设时间上的差异带来的某些影响,使数据失准或漏项等。因此,必须对有关资料进行综合平衡调整。

(3)测算审查阶段。测算是将新编的指标和选定工程的概预算在同一价格条件下进行比较,检验其"量差"的偏离程度是否在允许的范围之内,若偏差过大,则要查找原因,进行修正。测算同时也是对指标编制质量进行的一次系统检查,应由专人进行,以保持测算口径的统一,以此为基础组织有关专业人员全面审查定稿。

因为投资估算指标的编制计算工作量非常大,应尽量使用电子计算机进行投资估算指标的编制工作。

第四节　单位估价表

一、单位估价表和单位估价汇总表的概念

预算定额是规定建筑安装企业在正常条件下,完成一定计量单位合格分项或子项工程的人工、材料和机械台班消耗数量的标准。通过把预算定额中的三种"量"(人工、材料、机械)和三种"价"(工资单价、材料预算单价、机械台班单价)结合,计算出一个以货币形式表达完成一定计量单位合格分项或子项工程的价值指标(单价)的许多表格,并按一定的分类汇总在一起,则称为单位估价表。

地区单位估价表可看做是国家统一预算定额在这个地区的翻版(包括对国家统一预算定额不足的补充),它将国家统一预算定额中的三种价全部更换为本地区的三种价,故地区单位估价表除"基价"与原定额不同外,其余内容与国家统一预算定额是完全相同的(包括补充部分)。所以,地区单位估价表与原定额篇幅一样很大,为使用方便,仅将单位估价表中的"基价"按照一定的方法汇集起来就称为"单位估价汇总表"或"价目表"。

二、单位估价表与预算定额的关系

单位估价表是预算定额中三种量的货币形式的价值表现,预算定额是编制单位估价表的依据。目前,我国大多数地区的建筑工程预算定额,均已按照编制单位估价表的方法,编制成带有"基价"的预算定额。因此与单位估价表一样,它也可以直接作为编制工程预算的计价依据。但是,这种基价,一般都是以省会所在地的三种价计算的,而对省会所在地以外的其他地区(专署级)来说,是不相适应的,所以,省会所在地以外各地区,为编制结合本地区(专署级)特点的预算单价,还要以本省现行的预算定额为依据编制出本地区(专署级)的单位估价表,但是也有些地区规定,预算定额中的"基价"在全省通用,省会所在地以外各地(市、区)不另编制单位估价表,而是在编制预算时采用规定的系数进行"基价"调整。

三、单位估价表的编制方法

1. 编制依据

(1)《全国统一建筑工程基础定额(土建工程)》(GJD—101—95)或地区建筑工程预算定额。

(2)建筑工人工资等级标准以及工资级差系数。

(3)建筑安装材料预算价格。

(4)施工机械台班预算价格。

(5)有关编制单位估价表的规定等。

2. 编制步骤

(1)准备编制依据资料。

(2)制定编制表格。

(3)填写表格并且运算。

(4)编写说明、装订、报批。

3. 编制方法

编制单位估价表,即将预算定额中规定的三种量,通过一定的表格形式转变为三种价的过程。可以用下列公式表示其编制方法:

$$人工费=分项工程定额工日×相应等级工资单价 \tag{4-9}$$
$$材料费=\sum(分项工程材料消耗量×相应材料预算单价) \tag{4-10}$$
$$机械费=\sum(分项工程施工机械台班消耗量×相应施工机械台班预算单价) \tag{4-11}$$
$$分项工程预算单价=人工费+材料费+机械费 \tag{4-12}$$

以上计算公式中三种量是通过预算定额获得的,关于三种价的计算说明如下:

(1)工人工资。也称劳动工资,指建筑安装工人为社会创造财富而按照"各尽所能、按劳分配"的原则所获得的合理报酬,包括基本工资以及国家政策规定的各项工资性质的津贴等。

我国现行工人劳动报酬计取的基本形式有计件工资制和计时工资制两种。计件工资制指执行按照预算定额计取工资的制度。计件工资即完成合格分项或子项工程单位产品所支付的规定平均等级的定额工资额。计时工资制指按日计取工资的制度。它是指做完八小时的劳动时间按实际等级所支付的劳动报酬,八小时为一个工日,也叫日工资。

计时工资和计件工资均按工资等级来支付工资。但是在现行预算定额里不分工资等级一律以综合工日计算,只是给每个等级定一个合理的工资参考标准(见表4-2),即等级工资。我国建筑安装工人工资的构成内容见表4-1。

表 4-1　建筑安装工人工资构成内容

工资类别	工资名称	工资类别	工资名称
基本工资	岗位工资 技能工资 年功工资	辅助工资	非作业日支付给工人应得工资和工资性补贴
职工福利费	按规定标准支付的职工福利费,例如书报费、取暖费、洗理费等	劳动保护费	劳动保护用品购置及修理费 徒工服装补贴 防暑降温费及保健费用
工资性补贴	物价补贴,煤、燃气补贴,交通补贴、住房补贴,流动施工津贴		

表 4-1 中建筑安装工程生产工人工资单价构成内容,各部门和各地区间并不完全相同,但最根本的一点都是执行岗位技能工资制度,以便更好地体现按劳取酬和适应中国特色社会主义市场经济的需要,基本工资中的岗位工资和技能工资,按照国家主管部门制定的"全民所有制大中型建筑安装企业岗位技能工资试行方案"规定,工人岗位工资标准设 8 个岗次,见表 4-2。技能工资分初级技术工、中级技术工、高级技术工、技师和高级技师五类工资标准 26 档,见表 4-3。

表 4-2 全民所有制大中型建筑安装企业工人岗位工资参考标准(六类地区)

岗 次		1	2	3	4	5	6	7	8
1	标准一	119	102	86	71	58	48	39	32
2	标准二	125	107	90	75	62	51	42	34
3	标准三	131	113	96	80	66	55	45	36
4	标准四	144	124	105	88	72	59	48	38
5	适用岗位								

表 4-3 全民所有制大中型建筑安装企业技能工资参考标准(六类地区)

档次	1	2	3	4	5	6	7	8	9	10	11	12	13	14	15	16	17	18	19	20	21	22	23	24	25	26
标准一	50	56	62	68	75	82	89	96	103	110	117	124	132	140	148	156	164	172	180	188	196	204	212	220	229	238
标准二	52	58	65	75	79	86	93	100	108	116	124	132	140	148	156	164	172	180	189	198	207	216	225	234	243	252
标准三	54	61	68	75	82	89	97	105	113	121	129	137	145	153	162	171	180	189	198	207	216	225	235	245	255	265
标准四	57	64	72	80	88	96	105	114	123	132	141	150	159	168	177	186	195	204	214	224	234	244	254	264	274	284

初级技术工人　　中级技术工人　　高级技术工人

工人：非技术工人　　技师　　高级技师

建筑安装工人基本工资取决于工资等级级别、工资标准、岗位和技术素质等。但《全国统一建筑工程基础定额(土建工程)》(GJD—101—95)对人工规定"不分工种、技术等级,一律以综合工日表示。内容包括基本用工、超运距用工、人工幅度差和辅助用工"。所以,建筑工程单位估价表中"人工费"的确定方法可用下式表示:

$$人工费＝定额综合工日数量×日工资标准 \tag{4-13}$$

式中 　　　　　$日工资标准＝月工资标准÷月平均法定工作日 \tag{4-14}$

按国家主管部门规定,月平均法定工作日为 20.83 天。

(2)材料费。指分项工程施工过程中耗费的构成工程实体的原材料、辅助材料、构配件、零件和半成品的费用。建筑工程单位估价表中的材料费通过定额中各种材料消耗指标乘以相应材料预算价格求得,计算公式为:

$$材料费＝\Sigma(定额材料消耗指标×相应材料预算价格) \tag{4-15}$$

材料预算价格,指的是材料由其来源地(或交货地点)到达工地仓库(施工工地内存放材料的地方)后所发生的全部费用的总和,即材料原价(或供应价)、材料运杂费、材料运输损耗费、材料采购及保管费和材料检验试验费等。其计算公式为:

$$P=A+B+C+D+E \tag{4-16}$$

式中　P——材料预算价格;

　　　A——材料供应价格(包括材料原价、供销部门经营费和包装材料费);

　　　B——材料运输费(包括运输费、装卸费、中转费、运输损耗及其他附加费);

　　　C——材料运输损耗费[$(A+B)\times$损耗费费率(%)];

　　　D——材料采购及保管费[$(A+B+C)\times$材料采购及保管费费率(%)];

　　　E——检验试验费(某种材料检验试验数量×相应单位材料检验试验费)。

注:检验试验费发生时计算,不发生时不计算(并非每种材料都必须发生此项费用)。

建筑安装工程材料预算价格各项费用在市场经济条件下,可按以下方法确定:

1)材料原价。指材料的出厂价格或国有商业的批发价格:

①国家、部门统一管理的材料,按照国家、部门统一规定的价格计算。

②地方统一管理的材料,按照地方物价部门批准的价格计算。

③凡由专业公司供应的材料,按照专业公司的批发、零售价综合计算。

④市场采购材料,按照出厂(场)价、市场价等综合取定计算。

⑤同一种材料,由于产地、生产厂家的不同而有几种价格时,应根据不同来源地及厂家的供货数量比例,按照加权平均综合价计算。计算式如下:

$$P_m=k_1P_1+k_2P_2+k_3P_3\cdots\cdots+k_nP_n \tag{4-17}$$

2)供销机构手续费。指按照我国现行建设物资供应体制对某些材料不能直接从生产厂家订货采购,而必须通过当地物资机构才能获得而支出的费用。不经物资供应机构的材料,不计算该费用。其计算公式如下:

$$供销机构手续费=材料原价\times供销机构手续费率(\%) \tag{4-18}$$

供销机构手续费费率,若国家没有统一规定,由各地供销机构自行确定。

3)包装材料费。指为了便于材料的运输或保护材料不受机械损伤而进行包装所发生的费用,包括箱装、袋装、裸装,以及水运、陆运中的支撑、篷布等所耗用的材料和工作费用。由生产厂家包装的材料,包装费已计入材料原价内,不再另行计算,但是包装物有回收价值的,应扣除包装物回收值。材料原价中未包括包装物的包装费按下式计算:

$$包装材料费=包装材料原值-包装材料回收价值 \tag{4-19}$$

式中　　　　$$包装材料回收价值=\frac{包装材料原值\times回收比率\times回收价值率}{包装器材标准容量} \tag{4-20}$$

4)材料运输费。建筑安装材料运输费也叫运杂费,指材料由来源地或交货地点起,运到工地仓库或施工现场堆放地点止,全部运输过程所发生的运输、调车、出入库、堆码、装卸和合理的运输损耗等费用。在编制材料预算价格时,若同一种材料有多个来源地,则用加权平均的方法确定其平均运输距离或平均运输费用。

加权平均运输距离按下式计算:

$$S_m=\frac{S_1P_1+S_2P_2+S_3P_3+\cdots S_nP_n}{P_1+P_2+P_3+\cdots P_n} \tag{4-21}$$

式中 S_m——加权平均运距；

S_1、S_2、S_3…S_n——自各交货地点至卸货中心地点的运距；

P_1、P_2、P_3…P_n——各交货地点启运的材料占该种材料总量的比重。

加权平均运输费按下式计算：

$$Y_P = \frac{Y_1 Q_1 + Y_2 Q_2 + Y_3 Q_3 + \cdots Y_n Q_n}{Q_1 + Q_2 + Q_3 + \cdots Q_n} \qquad (4-22)$$

式中 Y_P——加权平均运费；

Y_1、Y_2、Y_3…Y_n——自交货地点至卸货中心地点的运费；

Q_1、Q_2、Q_3…Q_n——各交货地点启运的同一种材料数量。

5)材料采购及保管费。指材料供应部门为组织材料采购、供应和保管过程中所需支出的各项费用之和。包括采购费、仓储费、工地保管费和仓储损耗(费)。其计算公式如下：

材料采购及保管费＝材料运至中心仓库价值×采购及保管费费率(%) (4-23)

或

材料采购及保管费＝(材料原价＋供销部门手续费＋包装费＋运输费＋运输损耗)

×材料采购及保管费率 (4-24)

目前材料采购及保管费率一般都按2%～2.5%计算,某些地区也按3%计算。

6)材料预算价格。材料预算价格编制的全过程采用材料预算价格计算表进行,见表4-4。计算公式如下：

材料预算价格＝[(材料原价＋供销部门手续费＋包装费＋运输费＋运输损耗)

＋市内运费]×(1＋采购保管费率)－包装回收价值

＝(材料供应价格＋市内运费)×(1＋采购保管费率)－包装回收价值

(4-25)

式中 材料供应价格＝材料原价＋供销部门手续费＋包装费＋长途运费 (4-26)

表 4-4 材料预算价格计算表(格式)

序号	材料名称及规格	单位	发货地点	发货地点及条件	原价依据	单位毛重	运输费用计算表号	每吨运费	供销部门手续费率(%)	材料预算价格							
										材料原价	供销部门手续费	包装费	运输费	运到中心仓库价格	采购及保管费	回收金额	合计
1	2	3	4	5	6	7	8	9	10	11	12	13	14	15	16	17	18
	一、硅酸盐水泥																
	普通硅酸盐水泥32.5级袋装	t	韩城厂	中心仓库	省物价局(2006)045	50±01	001	61.25	3	85.00	2.55	60.00	61.25	208.80	5.45	48.00	166.25

续表 4-4

序号	材料名称及规格	单位	发货地点	发货地点及条件	原价依据	单位毛重	运输费用计算表号	每吨运费	供销部门手续费率(%)	材料预算价格							
										材料原价	供销部门手续费	包装费	运输费	运到中心仓库价格	采购及保管费	回收金额	合计
	普通硅酸盐水泥42.5级袋装	t	潼关厂	中心仓库	…	…											
	…																
	二、钢材类																
	…																

7)材料预算价格表。为使用方便,在材料预算价格计算表的基础上,还应编制材料预算价格汇总表,并装订成册。材料预算价格汇总表的格式并无统一规定,可结合本地区的实际自行制定。材料预算价格表的编制,是按所制定的表格内容,以材料预算价格计算表为依据,分门别类地将计算表中的主要资料——材料名称、规格型号、计量单位和预算价格等,抄写到汇总表相应的栏目内。

(3)施工机械台班预算价格。它反映施工机械在一个台班运转中所支出和分摊的各种费用之和,也叫预算单价。施工机械以"台班"为使用计量单位。所谓"一台班"即一台机械工作八小时。施工机械台班预算价格组成内容如图4-1所示。

其中第一类费用的特点是无论机械运转的情况如何,都需要支出,是一种比较固定的经常性费用,按照全年所需分摊到每一台班中去。故在施工机械台班定额中,该类费用诸因素以及合计数直接以货币形式表示,这种货币指标适用于任何地区,所以,在编制施工机械台班使用费计算表,确定台班预算单价时,不能随意改动也不必重新计算,直接从施工机械台班定额中转抄所列的价值即可。

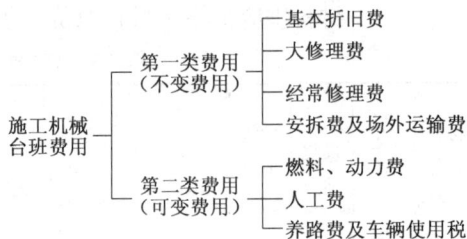

图 4-1　施工机械台班费用组成

而第二类费用的特点是只有在机械运转作业时才会发生,所以也叫一次性费用。这类费用在施工机械台班定额中以台班实物消耗量指标表示,例如电力以"kW/h"表示。所以,在编制机械台班单价时,第二类费用必须按照定额规定的各种实物量指标分别乘以地区人工日工资标准,燃料等动力资源的预算价格。计算公式如下:

第二类相应费用＝定额实物量指标×地区相应实物价格　　　　　　（4-27）

养路费和车辆使用税，应按照地区有关部门的规定进行计算，并列入机械台班价格中。

编制单位估价表的三种价，各省、自治区、直辖市都有现成资料。除材料预算价格在当地（省级）以外的其他地区（专署级）各有差异外，其余的两种价——人工工资单价和机械台班单价，在一个地区（省级）的范围内基本上都是相同的。因而在编制某一个地区（专署级）的单位估价表时，一般都不必重新计算，按照地区（省级）的规定计列即可。

四、单位估价表的使用方法

单位估价表是根据预算或综合预算定额分部分项工程的排列次序编制的，内容及分项工程编号与预算定额或综合预算定额相同，使用方法也同预算或综合预算定额的使用方法基本一样。但是由于单位估价表是地区（即一个城市或一个专署）性的，又只是为了编制工程预算划价而制定，所以它的应用范围和内容，不如预算或综合预算定额广泛。因此，使用时首先要查阅所使用的单位估价表是通用的还是专业的；其次要查阅总说明，了解其适用范围和适用对象，查阅分部（章）工程说明，了解它包括和未包括的内容；再次，要核对分项工程的工作内容是否与施工图设计要求相符合，若有不同，是否允许换算等。

第五节　企　业　定　额

一、企业定额的基本概念

企业定额指的是建筑安装企业根据本企业的技术水平和管理水平，并且结合有关工程造价资料编制完成单位合格产品所必需的人工、材料和施工机械台班的消耗量，以及其他生产经营要素消耗的数量标准。它反映企业的施工生产和生产消费之间的数量关系，是施工企业生产力水平的体现。企业的技术及管理水平不同，企业定额的定额水平也就不同。因此，企业定额是施工企业进行施工管理和投标报价的基础和依据，从一定意义上看，它是企业的商业秘密，是企业参与市场竞争的核心竞争能力的具体表现。

当前大部分施工企业均以国家或行业制定的预算定额作为进行施工管理、工料分析和计算施工成本的依据。施工企业可以预算定额和基础定额为参照，建立起反映企业自身施工管理水平和技术装备程度的企业定额。

企业定额按其功能作用的不同，一般包括劳动消耗量定额、材料消耗量定额和施工机械台班使用定额和这几种定额的单位估价表等。

二、企业定额的作用

企业定额为施工企业编制施工作业计划、施工组织设计和施工预算提供了必要的技术依据，具体来说，它在施工企业起着如下的作用。

（1）企业定额是企业计划管理的依据。

（2）企业定额是编制施工组织设计的依据。

（3）企业定额是企业激励工人的条件。

（4）企业定额是计算劳动报酬、实行按劳分配的依据。

（5）企业定额是编制施工预算，加强企业成本管理的基础。

（6）企业定额有利于推广先进技术。

(7)企业定额是编制预算定额和补充单位估价表的基础。

(8)企业定额是施工企业进行工程投标、编制工程投标报价的基础和主要依据。

三、企业定额的性质

企业定额是建筑安装企业内部管理的定额。企业定额影响范围涉及企业内部管理的各个方面。包括企业生产经营活动的计划、组织、协调、控制和指挥等各个环节。企业应依据本企业的具体条件和可能挖掘的潜力、市场的需求和竞争环境,根据国家有关政策、法律和规范、制度,自己编制定额,自行决定定额的水平,当然允许同类企业和同一地区的企业之间存在定额水平的差距。

四、企业定额的编制

企业定额的编制过程是一个系统而又复杂的过程,一般包括以下步骤。

1. 制定《企业定额编制计划书》

(1)企业定额编制的目的。企业定额编制的目的一定要明确,因为编制目的决定了企业定额的适用性,同时也决定了企业定额的表现形式,例如,企业定额的编制目的若是为了控制工耗和计算工人劳动报酬,应采取劳动定额的形式;若是为了企业进行工程成本核算,以及为企业走向市场参与投标报价提供依据,则应采用施工定额或定额估价表的形式。

(2)定额水平的确定原则。企业定额水平的确定,是企业定额能否实现编制目的的关键。定额水平过高,背离企业现有水平,使定额在实施工程中,企业内多数施工队、班组、工人通过努力仍然达不到定额水平,不仅不利于定额在本企业内推行,还会挫伤管理者和劳动者双方的积极性;定额水平过低,起不到鼓励先进和督促落后的作用,而且对项目成本核算和企业参与市场竞争不利。因此,在编制计划书中,必须对定额水平进行确定。

(3)确定编制方法和定额形式。定额的编制方法很多,不同形式的定额,其编制方法也不相同。例如:劳动定额的编制方法有:技术测定法、统计分析法、类比推算法、经验估算法等;材料消耗定额的编制方法有观察法、试验法、统计法等。所以,定额编制究竟采取哪种方法应根据具体情况而定。企业定额编制通常采用的方法有两种:定额测算法和方案测算法。

(4)拟成立企业定额编制机构,提交需参编人员名单。企业定额的编制工作是一个系统性的工程,它需要一批高素质的专业人才,在一个高效率的组织机构统一指挥下协调工作,所以,在定额编制工作开始时,必须设置一个专门的机构,配置一批专业人员。

(5)明确应收集的数据和资料。定额在编制时要搜集大量的基础数据和各种法律、法规、标准、规程、规范文件、规定等,这些资料都是定额编制的依据。所以,在编制计划书中,要制定一份按门类划分的资料明细表。在明细表中,除一些必须采用的法律、法规、标准、规程、规范资料外,应根据企业自身的特点,选择一些能够取得适合本企业使用的基础性数据资料。

(6)确定工期和编制进度。定额的编制是为了使用,具有时效性,所以,应确定一个合理的工期和进度计划表,这样,既有利于编制工作的开展,又能保证编制工作的效率和效益。

2. 搜集资料、调查、分析、测算和研究

(1)现行定额,包括基础定额和预算定额;工程量计算规则。

(2)国家现行的法律、法规、经济政策和劳动制度等与工程建设有关的各种文件。

(3)有关建筑安装工程的设计规范、施工及验收规范、工程质量检验评定标准和安全操作规程。

（4）现行的全国通用建筑标准设计图集、安装工程标准安装图集、定型设计图纸、具有代表性的设计图纸、地方建筑配件通用图集和地方结构构件通用图集，并根据上述资料计算工程量，作为编制定额的依据。

（5）有关建筑安装工程的科学实验、技术测定和经济分析数据。

（6）高新技术、新型结构、新研制的建筑材料和新的施工方法等。

（7）现行人工工资标准和地方材料预算价格。

（8）现行机械效率、寿命周期和价格；机械台班租赁价格行情。

（9）本企业近几年各工程项目的财务报表、公司财务总报表，以及历年收集的各类经济数据。

（10）本企业近几年各工程项目的施工组织设计、施工方案，以及工程结算资料。

（11）本企业近几年所采用的主要施工方法。

（12）本企业近几年发布的合理化建议和技术成果。

（13）本企业目前拥有的机械设备状况和材料库存状况。

（14）本企业目前工人技术素质、构成比例、家庭状况和收入水平。资料收集后，要对上述资料进行分类整理、分析、对比、研究和综合测算，提取可供使用的各种技术数据，其内容包括企业整体水平与定额水平的差异；现行法律、法规，以及规程规范对定额的影响；新材料、新技术对定额水平的影响等。

3. 拟定编制企业定额的工作方案与计划

（1）根据编制目的，确定企业定额的内容及专业划分。

（2）确定企业定额的册、章、节的划分和内容的框架。

（3）确定企业定额的结构形式及步距划分原则。

（4）具体参编人员的工作内容、职责、要求。

4. 企业定额初稿的编制

（1）确定企业定额的定额项目及其内容。企业定额项目及其内容的编制，就是根据定额的编制目的及企业自身的特点，本着内容简明适用、形式结构合理、步距划分合理的原则，将一个单位工程，按工程性质划分为若干个分部工程，确定分项工程的步距，并根据步距对分项工程进一步地详细划分为具体项目。步距参数的设定一定要合理，既不应过粗，也不宜过细。同时应对分项工程的工作内容作简明扼要的说明。

（2）确定定额的计量单位。分项工程计量单位的确定一定要合理，设置时应根据分项工程的特点，本着准确、贴切、方便计量的原则设置。定额的计量单位包括：自然计量单位，如台、套、个、件、组等；国际标准计量单位，如 m、km、m^2、m^3、kg、t 等。一般来说，当实物体的三个度量都会发生变化时，采用立方米为计量单位，如土方、混凝土、保温等；若实物体的三个度量中有两个度量不固定，采用平方米为计量单位，如地面、抹灰、油漆等；若实物体截面积形状大小固定，则采用延长米为计量单位，如管道、电缆、电线等；不规则形状的，难以度量的则采用自然单位或质量单位为计量单位。

（3）确定企业定额指标。它是企业定额编制的重点和难点，企业定额指标的编制，应根据企业采用的施工方法、新材料的替代以及机械装备的装配和管理模式，结合搜集整理的各类基础资料进行确定。确定企业定额指标包括确定人工消耗指标、确定材料消耗指标、确定机械台班消耗指标等。

(4)编制企业定额项目表。分项工程的人工、材料和机械台班的消耗量确定以后,就可以编制企业定额项目表了。具体地说,即编制企业定额表中的各项内容。

企业定额项目表是企业定额的主体部分,它由表头栏和人工栏、材料栏、机械栏组成。表头部分具以表述各分项工程的结构形式、材料做法和规格档次等;人工栏是以工种表示的消耗的工日数及合计;材料栏是按消耗的主要材料和消耗性材料依主次顺序分列出的消耗量;机械栏是按机械种类和规格型号分列出的机械台班使用量。

(5)企业定额的项目编排。定额项目表,是按分部工程归类,按分项工程子目编排的一些项目表格。也就是说,根据施工的程序,遵循章、节、项目和子目等顺序编排。

定额项目表中,大部分是以分部工程为章,把单位工程中性质相近,且材料大致相同的施工对象编排在一起。每章(分部工程)中,按工程内容施工方法和使用的材料类别的不同,分成若干个节(分项工程)。在每节(分项工程)中,可以分成若干项目,在项目下边,还可以根据施工要求、材料类别和机械设备型号的不同,细分成不同子目。

(6)企业定额相关项目说明的编制。企业定额相关项目的说明包括前言、总说明、目录、分部(或分章)说明、建筑面积计算规则、工程量计算规则、分项工程工作内容等。

(7)企业定额估价表的编制。企业根据投标报价工作的需要,可以编制企业定额估价表。企业定额估价表是在人工、材料、机械台班三项消耗量的企业定额的基础上,用货币形式表达每个分项工程及其子目的定额单位估价计算表格。

企业定额估价表的人工、材料、机械台班单价是通过市场调查,结合国家有关法律文件及规定,按照企业自身的特点来确定。

5. 评审、修改及组织实施

评审及修改主要是通过对比分析、专家论证等方法,对定额的水平、使用范围、结构及内容的合理性,以及存在的缺陷进行综合评估,并根据评审结果对定额进行修正。

第五章 清单计价基础知识

内容提要:

1. 熟悉工程量清单与工程量清单计价的概念、实行工程量清单计价的意义及工程量清单计价的作用。

2. 了解工程量清单编制的相关规定,包括分部分项工程量清单、措施项目清单、其他项目清单、规费项目清单、税金项目清单。

3. 掌握工程量清单计价的编制,包括一般规定、招标控制价,投标价、工程合同价款的约定、工程计量与价款支付等。

4. 了解清单计价与定额计价的区别。

第一节 工程量清单与工程量清单计价

一、工程量清单的概念

工程量清单是表现拟建工程的分部分项工程项目、措施项目、其他项目、规费项目和税金项目名称及其相应工程数量等的明细清单。

二、工程量清单计价的概念

工程量清单计价是指投标人完成由招标人提供的工程量清单所需的全部费用,包括分部分项工程费、措施项目费、其他项目费和规费、税金。

三、实行工程量清单计价的意义

(1)实行工程量清单计价,是我国工程造价管理深化改革与发展的需要。实行工程量清单计价,将改变以工程预算定额为计价依据的计价模式,适应工程招标投标和由市场竞争形成工程造价的需要,推进我国工程造价事业的发展。

(2)实行工程量清单计价,是整顿和规范建设市场秩序,适应社会主义市场经济发展的需要。工程造价是工程建设的核心内容,也是建设市场运行的核心内容。实行工程量清单计价,是由市场竞争形成工程造价。工程量清单计价反映工程的个别成本,有利于企业自主报价和公平竞争,实现由政府定价到市场定价的转变;有利于规范业主在招标中的行为,有效纠正招标单位在招标中盲目压价的行为,避免工程招标中弄虚作假、暗箱操作等不规范行为,促进其提高管理水平,从而真正体现公开、公平、公正的原则,反映市场经济规律;有利于规范建设市场计价行为,从源头上遏制工程招投标中滋生的腐败,整顿建设市场的秩序,促进建设市场的有序竞争。

实行工程量清单计价,是适应我国社会主义市场经济发展的需要。市场经济的主要特点是竞争,建设工程领域的竞争主要体现在价格和质量上,工程量清单计价的本质是价格市场化。实行工程量清单计价,对于在全国建立一个统一、开放、健康、有序的建设市场,促进建设市场有序竞争和企业健康发展,都具有重要的作用。

(3)实行工程量清单计价,是适应我国工程造价管理政府职能转变的需求。按照政府部门真正履行"经济调节、市场监管、社会管理和公共服务"的职能要求,政府对工程造价的管理,将推行政府宏观调控、企业自主报价、市场形成价格、社会全面监督的工程造价管理体制。实行工程量清单计价,有利于我国工程造价管理政府职能的转变,由过去行政直接干预转变为对工程造价依法监管,有效地强化政府对工程造价的宏观调控,以适应建设市场发展的需要。

(4)实行工程量清单计价,是我国建筑业发展适应国际惯例与国际接轨,融入世界大市场的需要。在我国实行工程量清单计价,会为我国建设市场主体创造一个与国际惯例接轨的市场竞争环境,有利于进一步对外开放交流,有利于提高国内建设各方主体参与国际竞争的能力,有利于提高我国工程建设的管理水平。

四、工程量清单计价的作用

(1)有利于实现从政府定价到市场定价,从消极自我保护向积极公平竞争的转变。工程量清单计价有利于实现从政府定价到市场定价过渡,从消极自我保护向积极公平竞争的转变,对计价改革具有推动作用,特别是对施工企业,通过采用工程量清单计价,有利于施工企业编制自己的企业定额,从而改变了过去企业过分依赖国家发布定额的状况,实现通过市场竞争自主报价。

(2)有利于公平竞争,避免暗箱操作。所有的投标单位根据由招标单位提供的建设项目工程量清单,在工程量一样的前提下,按照统一的规则(统一的编码、统一的计量单位、统一的项目特征、统一的工程量计算规则、统一的工程内容),根据企业管理水平和技术能力,充分考虑市场状况和风险因素,并根据投标竞争策略进行自主报价,充分体现了公平竞争的原则。

(3)有利于实现风险合理分担。工程量清单计价本质上是单价合同的计价模式,首先,它反映"量价分离"的真实面目,"量由招标人提,价由投标人报"。其次,有利于实现工程风险的合理分担。建设工程一般都比较复杂,建设周期长,工程变更多,因而建设的风险比较大,采用工程量清单计价,投标人只对自己所报单价负责,而工程量变更的风险由业主承担,这种格局符合风险合理分担与责权利关系对等的一般原则。

(4)有利于工程款拨付和工程造价的最终确定。

(5)有利于标底的管理和控制。

(6)有利于提高施工企业的技术和管理水平。投标企业在报价过程中,必须通过对单位工程成本、利润进行分析,统筹考虑,精心选择施工方案,并根据企业自身的情况合理确定人工、材料、机械等要素的投入与配置,优化组合,合理控制施工技术措施费用,以便更好地保证工程质量和工期,促进技术进步,提高经营管理水平和劳动生产率,这就要求投标企业改善施工技术条件,注重市场信息的搜集和施工资料的积累,从而提高企业的管理水平。

(7)有利于工程索赔的控制与合同价的管理。实行工程量清单计价进行招标,清单项目的综合单价不因施工数量变化、施工难易程度、施工技术措施差异、取费等变化而调整,从而减少了施工单位在施工过程中因现场签证、技术措施费用和价格变化等因素引起的不合理索赔;同时也便于业主随时掌握设计变更、工程量增减而引起的工程造价变化,进而根据投资情况决定是否变更方案,从而有效地降低工程造价。

(8)有利于建设单位合理控制投资,提高资金使用效益。

（9）有利于招标投标，避免重复劳动，节省时间。采用工程量清单招标后，可以充分发挥招标方提供的工程量的作用，避免了投标方重新计算和估计工程量，投标人只需填报综合造价和调价，节省了大量的人、财、物，缩短了投标单位投标报价的时间，避免了所有的投标人按照同一图纸计算工程数量的重复劳动，节省了大量的社会财富和时间。

（10）有利于规范建设市场的计价行为。

第二节　工程量清单

一、分部分项工程量清单

（1）分部分项工程项目清单必须载明项目编码、项目名称、项目特征、计量单位和工程量。

（2）分部分项工程项目清单必须根据相关工程现行国家计量规范规定的项目编码、项目名称、项目特征、计量单位和工程量计算规则进行编制。

二、措施项目清单

（1）措施项目清单必须根据相关工程现行国家计量规范的规定编制。

（2）措施项目清单应根据拟建工程的实际情况列项。

三、其他项目清单

（1）其他项目清单应按照下列内容列项：

1）暂列金额。

2）暂估价，包括材料暂估单价、工程设备暂估单价、专业工程暂估价。

3）计日工。

4）总承包服务费。

（2）暂列金额应根据工程特点按有关计价规定估算。

（3）暂估价中的材料、工程设备暂估单价应根据工程造价信息或参照市场价格估算，列出明细表；专业工程暂估价应分不同专业，按有关计价规定估算，列出明细表。

（4）计日工应列出项目名称、计量单位和暂估数量。

（5）总承包服务费应列出服务项目及其内容等。

（6）出现第（1）条未列的项目，应根据工程实际情况补充。

四、规费项目清单

（1）规费项目清单应按照下列内容列项：

1）社会保险费：包括养老保险费、失业保险费、医疗保险费、工伤保险费、生育保险费。

2）住房公积金。

3）工程排污费。

（2）出现第（1）条未列的项目，应根据省级政府或省级有关部门的规定列项。

五、税金项目清单

（1）税金项目清单应包括下列内容：

1）营业税。

2）城市维护建设税。

3）教育费附加。

4)地方教育附加。

(2)出现第(1)条未列的项目,应根据税务部门的规定列项。

第三节　工程量清单计价

一、一般规定

1. 计价方式

(1)使用国有资金投资的建设工程发承包,必须采用工程量清单计价。

(2)非国有资金投资的建设工程,宜采用工程量清单计价。

(3)不采用工程量清单计价的建设工程,应执行《建设工程工程量清单计价规范》(GB 50500—2013)除工程量清单等专门性规定外的其他规定。

(4)工程量清单应采用综合单价计价。

(5)措施项目中的安全文明施工费必须按国家或省级、行业建设主管部门的规定计算,不得作为竞争性费用。

(6)规费和税金必须按国家或省级、行业建设主管部门的规定计算,不得作为竞争性费用。

2. 发包人提供材料和工程设备

(1)发包人提供的材料和工程设备(以下简称甲供材料)应在招标文件中按照《建设工程工程量清单计价规范》(GB 50500—2013)附录 L.1 的规定填写《发包人提供材料和工程设备一览表》,写明甲供材料的名称、规格、数量、单价、交货方式、交货地点等。

承包人投标时,甲供材料单价应计入相应项目的综合单价中,签约后,发包人应按合同约定扣除甲供材料款,不予支付。

(2)承包人应根据合同工程进度计划的安排,向发包人提交甲供材料交货的日期计划。发包人应按计划提供。

(3)发包人提供的甲供材料如规格、数量或质量不符合合同要求,或由于发包人原因发生交货日期延误、交货地点及交货方式变更等情况的,发包人应承担由此增加的费用和(或)工期延误,并应向承包人支付合理利润。

(4)发承包双方对甲供材料的数量发生争议不能达成一致的,应按照相关工程的计价定额同类项目规定的材料消耗量计算。

(5)若发包人要求承包人采购已在招标文件中确定为甲供材料的,材料价格应由发承包双方根据市场调查确定,并应另行签订补充协议。

3. 承包人提供材料和工程设备

(1)除合同约定的发包人提供的甲供材料外,合同工程所需的材料和工程设备应由承包人提供,承包人提供的材料和工程设备均应由承包人负责采购、运输和保管。

(2)承包人应按合同约定将采购材料和工程设备的供货人及品种、规格、数量和供货时间等提交发包人确认,并负责提供材料和工程设备的质量证明文件,满足合同约定的质量标准。

(3)对承包人提供的材料和工程设备经检测不符合合同约定的质量标准,发包人应立即要求承包人更换,由此增加的费用和(或)工期延误应由承包人承担。对发包人要求检测承包人已具有合格证明的材料、工程设备,但经检测证明该项材料、工程设备符合合同约定的质量标准,发包人应承担由此增加的费用和(或)工期延误,并向承包人支付合理利润。

4.计价风险

(1)建设工程发承包。必须在招标文件、合同中明确计价中的风险内容及其范围,不得采用无限风险、所有风险或类似语句规定计价中的风险内容及范围。

(2)由于下列因素出现,影响合同价款调整的,应由发包人承担:

1)国家法律、法规、规章和政策发生变化。

2)省级或行业建设主管部门发布的人工费调整,但承包人对人工费或人工单价的报价高于发布的除外。

3)由政府定价或政府指导价管理的原材料等价格进行了调整。

因承包人原因导致工期延误的,应按《建设工程工程量清单计价规范》(GB 50500—2013)第9.2.2条、第9.8.3条的规定执行。

(3)由于市场物价波动影响合同价款的,应由发承包双方合理分摊,按《建设工程工程量清单计价规范》(GB 50500—2013)附录L.2或L.3填写《承包人提供主要材料和工程设备一览表》作为合同附件;当合同中没有约定,发承包双方发生争议时,应按《建设工程工程量清单计价规范》(GB 50500—2013)第9.8.1~9.8.3条的规定调整合同价款。

(4)由于承包人使用机械设备、施工技术以及组织管理水平等自身原因造成施工费用增加的,应由承包人全部承担。

(5)当不可抗力发生,影响合同价款时,应按《建设工程工程量清单计价规范》(GB 50500—2013)第9.10节的规定执行。

二、招标控制价

(1)国有资金投资的建设工程招标。招标人必须编制招标控制价。

(2)招标控制价应由具有编制能力的招标人或受其委托具有相应资质的工程造价咨询人编制和复核。

(3)工程造价咨询人接受招标人委托编制招标控制价,不得再就同一工程接受投标人委托编制投标报价。

(4)招标控制价应按照(7)条的规定编制,不应上调或下浮。

(5)当招标控制价超过批准的概算时,招标人应将其报原概算审批部门审核。

(6)招标人应在发布招标文件时公布招标控制价,同时应将招标控制价及有关资料报送工程所在地或有该工程管辖权的行业管理部门工程造价管理机构备查。

(7)招标控制价应根据下列依据编制与复核:

1)《建设工程工程量清单计价规范》(GB 50500—2013)。

2)国家或省级、行业建设主管部门颁发的计价定额和计价办法。

3)建设工程设计文件及相关资料。

4)拟定的招标文件及招标工程量清单。

5)与建设项目相关的标准、规范、技术资料。

6)施工现场情况、工程特点及常规施工方案。

7)工程造价管理机构发布的工程造价信息,当工程造价信息没有发布时,参照市场价。

8)其他的相关资料。

(8)综合单价中应包括招标文件中划分的应由投标人承担的风险范围及其费用。招标文件中没有明确的,如是工程造价咨询人编制,应提请招标人明确;如是招标人编制,应予明确。

(9)分部分项工程和措施项目中的单价项目,应根据拟定的招标文件和招标工程量清单项目中的特征描述及有关要求确定综合单价计算。

(10)措施项目中的总价项目应根据拟定的招标文件和常规施工方案按一、一般规定中1.计价方式第(4)、(5)条的规定计价。

(11)其他项目费应按下列规定计价:

1)暂列金额应按招标工程量清单中列出的金额填写。

2)暂估价中的材料、工程设备单价应按招标工程量清单中列出的单价计入综合单价。

3)暂估价中的专业工程金额应按招标工程量清单中列出的金额填写。

4)计日工应按招标工程量清单中列出的项目根据工程特点和有关计价依据确定综合单价计算。

5)总承包服务费应根据招标工程量清单列出的内容和要求估算。

(12)规费和税金应按一、一般规定中1.计价方式第(6)条的规定计算。

(13)投标人经复核认为招标人公布的招标控制价未按照《建设工程工程量清单计价规范》(GB 50500—2013)的规定进行编制的,应在招标控制价公布后5天内向招投标监督机构和工程造价管理机构投诉。

(14)投诉人投诉时,应当提交由单位盖章和法定代表人或其委托人签名或盖章的书面投诉书。投诉书应包括下列内容:

1)投诉人与被投诉人的名称、地址及有效联系方式。

2)投诉的招标工程名称、具体事项及理由。

3)投诉依据及有关证明材料。

4)相关的请求及主张。

(15)投诉人不得进行虚假、恶意投诉,阻碍招投标活动的正常进行。

(16)工程造价管理机构在接到投诉书后应在2个工作日内进行审查,对有下列情况之一的,不予受理:

1)投诉人不是所投诉招标工程招标文件的收受人。

2)投诉书提交的时间不符合第(13)条规定的。

3)投诉书不符合第(14)条规定的。

4)投诉事项已进入行政复议或行政诉讼程序的。

(17)工程造价管理机构应在不迟于结束审查的次日将是否受理投诉的决定书面通知投诉人、被投诉人以及负责该工程招投标监督的招投标管理机构。

(18)工程造价管理机构受理投诉后,应立即对招标控制价进行复查,组织投诉人、被投诉人或其委托的招标控制价编制人等单位人员对投诉问题逐一核对。有关当事人应当予以配合,并应保证所提供资料的真实性。

(19)工程造价管理机构应当在受理投诉的10天内完成复查,特殊情况下可适当延长,并作出书面结论通知投诉人、被投诉人及负责该工程招投标监督的招投标管理机构。

(20)当招标控制价复查结论与原公布的招标控制价误差大于±3%时,应当责成招标人改正。

(21)招标人根据招标控制价复查结论需要重新公布招标控制价的,其最终公布的时间至招标文件要求提交投标文件截止时间不足 15 天的,应相应延长投标文件的截止时间。

三、投标价

(1)投标价应由投标人或受其委托具有相应资质的工程造价咨询人编制。

(2)投标人应依据第(6)条的规定自主确定投标报价。

(3)投标报价不得低于工程成本。

(4)投标人必须按招标工程量清单填报价格。项目编码、项目名称、项目特征、计量单位、工程量必须与招标工程量清单一致。

(5)投标人的投标报价高于招标控制价的应予废标。

(6)投标报价应根据下列依据编制和复核:

1)《建设工程工程量清单计价规范》(GB 50500—2013)。

2)国家或省级、行业建设主管部门颁发的计价办法。

3)企业定额,国家或省级、行业建设主管部门颁发的计价定额和计价办法。

4)招标文件、招标工程量清单及其补充通知、答疑纪要。

5)建设工程设计文件及相关资料。

6)施工现场情况、工程特点及投标时拟定的施工组织设计或施工方案。

7)与建设项目相关的标准、规范等技术资料。

8)市场价格信息或工程造价管理机构发布的工程造价信息。

9)其他的相关资料。

(7)综合单价中应包括招标文件中划分的应由投标人承担的风险范围及其费用,招标文件中没有明确的,应提请招标人明确。

(8)分部分项工程和措施项目中的单价项目,应根据招标文件和招标工程量清单项目中的特征描述确定综合单价计算。

(9)措施项目中的总价项目金额应根据招标文件及投标时拟定的施工组织设计或施工方案,按一、一般规定中 1. 计价方式第(4)条的规定自主确定。其中安全文明施工费应按照一、一般规定中 1. 计价方式第(5)条的规定确定。

(10)其他项目费应按下列规定报价:

1)暂列金额应按招标工程量清单中列出的金额填写。

2)材料、工程设备暂估价应按招标工程量清单中列出的单价计入综合单价。

3)专业工程暂估价应按招标工程量清单中列出的金额填写。

4)计日工应按招标工程量清单中列出的项目和数量,自主确定综合单价并计算计日工金额。

5)总承包服务费应根据招标工程量清单中列出的内容和提出的要求自主确定。

(11)规费和税金应按一、一般规定中 1. 计价方式第(6)条的规定确定。

(12)招标工程量清单与计价表中列明的所有需要填写单价和合价的项目,投标人均应填写且只允许有一个报价。未填写单价和合价的项目,可视为此项费用已包含在已标价工程量清单中其他项目的单价和合价之中。当竣工结算时,此项目不得重新组价予以调整。

(13)投标总价应当与分部分项工程费、措施项目费、其他项目费和规费、税金的合计金额一致。

四、工程合同价款的约定

(1)实行招标的工程合同价款应在中标通知书发出之日起 30 天内,由发承包双方依据招标文件和中标人的投标文件在书面合同中约定。

合同约定不得违背招标、投标文件中关于工期、造价、质量等方面的实质性内容。招标文件与中标人投标文件不一致的地方,应以投标文件为准。

(2)不实行招标的工程合同价款,应在发承包双方认可的工程价款基础上,由发承包双方在合同中约定。

(3)实行工程量清单计价的工程,应采用单价合同;建设规模较小,技术难度较低,工期较短,且施工图设计已审查批准的建设工程可采用总价合同;紧急抢险、救灾以及施工技术特别复杂的建设工程可采用成本加酬金合同。

(4)发、承包人双方应在合同条款中对下列事项进行约定:

1)预付工程款的数额、支付时间及抵扣方式。

2)安全文明施工措施的支付计划,使用要求等。

3)工程计量与支付工程进度款的方式、数额及时间。

4)工程价款的调整因素、方法、程序、支付及时间。

5)施工索赔与现场签证的程序、金额确认与支付时间。

6)承担计价风险的内容、范围以及超出约定内容、范围的调整办法。

7)工程竣工价款结算编制与核对、支付及时间。

8)工程质量保证金的数额、预留方式及时间。

9)违约责任以及发生合同价款争议的解决方法及时间。

10)与履行合同、支付价款有关的其他事项等。

(5)合同中没有按照第(4)条的要求约定或约定不明的,若发承包双方在合同履行中发生争议由双方协商确定;当协商不能达成一致时,应按《建设工程工程量清单计价规范》(GB 50500—2013)的规定执行。

五、工程计量与价款支付

1. 工程计量

(1)一般规定。

1)工程量必须按照相关工程现行国家计量规范规定的工程量计算规则计算。

2)工程计量可选择按月或按工程形象进度分段计量,具体计量周期应在合同中约定。

3)因承包人原因造成的超出合同工程范围施工或返工的工程量,发包人不予计量。

4)成本加酬金合同应按(2)的规定计量。

(2)单价合同的计量。

1)工程量必须以承包人完成合同工程应予计量的工程量确定。

2)施工中进行工程计量,当发现招标工程量清单中出现缺项、工程量偏差,或因工程变更引起工程量增减时,应按承包人在履行合同义务中完成的工程量计算。

3)承包人应当按照合同约定的计量周期和时间向发包人提交当期已完工程量报告。发包人应在收到报告后 7 天内核实,并将核实计量结果通知承包人。发包人未在约定时间内进行核实的,承包人提交的计量报告中所列的工程量应视为承包人实际完成的工程量。

4)发包人认为需要进行现场计量核实时,应在计量前 24 小时通知承包人,承包人应为计量提供便利条件并派人参加。当双方均同意核实结果时,双方应在上述记录上签字确认。承包人收到通知后不派人参加计量,视为认可发包人的计量核实结果。发包人不按照约定时间通知承包人,致使承包人未能派人参加计量,计量核实结果无效。

5)当承包人认为发包人核实后的计量结果有误时,应在收到计量结果通知后的 7 天内向发包人提出书面意见,并应附上其认为正确的计量结果和详细的计算资料。发包人收到书面意见后,应在 7 天内对承包人的计量结果进行复核后通知承包人。承包人对复核计量结果仍有异议的,按照合同约定的争议解决办法处理。

6)承包人完成已标价工程量清单中每个项目的工程量并经发包人核实无误后,发承包双方应对每个项目的历次计量报表进行汇总,以核实最终结算工程量,并应在汇总表上签字确认。

(3)总价合同的计量。

1)采用工程量清单方式招标形成的总价合同,其工程量应按照(2)的规定计算。

2)采用经审定批准的施工图纸及其预算方式发包形成的总价合同,除按照工程变更规定的工程量增减外,总价合同各项目的工程量应为承包人用于结算的最终工程量。

3)总价合同约定的项目计量应以合同工程经审定批准的施工图纸为依据,发承包双方应在合同中约定工程计量的形象目标或时间节点进行计量。

4)承包人应在合同约定的每个计量周期内对已完成的工程进行计量,并向发包人提交达到工程形象目标完成的工程量和有关计量资料的报告。

5)发包人应在收到报告后 7 天内对承包人提交的上述资料进行复核,以确定实际完成的工程量和工程形象目标。对其有异议的,应通知承包人进行共同复核。

2. 价款支付

(1)预付款。

1)承包人应将预付款专用于合同工程。

2)包工包料工程的预付款的支付比例不得低于签约合同价(扣除暂列金额)的 10%,不宜高于签约合同价(扣除暂列金额)的 30%。

3)承包人应在签订合同或向发包人提供与预付款等额的预付款保函后向发包人提交预付款支付申请。

4)发包人应在收到支付申请的 7 天内进行核实,向承包人发出预付款支付证书,并在签发支付证书后的 7 天内向承包人支付预付款。

5)发包人没有按合同约定按时支付预付款的,承包人可催告发包人支付;发包人在预付款期满后的 7 天内仍未支付的,承包人可在付款期满后的第 8 天起暂停施工。发包人应承担由此增加的费用和延误的工期,并应向承包人支付合理利润。

6)预付款应从每一个支付期应支付给承包人的工程进度款中扣回,直到扣回的金额达到合同约定的预付款金额为止。

7)承包人的预付款保函的担保金额根据预付款扣回的数额相应递减,但在预付款全部扣回之前一直保持有效。发包人应在预付款扣完后的 14 天内将预付款保函退还给承包人。

(2)安全文明施工费。

1)安全文明施工费包括的内容和使用范围,应符合国家有关文件和计量规范的规定。

2)发包人应在工程开工后的 28 天内预付不低于当年施工进度计划的安全文明施工费总额的 60%,其余部分应按照提前安排的原则进行分解,并应与进度款同期支付。

3)发包人没有按时支付安全文明施工费的,承包人可催告发包人支付;发包人在付款期满后的 7 天内仍未支付的,若发生安全事故,发包人应承担相应责任。

4)承包人对安全文明施工费应专款专用,在财务账目中应单独列项备查,不得挪作他用,否则发包人有权要求其限期改正;逾期未改正的,造成的损失和延误的工期应由承包人承担。

(3)进度款。

1)发承包双方应按照合同约定的时间、程序和方法,根据工程计量结果,办理期中价款结算,支付进度款。

2)进度款支付周期应与合同约定的工程计量周期一致。

3)已标价工程量清单中的单价项目,承包人应按工程计量确认的工程量与综合单价计算;综合单价发生调整的,以发承包双方确认调整的综合单价计算进度款。

4)已标价工程量清单中的总价项目和按照 1. 工程计量(3)第 2)条规定形成的总价合同,承包人应按合同中约定的进度款支付分解,分别列入进度款支付申请中的安全文明施工费和本周期应支付的总价项目的金额中。

5)发包人提供的甲供材料金额,应按照发包人签约提供的单价和数量从进度款支付中扣除,列入本周期应扣减的金额中。

6)承包人现场签证和得到发包人确认的索赔金额应列入本周期应增加的金额中。

7)进度款的支付比例按照合同约定,按期中结算价款总额计,不低于 60%,不高于 90%。

8)承包人应在每个计量周期到期后的 7 天内向发包人提交已完工程进度款支付申请一式四份,详细说明此周期认为有权得到的款额,包括分包人已完工程的价款。支付申请应包括下列内容:

①累计已完成的合同价款。

②累计已实际支付的合同价款。

③本周期合计完成的合同价款:

a. 本周期已完成单价项目的金额。

b. 本周期应支付的总价项目的金额。

c. 本周期已完成的计日工价款。

d. 本周期应支付的安全文明施工费。

e. 本周期应增加的金额。

④本周期合计应扣减的金额:

a. 本周期应扣回的预付款。

b. 本周期应扣减的金额。

⑤本周期实际应支付的合同价款。

9)发包人应在收到承包人进度款支付申请后的 14 天内,根据计量结果和合同约定对申请内容予以核实,确认后向承包人出具进度款支付证书。若发承包双方对部分清单项目的计量结果出现争议,发包人应对无争议部分的工程计量结果向承包人出具进度款支付证书。

10)发包人应在签发进度款支付证书后的 14 天内,按照支付证书列明的金额向承包人支付进度款。

11)若发包人逾期未签发进度款支付证书,则视为承包人提交的进度款支付申请已被发包人认可,承包人可向发包人发出催告付款的通知。发包人应在收到通知后的 14 天内,按照承包人支付申请的金额向承包人支付进度款。

12)发包人未按照 9)~11)的规定支付进度款的,承包人可催告发包人支付,并有权获得延迟支付的利息;发包人在付款期满后的 7 天内仍未支付的,承包人可在付款期满后的第 8 天起暂停施工。发包人应承担由此增加的费用和延误的工期,向承包人支付合理利润,并应承担违约责任。

13)发现已签发的任何支付证书有错、漏或重复的数额,发包人有权予以修正,承包人也有权提出修正申请。经发承包双方复核同意修正的,应在本次到期的进度款中支付或扣除。

六、索赔与现场签证

1. 索赔

(1)当合同一方向另一方提出索赔时,应有正当的索赔理由和有效证据,并应符合合同的相关约定。

(2)根据合同约定,承包人认为非承包人原因发生的事件造成了承包人的损失,应按下列程序向发包人提出索赔:

1)承包人应在知道或应当知道索赔事件发生后 28 天内,向发包人提交索赔意向通知书,说明发生索赔事件的事由。承包人逾期未发出索赔意向通知书的,丧失索赔的权利。

2)承包人应在发出索赔意向通知书后 28 天内,向发包人正式提交索赔通知书。索赔通知书应详细说明索赔理由和要求,并应附必要的记录和证明材料。

3)索赔事件具有连续影响的,承包人应继续提交延续索赔通知,说明连续影响的实际情况和记录。

4)在索赔事件影响结束后的 28 天内,承包人应向发包人提交最终索赔通知书,说明最终索赔要求,并应附必要的记录和证明材料。

(3)承包人索赔应按下列程序处理:

1)发包人收到承包人的索赔通知书后,应及时查验承包人的记录和证明材料。

2)发包人应在收到索赔通知书或有关索赔的进一步证明材料后的 28 天内,将索赔处理结果答复承包人,如果发包人逾期未作出答复,视为承包人索赔要求已被发包人认可。

3)承包人接受索赔处理结果的,索赔款项作为增加合同价款,在当期进度款中进行支付;承包人不接受索赔处理结果的,应按合同约定的争议解决方式办理。

(4)承包人要求赔偿时,可以选择下列一项或几项方式获得赔偿:

1)延长工期。

2)要求发包人支付实际发生的额外费用。

3)要求发包人支付合理的预期利润。

4)要求发包人按合同的约定支付违约金。

(5)当承包人的费用索赔与工期索赔要求相关联时,发包人在作出费用索赔的批准决定时,应结合工程延期,综合做出费用赔偿和工程延期的决定。

(6)发承包双方在按合同约定办理了竣工结算后,应被认为承包人已无权再提出竣工结算前所发生的任何索赔。承包人在提交的最终结清申请中,只限于提出竣工结算后的索赔,提出索赔的期限应自发承包双方最终结清时终止。

(7)根据合同约定,发包人认为由于承包人的原因造成发包人的损失,宜按承包人索赔的程序进行索赔。

(8)发包人要求赔偿时,可以选择下列一项或几项方式获得赔偿:

1)延长质量缺陷修复期限。

2)要求承包人支付实际发生的额外费用。

3)要求承包人按合同的约定支付违约金。

(9)承包人应付给发包人的索赔金额可从拟支付给承包人的合同价款中扣除,或由承包人以其他方式支付给发包人。

2.现场签证

(1)承包人应发包人要求完成合同以外的零星项目、非承包人责任事件等工作的,发包人应及时以书面形式向承包人发出指令,并应提供所需的相关资料;承包人在收到指令后,应及时向发包人提出现场签证要求。

(2)承包人应在收到发包人指令后的7天内向发包人提交现场签证报告,发包人应在收到现场签证报告后的48小时内对报告内容进行核实,予以确认或提出修改意见。发包人在收到承包人现场签证,报告后的48小时内未确认也未提出修改意见的,应视为承包人提交的现场签证报告已被发包人认可。

(3)现场签证的工作如已有相应的计日工单价,现场签证中应列明完成该类项目所需的人工、材料、工程设备和施工机械台班的数量。

如现场签证的工作没有相应的计日工单价,应在现场签证报告中列明完成该签证工作所需的人工、材料设备和施工机械台班的数量及单价。

(4)合同工程发生现场签证事项,未经发包人签证确认,承包人便擅自施工的,除非征得发包人书面同意,否则发生的费用应由承包人承担。

(5)现场签证工作完成后的7天内,承包人应按照现场签证内容计算价款,报送发包人确认后,作为增加合同价款,与进度款同期支付。

(6)在施工过程中,当发现合同工程内容因场地条件、地质水文、发包人要求等不一致时,承包人应提供所需的相关资料,并提交发包人签证认可,作为合同价款调整的依据。

七、合同价款调整

1.一般规定

(1)下列事项(但不限于)发生,发承包双方应当按照合同约定调整合同价款:

1)法律法规变化。

2)工程变更。

3)项目特征不符。

4)工程量清单缺项。

5)工程量偏差。

6)计日工。

7)物价变化。

8)暂估价。

9)不可抗力。

10)提前竣工(赶工补偿)。

11)误期赔偿。

12)索赔。

13)现场签证。

14)暂列金额。

15)发承包双方约定的其他调整事项。

(2)出现合同价款调增事项(不含工程量偏差、计日工、现场签证、索赔)后的14天内,承包人应向发包人提交合同价款调增报告并附上相关资料;承包人在14天内未提交合同价款调增报告的,应视为承包人对该事项不存在调整价款请求。

(3)出现合同价款调减事项(不含工程量偏差、索赔)后的14天内,发包人应向承包人提交合同价款调减报告并附相关资料;发包人在14天内未提交合同价款调减报告的,应视为发包人对该事项不存在调整价款请求。

(4)发(承)包人应在收到承(发)包人合同价款调增(减)报告及相关资料之日起14天内对其核实,予以确认的应书面通知承(发)包人。当有疑问时,应向承(发)包人提出协商意见。发(承)包人在收到合同价款调增(减)报告之日起14天内未确认也未提出协商意见的,应视为承(发)包人提交的合同价款调增(减)报告已被发(承)包人认可。发(承)包人提出协商意见的,承(发)包人应在收到协商意见后的14天内对其核实,予以确认的应书面通知发(承)包人。承(发)包人在收到发(承)包人的协商意见后14天内既不确认也未提出不同意见的,应视为发(承)包人提出的意见已被承(发)包人认可。

(5)发包人与承包人对合同价款调整的不同意见不能达成一致的,只要对发承包双方履约不产生实质影响,双方应继续履行合同义务,直到其按照合同约定的争议解决方式得到处理。

(6)经发承包双方确认调整的合同价款,作为追加(减)合同价款,应与工程进度款或结算款同期支付。

2.法律法规变化

(1)招标工程以投标截止日前28天、非招标工程以合同签订前28天为基准日,其后因国家的法律、法规、规章和政策发生变化引起工程造价增减变化的,发承包双方应按照省级或行业建设主管部门或其授权的工程造价管理机构据此发布的规定调整合同价款。

(2)因承包人原因导致工期延误的,按(1)条规定的调整时间,在合同工程原定竣工时间之后,合同价款调增的不予调整,合同价款调减的予以调整。

3.工程变更

(1)因工程变更引起已标价工程量清单项目或其工程数量发生变化时,应按照下列规定调整:

1)已标价工程量清单中有适用于变更工程项目的,应采用该项目的单价;但当工程变更导致该清单项目的工程数量发生变化,且工程量偏差超过 15％时,该项目单价应按照 6. 工程量偏差第 2)条的规定调整。

2)已标价工程量清单中没有适用但有类似于变更工程项目的,可在合理范围内参照类似项目的单价。

3)已标价工程量清单中没有适用也没有类似于变更工程项目的,应由承包人根据变更工程资料、计量规则和计价办法、工程造价管理机构发布的信息价格和承包人报价浮动率提出变更工程项目的单价,并应报发包人确认后调整。承包人报价浮动率可按下列公式计算:

招标工程:

$$承包人报价浮动率 L＝(1－中标价/招标控制价)×100％ \tag{5-1}$$

非招标工程:

$$承包人报价浮动率 L＝(1－报价/施工图预算)×100％ \tag{5-2}$$

4)已标价工程量清单中没有适用也没有类似于变更工程项目,且工程造价管理机构发布的信息价格缺价的,应由承包人根据变更工程资料、计量规则、计价办法和通过市场调查等取得有合法依据的市场价格提出变更工程项目的单价,并应报发包人确认后调整。

(2)工程变更引起施工方案改变并使措施项目发生变化时,承包人提出调整措施项目费的,应事先将拟实施的方案提交发包人确认,并应详细说明与原方案措施项目相比的变化情况。拟实施的方案经发承包双方确认后执行,并应按照下列规定调整措施项目费:

1)安全文明施工费应按照实际发生变化的措施项目依据一、一般规定中 1. 计价方式第(5)条的规定计算。

2)采用单价计算的措施项目费,应按照实际发生变化的措施项目,按(1)的规定确定单价。

3)按总价(或系数)计算的措施项目费,按照实际发生变化的措施项目调整,但应考虑承包人报价浮动因素,即调整金额按照实际调整金额乘以(1)规定的承包人报价浮动率计算。

如果承包人未事先将拟实施的方案提交给发包人确认,则应视为工程变更不引起措施项目费的调整或承包人放弃调整措施项目费的权利。

(3)当发包人提出的工程变更因非承包人原因删减了合同中的某项原定工作或工程,致使承包人发生的费用或(和)得到的收益不能被包括在其他已支付或应支付的项目中,也未被包含在任何替代的工作或工程中时,承包人有权提出并应得到合理的费用及利润补偿。

4. 项目特征不符

(1)发包人在招标工程量清单中对项目特征的描述,应被认为是准确的和全面的,并且与实际施工要求相符合。承包人应按照发包人提供的招标工程量清单,根据项目特征描述的内容及有关要求实施合同工程,直到项目被改变为止。

(2)承包人应按照发包人提供的设计图纸实施合同工程,若在合同履行期间出现设计图纸(含设计变更)与招标工程量清单任一项目的特征描述不符,且该变化引起该项目工程造价增减变化的,应按照实际施工的项目特征,按 3. 工程变更相关条款的规定重新确定相应工程量清单项目的综合单价,并调整合同价款。

5. 工程量清单缺项

(1)合同履行期间,由于招标工程量清单中缺项,新增分部分项工程清单项目的,应按 3. 工程变更(1)的规定确定单价,并调整合同价款。

（2）新增分部分项工程清单项目后，引起措施项目发生变化的，应按 3. 工程变更（2）的规定，在承包人提交的实施方案被发包人批准后调整合同价款。

（3）由于招标工程量清单中措施项目缺项，承包人应将新增措施项目实施方案提交发包人批准后，按照 3. 工程变更（1）、（2）的规定调整合同价款。

6. 工程量偏差

（1）合同履行期间，当应予计算的实际工程量与招标工程量清单出现偏差，且符合（2）、（3）规定时，发承包双方应调整合同价款。

（2）对于任一招标工程量清单项目，当因规定的工程量偏差和 3. 工程变更规定的工程变更等原因导致工程量偏差超过 15％时，可进行调整。当工程量增加 15％以上时，增加部分的工程量的综合单价应予调低；当工程量减少 15％以上时，减少后剩余部分的工程量的综合单价应予调高。

（3）当工程量出现（2）的变化，且该变化引起相关措施项目相应发生变化时，按系数或单一总价方式计价的，工程量增加的措施项目费调增，工程量减少的措施项目费调减。

7. 计日工

（1）发包人通知承包人以计日工方式实施的零星工作，承包人应予执行。

（2）采用计日工计价的任何一项变更工作，在该项变更的实施过程中，承包人应按合同约定提交下列报表和有关凭证送发包人复核：

1）工作名称、内容和数量。

2）投入该工作所有人员的姓名、工种、级别和耗用工时。

3）投入该工作的材料名称、类别和数量。

4）投入该工作的施工设备型号、台数和耗用台时。

5）发包人要求提交的其他资料和凭证。

（3）任一计日工项目持续进行时，承包人应在该项工作实施结束后的 24 小时内向发包人提交有计日工记录汇总的现场签证报告一式三份。发包人在收到承包人提交现场签证报告后的 2 天内予以确认并将其中一份返还给承包人，作为计日工计价和支付的依据。发包人逾期未确认也未提出修改意见的，应视为承包人提交的现场签证报告已被发包人认可。

（4）任一计日工项目实施结束后，承包人应按照确认的计日工现场签证报告核实该类项目的工程数量，并应根据核实的工程数量和承包人已标价工程量清单中的计日工单价计算，提出应付价款；已标价工程量清单中没有该类计日工单价的，由发承包双方按 3. 工程变更的规定商定计日工单价计算。

（5）每个支付期末，承包人应按照五、工程计量与价款支付中 2. 法律法规变化（3）的规定向发包人提交本期间所有计日工记录的签证汇总表，并应说明本期间自己认为有权得到的计日工金额，调整合同价款，列入进度款支付。

8. 物价变化

（1）合同履行期间，因人工、材料、工程设备、机械台班价格波动影响合同价款时，应根据合同约定，按《建设工程工程量清单计价规范》（GB 50500—2013）附录 A 的方法之一调整合同价款。

（2）承包人采购材料和工程设备的，应在合同中约定主要材料、工程设备价格变化的范围或幅度；当没有约定，且材料、工程设备单价变化超过 5％时，超过部分的价格应按照《建设工程工程量清单计价规范》(GB50500—2013)附录 A 的方法计算调整材料、工程设备费。

（3）发生合同工程工期延误的，应按照下列规定确定合同履行期的价格调整：

1）因非承包人原因导致工期延误的，计划进度日期后续工程的价格，应采用计划进度日期与实际进度日期两者的较高者。

2）因承包人原因导致工期延误的，计划进度日期后续工程的价格，应采用计划进度日期与实际进度日期两者的较低者。

（4）发包人供应材料和工程设备的，不适用（1）、（2）条规定，应由发包人按照实际变化调整，列入合同工程的工程造价内。

9. 暂估价

（1）发包人在招标工程量清单中给定暂估价的材料、工程设备属于依法必须招标的，应由发承包双方以招标的方式选择供应商，确定价格，并应以此为依据取代暂估价，调整合同价款。

（2）发包人在招标工程量清单中给定暂估价的材料、工程设备不属于依法必须招标的，应由承包人按照合同约定采购，经发包人确认单价后取代暂估价，调整合同价款。

（3）发包人在工程量清单中给定暂估价的专业工程不属于依法必须招标的，应按照 3. 工程变更相应条款的规定确定专业工程价款，并应以此为依据取代专业工程暂估价，调整合同价款。

（4）发包人在招标工程量清单中给定暂估价的专业工程，依法必须招标的，应当由发承包双方依法组织招标选择专业分包人，并接受有管辖权的建设工程招标投标管理机构的监督，还应符合下列要求：

1）除合同另有约定外，承包人不参加投标的专业工程发包招标，应由承包人作为招标人，但拟定的招标文件、评标工作、评标结果应报送发包人批准。与组织招标工作有关的费用应当被认为已经包括在承包人的签约合同价（投标总报价）中。

2）承包人参加投标的专业工程发包招标，应由发包人作为招标人，与组织招标工作有关的费用由发包人承担。同等条件下，应优先选择承包人中标。

3）应以专业工程发包中标价为依据取代专业工程暂估价，调整合同价款。

10. 不可抗力

（1）因不可抗力事件导致的人员伤亡、财产损失及其费用增加，发承包双方应按下列原则分别承担并调整合同价款和工期：

1）合同工程本身的损害、因工程损害导致第三方人员伤亡和财产损失以及运至施工场地用于施工的材料和待安装的设备的损害，应由发包人承担。

2）发包人、承包人人员伤亡应由其所在单位负责，并应承担相应费用。

3）承包人的施工机械设备损坏及停工损失，应由承包人承担。

4）停工期间，承包人应发包人要求留在施工场地的必要的管理人员及保卫人员的费用应由发包人承担。

5）工程所需清理、修复费用，应由发包人承担。

（2）不可抗力解除后复工的，若不能按期竣工，应合理延长工期。发包人要求赶工的，赶工费用应由发包人承担。

（3）因不可抗力解除合同的，应按《建设工程工程量清单计价规范》(GB 50500—2013)第

12.0.2条的规定办理。

11. 提前竣工(赶工补偿)

(1)招标人应依据相关工程的工期定额合理计算工期,压缩的工期天数不得超过定额工期的20%,超过者,应在招标文件中明示增加赶工费用。

(2)发包人要求合同工程提前竣工的,应征得承包人同意后与承包人商定采取加快工程进度的措施,并应修订合同工程进度计划。发包人应承担承包人由此增加的提前竣工(赶工补偿)费用。

(3)发承包双方应在合同中约定提前竣工每日历天应补偿额度,此项费用应作为增加合同价款列入竣工结算文件中,应与结算款一并支付。

12. 误期赔偿

(1)承包人未按照合同约定施工,导致实际进度迟于计划进度的,承包人应加快进度,实现合同工期。

合同工程发生误期,承包人应赔偿发包人由此造成的损失,并应按照合同约定向发包人支付误期赔偿费。即使承包人支付误期赔偿费,也不能免除承包人按照合同约定应承担的任何责任和应履行的任何义务。

(2)发承包双方应在合同中约定误期赔偿费,并应明确每日历天应赔额度。误期赔偿费应列入竣工结算文件中,并应在结算款中扣除。

(3)在工程竣工之前,合同工程内的某单项(位)工程已通过了竣工验收,且该单项(位)工程接收证书中表明的竣工日期并未延误,而是合同工程的其他部分产生了工期延误时,误期赔偿费应按照已颁发工程接收证书的单项(位)工程造价占合同价款的比例幅度予以扣减。

13. 暂列金额

(1)已签约合同价中的暂列金额应由发包人掌握使用。

(2)发包人按照1～12及六、索赔与现场签证的规定支付后,暂列金额余额应归发包人所有。

八、竣工结算与支付

1. 一般规定

(1)工程完工后,发承包双方必须在合同约定时间内办理工程竣工结算。

(2)工程竣工结算应由承包人或受其委托具有相应资质的工程造价咨询人编制,并应由发包人或受其委托具有相应资质的工程造价咨询人核对。

(3)当发承包双方或一方对工程造价咨询人出具的竣工结算文件有异议时,可向工程造价管理机构投诉,申请对其进行执业质量鉴定。

(4)工程造价管理机构对投诉的竣工结算文件进行质量鉴定,宜按《建设工程工程量清单计价规范》(GB 50500—2013)第14章的相关规定进行。

(5)竣工结算办理完毕,发包人应将竣工结算文件报送工程所在地或有该工程管辖权的行业管理部门的工程造价管理机构备案,竣工结算文件应作为工程竣工验收备案、交付使用的必备文件。

2. 编制与复核

(1)工程竣工结算应根据下列依据编制和复核:

1)《建设工程工程量清单计价规范》(GB 50500—2013)。

2)工程合同。

3)发承包双方实施过程中已确认的工程量及其结算的合同价款。

4)发承包双方实施过程中已确认调整后追加(减)的合同价款。

5)建设工程设计文件及相关资料。

6)投标文件。

7)其他依据。

(2)分部分项工程和措施项目中的单价项目应依据发承包双方确认的工程量与已标价工程量清单的综合单价计算;发生调整的,应以发承包双方确认调整的综合单价计算。

(3)措施项目中的总价项目应依据已标价工程量清单的项目和金额计算;发生调整的,应以发承包双方确认调整的金额计算,其中安全文明施工费应按一、一般规定中1. 计价方式第(5)条的规定计算。

(4)其他项目应按下列规定计价:

1)计日工应按发包人实际签证确认的事项计算。

2)暂估价应按七、合同价款调整中9. 暂估价的规定计算。

3)总承包服务费应依据已标价工程量清单金额计算;发生调整的,应以发承包双方确认调整的金额计算。

4)索赔费用应依据发承包双方确认的索赔事项和金额计算。

5)现场签证费用应依据发承包双方签证资料确认的金额计算。

6)暂列金额应减去合同价款调整(包括索赔、现场签证)金额计算,如有余额归发包人。

(5)规费和税金应按一、一般规定中1. 计价方式第(6)条的规定计算。规费中的工程排污费应按工程所在地环境保护部门规定的标准缴纳后按实列入。

(6)发承包双方在合同工程实施过程中已经确认的工程计量结果和合同价款,在竣工结算办理中应直接进入结算。

3. 竣工结算

(1)合同工程完工后,承包人应在经发承包双方确认的合同工程期中价款结算的基础上汇总编制完成竣工结算文件,应在提交竣工验收申请的同时向发包人提交竣工结算文件。

承包人未在合同约定的时间内提交竣工结算文件,经发包人催告后14天内仍未提交或没有明确答复的,发包人有权根据已有资料编制竣工结算文件,作为办理竣工结算和支付结算款的依据,承包人应予以认可。

(2)发包人应在收到承包人提交的竣工结算文件后的28天内核对。发包人经核实:认为承包人还应进一步补充资料和修改结算文件,应在上述时限内向承包人提出核实意见,承包人在收到核实意见后的28天内应按照发包人提出的合理要求补充资料,修改竣工结算文件,并应再次提交给发包人复核后批准。

(3)发包人应在收到承包人再次提交的竣工结算文件后的28天内予以复核,将复核结果通知承包人,并应遵守下列规定:

1)发包人、承包人对复核结果无异议的,应在7天内在竣工结算文件上签字确认,竣工结算办理完毕。

2)发包人或承包人对复核结果认为有误的,无异议部分按第1)款规定办理不完全竣工结算;有异议部分由发承包双方协商解决;协商不成的,应按照合同约定的争议解决方式处理。

(4)发包人在收到承包人竣工结算文件后的28天内,不核对竣工结算或未提出核对意见的,应视为承包人提交的竣工结算文件已被发包人认可,竣工结算办理完毕。

(5)承包人在收到发包人提出的核实意见后的28天内,不确认也未提出异议的,应视为发包人提出的核实意见已被承包人认可,竣工结算办理完毕。

(6)发包人委托工程造价咨询人核对竣工结算的,工程造价咨询人应在28天内核对完毕,核对结论与承包人竣工结算文件不一致的,应提交给承包人复核;承包人应在14天内将同意核对结论或不同意见的说明提交工程造价咨询人。工程造价咨询人收到承包人提出的异议后,应再次复核,复核无异议的,应按(3)第1)款的规定办理,复核后仍有异议的,按(3)第2)款的规定办理。

承包人逾期未提出书面异议的,应视为工程造价咨询人核对的竣工结算文件已经承包人认可。

(7)对发包人或发包人委托的工程造价咨询人指派的专业人员与承包人指派的专业人员经核对后无异议并签名确认的竣工结算文件,除非发承包人能提出具体、详细的不同意见,发承包人都应在竣工结算文件上签名确认,如其中一方拒不签认的,按下列规定办理:

1)若发包人拒不签认的,承包人可不提供竣工验收备案资料,并有权拒绝与发包人或其上级部门委托的工程造价咨询人重新核对竣工结算文件。

2)若承包人拒不签认的,发包人要求办理竣工验收备案的,承包人不得拒绝提供竣工验收资料,否则,由此造成的损失,承包人承担相应责任。

(8)合同工程竣工结算核对完成,发承包双方签字确认后,发包人不得要求承包人与另一个或多个工程造价咨询人重复核对竣工结算。

(9)发包人对工程质量有异议,拒绝办理工程竣工结算的,已竣工验收或已竣工未验收但实际投入使用的工程,其质量争议应按该工程保修合同执行,竣工结算应按合同约定办理;已竣工未验收且未实际投入使用的工程以及停工、停建工程的质量争议,双方应就有争议的部分委托有资质的检测鉴定机构进行检测,并应根据检测结果确定解决方案,或按工程质量监督机构的处理决定执行后办理竣工结算,无争议部分的竣工结算应按合同约定办理。

4. 结算款支付

(1)承包人应根据办理的竣工结算文件向发包人提交竣工结算款支付申请。申请应包括下列内容:

1)竣工结算合同价款总额。

2)累计已实际支付的合同价款。

3)应预留的质量保证金。

4)实际应支付的竣工结算款金额。

(2)发包人应在收到承包人提交竣工结算款支付申请后7天内予以核实,向承包人签发竣工结算支付证书。

(3)发包人签发竣工结算支付证书后的14天内,应按照竣工结算支付证书列明的金额向承包人支付结算款。

(4)发包人在收到承包人提交的竣工结算款支付申请后7天内不予核实,不向承包人签发竣工结算支付证书的,视为承包人的竣工结算款支付申请已被发包人认可;发包人应在收到承包人提交的竣工结算款支付申请7天后的14天内,按照承包人提交的竣工结算款支付申请列明的金额向承包人支付结算款。

(5)发包人未按照(3)、(4)条规定支付竣工结算款的,承包人可催告发包人支付,并有权获得延迟支付的利息。发包人在竣工结算支付证书签发后或者在收到承包人提交的竣工结算款支付申请7天后的56天内仍未支付的,除法律另有规定外,承包人可与发包人协商将该工程折价,也可直接向人民法院申请将该工程依法拍卖。承包人应就该工程折价或拍卖的价款优先受偿。

5. 质量保证金

(1)发包人应按照合同约定的质量保证金比例从结算款中预留质量保证金。

(2)承包人未按照合同约定履行属于自身责任的工程缺陷修复义务的,发包人有权从质量保证金中扣除用于缺陷修复的各项支出。经查验,工程缺陷属于发包人原因造成的,应由发包人承担查验和缺陷修复的费用。

(3)在合同约定的缺陷责任期终止后,发包人应按照6.的规定,将剩余的质量保证金返还给承包人。

6. 最终结清

(1)缺陷责任期终止后,承包人应按照合同约定向发包人提交最终结清支付申请。发包人对最终结清支付申请有异议的,有权要求承包人进行修正和提供补充资料。承包人修正后,应再次向发包人提交修正后的最终结清支付申请。

(2)发包人应在收到最终结清支付申请后的14天内予以核实,并应向承包人签发最终结清支付证书。

(3)发包人应在签发最终结清支付证书后的14天内,按照最终结清支付证书列明的金额向承包人支付最终结清款。

(4)发包人未在约定的时间内核实,又未提出具体意见的,应视为承包人提交的最终结清支付申请已被发包人认可。

(5)发包人未按期最终结清支付的,承包人可催告发包人支付,并有权获得延迟支付的利息。

(6)最终结清时,承包人被预留的质量保证金不足以抵减发包人工程缺陷修复费用的,承包人应承担不足部分的补偿责任。

(7)承包人对发包人支付的最终结清款有异议的,应按照合同约定的争议解决方式处理。

九、合同价款争议的解决

1. 监理或造价工程师暂定

(1)若发包人和承包人之间就工程质量、进度、价款支付与扣除、工期延期、索赔、价款调整等发生任何法律上、经济上或技术上的争议,首先应根据已签约合同的规定,提交合同约定职责范围内的总监理工程师或造价工程师解决,并应抄送另一方。总监理工程师或造价工程师在收到此提交件后14天内应将暂定结果通知发包人和承包人。发承包双方对暂定结果认可的,应以书面形式予以确认,暂定结果成为最终决定。

(2)发承包双方在收到总监理工程师或造价工程师的暂定结果通知之后的 14 天内未对暂定结果予以确认也未提出不同意见的,应视为发承包双方已认可该暂定结果。

(3)发承包双方或一方不同意暂定结果的,应以书面形式向总监理工程师或造价工程师提出,说明自己认为正确的结果,同时抄送另一方,此时该暂定结果成为争议。在暂定结果对发承包双方当事人履约不产生实质影响的前提下,发承包双方应实施该结果,直到按照发承包双方认可的争议解决办法被改变为止。

2. 管理机构的解释或认定

(1)合同价款争议发生后,发承包双方可就工程计价依据的争议以书面形式提请工程造价管理机构对争议以书面文件进行解释或认定。

(2)工程造价管理机构应在收到申请的 10 个工作日内就发承包双方提请的争议问题进行解释或认定。

(3)发承包双方或一方在收到工程造价管理机构书面解释或认定后仍可按照合同约定的争议解决方式提请仲裁或诉讼。除工程造价管理机构的上级管理部门做出了不同的解释或认定,或在仲裁裁决或法院判决中不予采信的外,工程造价管理机构做出的书面解释或认定应为最终结果,并应对发承包双方均有约束力。

3. 协商和解

(1)合同价款争议发生后,发承包双方任何时候都可以进行协商。协商达成一致的,双方应签订书面和解协议,和解协议对发承包双方均有约束力。

(2)如果协商不能达成一致协议,发包人或承包人都可以按合同约定的其他方式解决争议。

4. 调节

(1)发承包双方应在合同中约定或在合同签订后共同约定争议调解人,负责双方在合同履行过程中发生争议的调解。

(2)合同履行期间,发承包双方可协议调换或终止任何调解人,但发包人或承包人都不能单独采取行动。除非双方另有协议,在最终结清支付证书生效后,调解人的任期应即终止。

(3)如果发承包双方发生了争议,任何一方可将该争议以书面形式提交调解人,并将副本抄送另一方,委托调解人调解。

(4)发承包双方应按照调解人提出的要求,给调解人提供所需要的资料、现场进入权及相应设施。调解人应被视为不是在进行仲裁人的工作。

(5)调解人应在收到调解委托后 28 天内或由调解人建议并经发承包双方认可的其他期限内提出调解书,发承包双方接受调解书的,经双方签字后作为合同的补充文件,对发承包双方均具有约束力,双方都应立即遵照执行。

(6)当发承包双方中任一方对调解人的调解书有异议时,应在收到调解书后 28 天内向另一方发出异议通知,并应说明争议的事项和理由。但除非并直到调解书在协商和解或仲裁裁决、诉讼判决中做出修改,或合同已经解除,承包人应继续按照合同实施工程。

(7)当调解人已就争议事项向发承包双方提交了调解书,而任一方在收到调解书后 28 天内均未发出表示异议的通知时,调解书对发承包双方应均具有约束力。

5. 仲裁、诉讼

(1)发承包双方的协商和解或调解均未达成一致意见,其中的一方已就此争议事项根据合同约定的仲裁协议申请仲裁,应同时通知另一方。

(2)仲裁可在竣工之前或之后进行,但发包人、承包人、调解人各自的义务不得因在工程实施期间进行仲裁而有所改变。当仲裁是在仲裁机构要求停止施工的情况下进行时,承包人应对合同工程采取保护措施,由此增加的费用应由败诉方承担。

(3)在1~4规定的期限之内,暂定或和解协议或调解书已经有约束力的情况下,当发承包中一方未能遵守暂定或和解协议或调解书时,另一方可在不损害他可能具有的任何其他权利的情况下,将未能遵守暂定或不执行和解协议或调解书达成的事项提交仲裁。

(4)发包人、承包人在履行合同时发生争议,双方不愿和解、调解或者和解、调解不成,又没有达成仲裁协议的,可依法向人民法院提起诉讼。

第四节　清单计价与定额计价的区别

1. 编制工程量的单位不同

定额计价的办法是:建设工程的工程量分别由招标单位和投标单位分别按图计算。工程量清单的计价办法是:工程量由招标单位统一计算或委托有工程造价咨询资质单位统一计算,"工程量清单"是招标文件的重要组成部分,各投标单位根据招标人提供的"工程量清单",根据自身的技术装备、施工经验、企业成本、企业定额、管理水平自主填写报单价。

2. 编制工程量清单时间不同

定额计价法是在发出招标文件后编制的(招标与投标人同时编制或投标人编制在前,招标人编制在后),而工程量清单报价法必须在发出招标文件前编制。

3. 表现形式不同

采用传统的定额计价法一般是总价形式。工程量清单报价法采用综合单价形式,综合单价包括人工费、材料费、机械使用费、管理费、利润,并考虑风险因素。因此,工程量清单报价具有直观、单价相对固定的特点,工程量发生变化时,单价一般不作调整。

4. 编制的依据不同

定额计价法依据图纸;人工、材料、机械台班消耗量依据建设行政主管部门颁发的预算定额;人工、材料、机械台班单价依据工程造价管理部门发布的价格信息进行计算。工程量清单报价法,根据原建设部第107号令规定,标底的编制根据招标文件中的工程量清单和有关要求、施工现场情况、合理的施工办法以及按建设行政主管部门制定的有关工程造价计价办法编制。企业的投标报价则根据企业定额和市场价格信息,或参照建设行政主管部门发布的社会平均消耗量定额编制。

5. 费用组成不同

传统的定额计价法的工程造价由直接工程费、现场经费、间接费、利润、税金组成。工程量清单计价法工程造价包括分部分项工程费、措施项目费、其他项目费、规费、税金;包括完成每项工程包含的全部工程内容的费用;包括完成每项工程内容所需的费用(规费、税金除外);包括工程量清单中没有体现的,施工中又必须发生的工程内容所需费用;包括风险因素而增加的费用。

6. 评标采用的办法不同

定额计价投标一般采用百分制评分法。采用工程量清单计价投标，一般采用合理低报价中标法，既要对总价进行评分，还要对综合单价进行分析评分。

7. 项目编码不同

采用传统的定额项目编码，全国各省市采用不同的定额子目，采用工程量清单计价全国实行统一编码，项目编码采用十二位阿拉伯数字表示。一到九位为统一编码，其中，一、二位为附录顺序码，三、四位为专业工程顺序码，五、六位为分部工程顺序码。七、八、九位为分项工程项目名称顺序码，十到十二位为清单项目名称顺序码。前九位码不能变动，后三位码，由清单编制人根据项目设置的清单项目编制。

8. 合同调整方式不同

传统的定额预算计价合同调整方式有：变更签证、定额解释、政策性调整。工程量清单计价合同价调整方式主要是索赔。工程量清单的综合单价一般通过招标中报价的形式体现，一旦中标，报价作为签订施工合同的依据相对固定下来，工程结算按承包商实际完成工程量乘以清单中相应的单价计算，减少了调整活口。采用传统的预算定额经常有这个定额解释那个定额的规定，结算中又有政策性文件调整，而工程量清单计价单价不能随意调整。

9. 计算工程量时间前置

工程量清单，在招标前由招标人编制。也可能业主为了缩短建设周期，通常在初步设计完成后就开始施工招标，在不影响施工进度的前提下陆续发放施工图纸，因此承包商据以报价的工程量清单中各项工作内容下的工程量一般为概算工程量。

10. 达到了投标计算口径统一

因为各投标单位都根据统一的工程量清单报价，为了达到投标计算口径统一。不再是传统预算定额招标，各投标单位各自计算工程量，各投标单位计算的工程量均不一致。

11. 索赔事件增加

因承包商对工程量清单单价包含的工作内容一目了然，故凡建设方不按清单内容施工的，任意要求修改清单的，都会增加施工索赔的因素。

第六章　工程量清单计价规范简介

内容提要:
1. 了解工程量清单计价规范的主要内容。
2. 了解工程量清单计价规范中的格式要求。

第一节　工程量清单计价规范的主要内容

工程量清单计价规范主要包括:总则、术语、工程量清单编制、工程量清单计价、工程量清单及其计价格式、附录等内容。

一、总则

(1)为规范建设工程造价计价行为,统一建设工程计价文件的编制原则和计价方法,根据《中华人民共和国建筑法》《中华人民共和国合同法》《中华人民共和国招标投标法》等法律法规,制定《建设工程工程量清单计价规范》(GB 50500—2013)。

(2)《建设工程工程量清单计价规范》(GB 50500—2013)适用于建设工程发承包及实施阶段的计价活动。

(3)建设工程发承包及实施阶段的工程造价应由分部分项工程费、措施项目费、其他项目费、规费和税金组成。

(4)招标工程量清单、招标控制价、投标报价、工程计量、合同价款调整、合同价款结算与支付以及工程造价鉴定等工程造价文件的编制与核对,应由具有专业资格的工程造价人员承担。

(5)承担工程造价文件的编制与核对的工程造价人员及其所在单位,应对工程造价文件的质量负责。

(6)建设工程发承包及实施阶段的计价活动应遵循客观、公正、公平的原则。

(7)建设工程发承包及实施阶段的计价活动,除应符合《建设工程工程量清单计价规范》(GB 50500—2013)外,尚应符合国家现行有关标准的规定。

二、术语(见表 6-1)

表 6-1　工程量清单计价规范术语解释

序号	术　语	解　释
1	工程量清单	载明建设工程分部分项工程项目、措施项目、其他项目的名称和相应数量以及规费、税金项目等内容的明细清单
2	招标工程量清单	招标人依据国家标准、招标文件、设计文件以及施工现场实际情况编制的,随招标文件发布供投标报价的工程量清单,包括其说明和表格

续表 6-1

序号	术　语	解　释
3	已标价工程量清单	构成合同文件组成部分的投标文件中已标明价格,经算术性错误修正(如有)且承包人已确认的工程量清单,包括其说明和表格
4	分部分项工程	分部工程是单项或单位工程的组成部分,是按结构部位、路段长度及施工特点或施工任务将单项或单位工程划分为若干分部的工程;分项工程是分部工程的组成部分,是按不同施工方法、材料、工序及路段长度等将分部工程划分为若干个分项或项目的工程
5	措施项目	为完成工程项目施工,发生于该工程施工准备和施工过程中的技术、生活、安全、环境保护等方面的项目
6	项目编码	分部分项工程和措施项目清单名称的阿拉伯数字标识
7	项目特征	构成分部分项工程项目、措施项目自身价值的本质特征
8	综合单价	完成一个规定清单项目所需的人工费、材料和工程设备费、施工机械使用费和企业管理费、利润以及一定范围内的风险费用
9	风险费用	隐含于已标价工程量清单综合单价中,用于化解发承包双方在工程合同中约定内容和范围内的市场价格波动风险的费用
10	工程成本	承包人为实施合同工程并达到质量标准,在确保安全施工的前提下,必须消耗或使用的人工、材料、工程设备、施工机械台班及其管理等方面发生的费用和按规定缴纳的规费和税金
11	单价合同	发承包双方约定以工程量清单及其综合单价进行合同价款计算、调整和确认的建设工程施工合同
12	总价合同	发承包双方约定以施工图及其预算和有关条件进行合同价款计算、调整和确认的建设工程施工合同
13	成本加酬金合同	发承包双方约定以施工工程成本再加合同约定酬金进行合同价款计算、调整和确认的建设工程施工合同
14	工程造价信息	工程造价管理机构根据调查和测算发布的建设工程人工、材料、工程设备、施工机械台班的价格信息,以及各类工程的造价指数、指标
15	工程造价指数	反映一定时期的工程造价相对于某一固定时期的工程造价变化程度的比值或比率。包括按单位或单项工程划分的造价指数,按工程造价构成要素划分的人工、材料、机械等价格指数
16	工程变更	合同工程实施过程中由发包人提出或由承包人提出经发包人批准的合同工程任何一项工作的增、减、取消或施工工艺、顺序、时间的改变;设计图纸的修改;施工条件的改变;招标工程量清单的错、漏从而引起合同条件的改变或工程量的增减变化
17	工程量偏差	承包人按照合同工程的图纸(含经发包人批准由承包人提供的图纸)实施,按照现行国家计量规范规定的工程量计算规则计算得到的完成合同工程项目应予计量的工程量与相应的招标工程量清单项目列出的工程量之间出现的量差

续表 6-1

序号	术 语	解 释
18	暂列金额	招标人在工程量清单中暂定并包括在合同价款中的一笔款项。用于工程合同签订时尚未确定或者不可预见的所需材料、工程设备、服务的采购,施工中可能发生的工程变更、合同约定调整因素出现时的合同价款调整以及发生的索赔、现场签证确认等的费用
19	暂估价	招标人在工程量清单中提供的用于支付必然发生但暂时不能确定价格的材料、工程设备的单价以及专业工程的金额
20	计日工	在施工过程中,承包人完成发包人提出的工程合同范围以外的零星项目或工作,按合同中约定的单价计价的一种方式
21	总承包服务费	总承包人为配合协调发包人进行的专业工程发包,对发包人自行采购的材料、工程设备等进行保管以及施工现场管理、竣工资料汇总整理等服务所需的费用
22	安全文明施工费	在合同履行过程中,承包人按照国家法律、法规、标准等规定,为保证安全施工、文明施工,保护现场内外环境和搭拆临时设施等所采用的措施而发生的费用
23	索赔	在工程合同履行过程中,合同当事人一方因非己方的原因遭受损失,按合同约定或法律法规规定应由对方承担责任,从而向对方提出补偿的要求
24	现场签证	发包人现场代表(或其授权的监理人、工程造价咨询人)与承包人现场代表就施工过程中涉及的责任事件所做的签认证明
25	提前竣工(赶工)费	承包人应发包人的要求而采取加快工程进度措施,使合同工程工期缩短,由此产生的应由发包人支付的费用
26	误期赔偿费	承包人未按照合同工程的计划进度施工,导致实际工期超过合同工期(包括经发包人批准的延长工期),承包人应向发包人赔偿损失的费用
27	不可抗力	发承包双方在工程合同签订时不能预见的,对其发生的后果不能避免,并且不能克服的自然灾害和社会性突发事件
28	工程设备	指构成或计划构成永久工程一部分的机电设备、金属结构设备、仪器装置及其他类似的设备和装置
29	缺陷责任期	指承包人对已交付使用的合同工程承担合同约定的缺陷修复责任的期限
30	质量保证金	发承包双方在工程合同中约定,从应付合同价款中预留,用以保证承包人在缺陷责任期内履行缺陷修复义务的金额
31	费用	承包人为履行合同所发生或将要发生的所有合理开支,包括管理费和应分摊的其他费用,但不包括利润
32	利润	承包人完成合同工程获得的盈利
33	企业定额	施工企业根据本企业的施工技术、机械装备和管理水平而编制的人工、材料和施工机械台班等的消耗标准
34	规费	根据国家法律、法规规定,由省级政府或省级有关权力部门规定施工企业必须缴纳的,应计入建筑安装工程造价的费用
35	税金	国家税法规定的应计入建筑安装工程造价内的营业税、城市维护建设税、教育费附加和地方教育附加

续表 6-1

序号	术语	解释
36	发包人	具有工程发包主体资格和支付工程价款能力的当事人以及取得该当事人资格的合法继承人,《建设工程工程量清单计价规范》(GB 50500—2013)有时又称招标人
37	承包人	被发包人接受的具有工程施工承包主体资格的当事人以及取得该当事人资格的合法继承人,《建设工程工程量清单计价规范》(GB 50500—2013)有时又称投标人
38	工程造价咨询人	取得工程造价咨询资质等级证书,接受委托从事建设工程造价咨询活动的当事人以及取得该当事人资格的合法继承人
39	造价工程师	取得造价工程师注册证书,在一个单位注册、从事建设工程造价活动的专业人员
40	造价员	取得全国建设工程造价员资格证书,在一个单位注册、从事建设工程造价活动的专业人员
41	单价项目	工程量清单中以单价计价的项目,即根据合同工程图纸(含设计变更)和相关工程现行国家计量规范规定的工程量计算规则进行计量,与已标价工程量清单相应综合单价进行价款计算的项目
42	总价项目	工程量清单中以总价计价的项目,即此类项目在相关工程现行国家计量规范中无工程量计算规则,以总价(或计算基础乘费率)计算的项目
43	工程计量	发承包双方根据合同约定,对承包人完成合同工程的数量进行的计算和确认
44	工程结算	发承包双方根据合同约定,对合同工程在实施中、终止时、已完工后进行的合同价款计算、调整和确认。包括期中结算、终止结算、竣工结算
45	招标控制价	招标人根据国家或省级、行业建设主管部门颁发的有关计价依据和办法,以及拟定的招标文件和招标工程量清单,结合工程具体情况编制的招标工程的最高投标限价
46	投标价	投标人投标时响应招标文件要求所报出的对已标价工程量清单汇总后标明的总价
47	签约合同价(合同价款)	发承包双方在工程合同中约定的工程造价,即包括了分部分项工程费、措施项目费、其他项目费、规费和税金的合同总金额
48	预付款	在开工前,发包人按照合同约定,预先支付给承包人用于购买合同工程施工所需的材料、工程设备,以及组织施工机械和人员进场等的款项
49	进度款	在合同工程施工过程中,发包人按照合同约定对付款周期内承包人完成的合同价款给予支付的款项,也是合同价款期中结算支付
50	合同价款调整	在合同价款调整因素出现后,发承包双方根据合同约定,对合同价款进行变动的提出、计算和确认

续表 6-1

序号	术　语	解　释
51	竣工结算价	发承包双方依据国家有关法律、法规和标准规定,按照合同约定确定的,包括在履行合同过程中按合同约定进行的合同价款调整,是承包人按合同约定完成了全部承包工作后,发包人应付给承包人的合同总金额
52	工程造价鉴定	工程造价咨询人接受人民法院、仲裁机关委托,对施工合同纠纷案件中的工程造价争议,运用专门知识进行鉴别、判断和评定,并提供鉴定意见的活动。也称为工程造价司法鉴定

三、工程量清单编制

1. 一般规定

(1)招标工程量清单应由具有编制能力的招标人或受其委托、具有相应资质的工程造价咨询人编制。

(2)招标工程量清单必须作为招标文件的组成部分,其准确性和完整性应由招标人负责。

(3)招标工程量清单是工程量清单计价的基础,应作为编制招标控制价、投标报价、计算或调整工程量、索赔等的依据之一。

(4)招标工程量清单应以单位(项)工程为单位编制,应由分部分项工程项目清单、措施项目清单、其他项目清单、规费和税金项目清单组成。

(5)编制招标工程量清单应依据:

1)《建设工程工程量清单计价规范》(GB 50500—2013)和相关工程的国家计量规范。

2)国家或省级、行业建设主管部门颁发的计价定额和办法。

3)建设工程设计文件及相关资料。

4)与建设工程有关的标准、规范、技术资料。

5)拟定的招标文件。

6)施工现场情况、地勘水文资料、工程特点及常规施工方案。

7)其他相关资料。

2. 分部分项工程量清单编制

分部分项工程量清单编制应满足两个方面的要求。一是要满足规范管理的要求;二是要满足工程计价的要求。

分部分项工程量清单应根据《建设工程工程量清单计价规范》(GB 50500—2013)附录规定的项目编码、项目名称、项目特征、计量单位和工程量计算规则进行编制。

具体参见第五章第二节中的一、分部分项工程量清单部分。

3. 措施项目清单编制

措施项目清单应根据拟建工程的实际情况、施工图纸、施工方案,结合承包商的具体情况主要由投标人编制。

具体参见第五章第二节中的二、措施项目清单部分。

4. 其他项目清单编制

具体参见第五章第二节中的三、其他项目清单部分。

5. 规费项目清单编制

具体参见第五章第二节中的四、规费项目清单部分。

6. 税金项目清单编制

具体参见第五章第二节中的五、税金项目清单部分。

四、工程量清单计价

工程量清单计价部分共包括 9 条内容。总的来说,其规定了工程量清单计价的适用范围、工程量清单计价价款的构成、工程量清单计价方法等内容。

1. 工程量清单计价的适用范围

实行工程量清单计价的招标投标工程,其招标标底和投标标底的编制、合同价款的确定和调整、工程结算等都按《建设工程工程量清单计价规范》(GB 50500—2013)。

2. 工程量清单计价价款构成

工程量清单计价应包括招标文件规定的完成工程量清单所列项目的全部费用,包括分部分项工程费、措施项目费、其他项目费和规费、税金。

3. 工程量清单应采用综合单价计价

工程量清单计价的分部分项工程费,应采用综合单价计算。措施项目费、其他项目费也可以采用综合单价的方法计算。

4. 标底编制

招标工程如设标底,标底应根据招标文件中的工程量清单和有关要求,施工现场实际情况、合理的施工办法以及按照省、自治区、直辖市建设行政主管部门规定的有关工程造价计价办法进行编制。

5. 投标报价编制

投标报价应根据招标文件中的工程量清单和有关要求、施工现场实际情况及拟定的施工方案或施工组织设计,依据企业定额和市场价格信息,或参照建设行政主管部门发布的社会平均消耗量定额进行编制。

第二节　工程量清单计价规范中的格式要求

一、计价表格组成

(1)封面:

1)招标工程量清单:表 6-2。

2)招标控制价:表 6-3。

3)投标总价:表 6-4。

4)竣工结算书:表 6-5。

5)工程造价鉴定意见书:表 6-6。

(2)扉页:

1)招标工程量清单:表 6-7。

2)招标控制价:表 6-8。

3)投标总价：表6-9。

4)竣工结算总价：表6-10。

5)工程造价鉴定意见书：表6-11。

(3)总说明：表6-12。

(4)工程计价汇总表：

1)建设项目招标控制价/投标报价汇总表：表6-13。

2)单项工程招标控制价/投标报价汇总表：表6-14。

3)单位工程招标控制价/投标报价汇总表：表6-15。

4)建设项目竣工结算汇总表：表6-16。

5)单项工程竣工结算汇总表：表6-17。

6)单位工程竣工结算汇总表：表6-18。

(5)分部分项工程和措施项目计价表：

1)分部分项工程和单价措施项目清单与计价表：表6-19。

2)综合单价分析表：表6-20。

3)综合单价调整表：表6-21。

4)总价措施项目清单与计价表：表6-22。

(6)其他项目计价表：

1)其他项目清单与计价汇总表：表6-23。

2)暂列金额明细表：表6-24。

3)材料(工程设备)暂估单价及调整表：表6-25。

4)专业工程暂估价及结算价表：表6-26。

5)计日工表：表6-27。

6)总承包服务费计价表：表6-28。

7)索赔与现场签证计价汇总表：表6-29。

8)费用索赔申请(核准)表：表6-30。

9)现场签证表：表6-31。

(7)规费、税金项目计价表：表6-32。

(8)工程计量申请(核准)表：表6-33。

(9)合同价款支付申请(核准)表：

1)预付款支付申请(核准)表：表6-34。

2)总价项目进度款支付分解表：表6-35。

3)进度款支付申请(核准)表：表6-36。

4)竣工结算款支付申请(核准)表：表6-37。

5)最终结清支付申请(核准)表：表6-38。

(10)主要材料、工程设备一览表：

1)发包人提供材料和工程设备一览表：表6-39。

2)承包人提供主要材料和工程设备一览表(适用于造价信息差额调整法)：表6-40。

3)承包人提供主要材料和工程设备一览表(适用于价格指数差额调整法)：表6-41。

表 6-2　招标工程量清单封面

＿＿＿＿＿＿＿＿＿＿＿＿＿＿＿＿＿＿工程

招标工程量清单

招标人：＿＿＿＿＿＿＿＿＿
（单位盖章）

造价咨询人：＿＿＿＿＿＿＿＿＿
（单位盖章）

年　　月　　日

表 6-3　招标控制价封面

＿＿＿＿＿＿＿＿＿＿＿＿＿＿＿＿＿＿工程

招标控制价

招标人：＿＿＿＿＿＿＿＿＿
（单位盖章）

造价咨询人：＿＿＿＿＿＿＿＿＿
（单位盖章）

年　　月　　日

表6-4　投标总价封面

_____工程

投标总价

招标人：_____

（单位盖章）

年　　月　　日

表6-5　竣工结算书封面

_____工程

竣工结算书

发包人：_____

（单位盖章）

承包人：_____

（单位盖章）

造价咨询人：_____

（单位盖章）

年　　月　　日

表 6-6 工程造价鉴定意见书封面

_____工程

编号:×××[2×××]××号

工程造价鉴定意见书

造价咨询人:_____

(单位盖章)

年   月   日

表 6-7 招标工程量清单扉页

_____工程

招标工程量清单

招标人:_____   造价咨询人:_____

(单位盖章)   (单位盖章)

法定代表人   法定代表人
或其授权人:_____   或其授权人:_____

(签字或盖章)   (签字或盖章)

编制人:_____   复核人:_____

(造价人员签字盖专用章)   (造价工程师签字盖专用章)

编制时间: 年 月 日   复核时间: 年 月 日

表 6-8　招标控制价扉页

_____工程

招标控制价

招标控制价(小写)_____
　　　　　(大写)_____

招标人:_____　　　　造价咨询人:_____
　　　(单位盖章)　　　　　　　　　　　　　　　(单位资质专用章)

法定代表人　　　　　　　　　　　　　　法定代表人
或其授权人:_____　　或其授权人:_____
　　　(签字或盖章)　　　　　　　　　　　　　(签字或盖章)

编制人:_____　　　　复核人:_____
　　(造价人员签字盖专用章)　　　　　　　　(造价工程师签字盖专用章)

编制时间:　年　月　日　　　　　　　复核时间:　年　月　日

表 6-9　投标总价扉页

投标总价

投标人：_____

工程名称：_____

投标总价(小写)：_____

　　　　(大写)：_____

投标人：_____
　　　　　　　　(单位盖章)

法定代表人

或其授权人：_____
　　　　　　　　(签字或盖章)

编制人：_____
　　　　　　　(造价人员签字盖专用章)

时　间：　年　月　日

表 6-10　竣工结算总价扉页

_____工程

竣工结算总价

签约合同价(小写)：_____(大写)：_____

竣工结算价(小写)：_____(大写)：_____

发包人：_____　　　承包人：_____　　　造价咨询人：_____
　　(单位盖章)　　　　　　　　　(单位盖章)　　　　　　　　(单位资质专用章)

法定代表人　　　　　　　　　法定代表人　　　　　　　　　法定代表人
或其授权人：_____　或其授权人：_____　或其授权人_____
　　(签字或盖章)　　　　　　　(签字或盖章)　　　　　　　　(签字或盖章)

编制人：_____　　　　　　核对人：_____
　　(造价人员签字盖专用章)　　　　　　(造价工程师签字盖专用章)

编制时间：　年　月　日　　　　　核对时间：　年　月　日

表 6-11　工程造价鉴定意见书扉页

_____工程

工程造价鉴定意见书

鉴定结论：

造价咨询人：_____
（盖单位章及资质专用章）

法定代表人：_____
（签字或盖章）

造价工程师：_____
（签字盖专用章）

年　　月　　日

表 6-12　总说明

工程名称：　　　　　　　　　　　　　　　　　　　　　　　　　　第　页　共　页

表 6-13　建设项目招标控制价/投标报价汇总表

工程名称：　　　　　　　　　　　　　　　　　　　　　　　　　　第　页　共　页

序号	单项工程名称	金额/元	其中/元		
			暂估价	安全文明施工费	规费
	合计				

注：本表适用于建设项目招标控制价或投标报价的汇总。

表 6-14　单项工程招标控制价/投标报价汇总表

工程名称：　　　　　　　　　　　　　　　　　　　　　　　　　　第　页　共　页

序号	单项工程名称	金额/元	其中/元		
			暂估价	安全文明施工费	规费
	合计				

注：本表适用于单项工程招标控制价或投标报价的汇总。暂估价包括分部分项工程中的暂估价和专业工
　　程暂估价。

表 6-15　单位工程招标控制价/投标报价汇总表

工程名称：　　　　　　　　　标段：　　　　　　　　　第　页　共　页

序号	汇总内容	金额/元	其中:暂估价/元
1	分部分项工程		
1.1			
1.2			
1.3			
1.4			
1.5			
2	措施项目		—
2.1	其中:安全文明施工费		—
3	其他项目		—
3.1	其中:暂列金额		—
3.2	其中:专业工程暂估价		—
3.3	其中:计日工		—
3.4	其中:总承包服务费		—
4	规费		—
5	税金		—
招标控制价合计＝1＋2＋3＋4＋5			

注:本表适用于单位工程招标控制价或投标报价的汇总,如无单位工程划分,单项工程也使用本表汇总。

表 6-16　建设项目竣工结算汇总表

工程名称：　　　　　　　　　　　　　　　　第　页　共　页

序号	单项工程名称	金额/元	其中/元	
			安全文明施工费	规费
合计				

表 6-17 单项工程竣工结算汇总表

工程名称： 第　页 共　页

序号	单项工程名称	金额/元	其中/元	
			安全文明施工费	规费
	合计			

表 6-18 单位工程竣工结算汇总表

工程名称： 标段： 第　页 共　页

序号	汇总内容	金额/元
1	分部分项工程	
1.1		
1.2		
1.3		
1.4		
1.5		
2	措施项目	
2.1	其中:安全文明施工费	
3	其他项目	
3.1	其中:专业工程结算价	
3.2	其中:计日工	
3.3	其中:总承包服务费	
3.4	其中:索赔与现场签证	
4	规费	
5	税金	
	竣工结算总价合计=1+2+3+4+5	

注:如无单位工程划分,单项工程也使用本表汇总。

表6-19 分部分项工程和单价措施项目清单与计价表

工程名称： 标段： 第 页 共 页

序号	项目编码	项目名称	项目特征描述	计算单位	工程量	金额/元		
						综合单价	合价	其中暂估价
			本页小计					
			合计					

注：为记取规费等的使用，可在表中增设其中："定额人工费"。

表6-20 综合单价分析表

工程名称： 标段： 第 页 共 页

项目编码		项目名称		计量单位		工程量	

综合单价组成明细

定额编号	定额名称	定额单位	数量	单价				合价			
				人工费	材料费	机械费	管理费和利润	人工费	材料费	机械费	管理费和利润

人工单价		小计			
元/工日		未计价材料费			

清单项目综合单价

材料费明细	主要材料名称、规格、型号	单位	数量	单价/元	合价/元	暂估单价/元	暂估合价/元
	其他材料费			—		—	
	材料费小计			—		—	

注：1. 如不使用省级或行业建设主管部门发布的计价依据，可不填定额编号、名称等。

2. 招标文件提供了暂估单价的材料，按暂估的单价填入表内"暂估单价"栏及"暂估合价"栏。

表 6-21　综合单价调整表

工程名称：　　　　　　　　　　　标段：　　　　　　　　　　　第　页　共　页

序号	项目编码	项目名称	已标价清单综合单价/元					调整后综合单价/元				
			综合单价	其中				综合单价	其中			
				人工费	材料费	机械费	管理费和利润		人工费	材料费	机械费	管理费和利润

造价工程师(签章)：　发包人代表(签章)：　　　造价人员(签章)：　承包人代表(签章)：

日期：　　　　　　　　　　　　　　　日期：

注：综合单价调整应附调整依据。

表 6-22　总价措施项目清单与计价表

工程名称：　　　　　　　　　　　标段：　　　　　　　　　　　第　页　共　页

序号	项目编码	项目名称	计算基础	费率(%)	金额/元	调整费率(%)	调整后金额/元	备注
		安全文明施工费						
		夜间施工增加费						
		二次搬运费						
		冬雨季施工增加费						
		已完工程及设保护						
		合计						

编制人(造价人员)：　　　　　　　　　　　　　　　复核人(造价工程师)：

注：1. "计算基础"中安全文明施工费可为"定额基价"、"定额人工费"或"定额人工费＋定额机械费"，其他项目可为"定额人工费"或"定额人工费＋定额机械费"。

2. 按施工方案计算的措施费，若无"计算基础"和"费率"的数值，也可只填"金额"数值，但应在备注栏说明施工方案出处或计算方法。

表 6-23　其他项目清单与计价汇总表

工程名称：　　　　　　　　　标段：　　　　　　　第　页　共　页

序号	项目名称	金额/元	结算金额/元	备注
1	暂列金额			明细详见 表-12-1
2	暂估价			
2.1	材料(工程设备) 暂估价/结算价			明细详见 表-12-2
2.2	专业工程暂估价/结算价			明细详见 表-12-3
3	计日工			明细详见 表-12-4
4	总承包服务费			明细详见 表-12-5
5	索赔与现场签证			明细详见 表-12-6
	合计			—

注：材料(工程设备)暂估单价进入清单项目综合单价，此处不汇总。

表 6-24　暂列金额明细表

工程名称：　　　　　　　　　标段：　　　　　　　第　页　共　页

序号	项目名称	计量单位	暂定金额/元	备注
1				
2				
3				
4				
5				
6				
7				
8				
9				
10				
11				
	合计			—

注：此表由招标人填写，如不能详列，也可只列暂定金额总额，投标人应将上述暂列金额计入投标总价中。

表 6-25　材料(工程设备)暂估单价及调整表

工程名称：　　　　　　　　　　　　标段：　　　　　　　　第　页　共　页

序号	材料(工程设备) 名称、规格、型号	计量 单位	数量		暂估/元		确认/元		差额元 ±/元		备注
			暂估	确认	单价	合价	单价	合价	单价	合价	
	合计										

注：此表由招标人填写"暂估单价"，并在备注栏说明暂估价的材料、工程设备拟用在哪些清单项目上，投标人应将上述材料、工程设备暂估单价计入工程量清单综合单价报价中。

表 6-26　专业工程暂估价及结算价表

工程名称：　　　　　　　　　　　　标段：　　　　　　　　第　页　共　页

序号	工程名称	工程内容	暂估金额/元	结算金额/元	差额±/元	备注
		合计				

注：此表"暂估金额"由招标人填写，投标人应将"暂估金额"计入投标总价中。结算时按合同约定结算金额填写。

表 6-27　计日工表

工程名称：　　　　　　　　　　　　　标段：　　　　　　　第　页　共　页

编号	项目名称	单位	暂定数量	实际数量	综合单价/元	合价/元	
						暂定	实际
一	人工						
1							
2							
3							
	人工小计						
二	材料						
1							
2							
3							
	材料小计						
三	施工机械						
1							
2							
3							
	施工机械小计						
	四、企业管理费和利润						
	总计						

注：此表项目名称、暂定数量由招标人填写，编制招标控制价时，单价由招标人按有关计价规定确定；投标时，单价由投标人自主报价，按暂定数量计算合价计入投标总价中。结算时，按承包双方确认的实际数量计算合价。

表 6-28　总承包服务费计价表

工程名称：　　　　　　　　　　　　　标段：　　　　　　　第　页　共　页

序号	工程名称	项目价值/元	服务内容	计算基础	费率(%)	金额/元
1	发包人发包专业工程					
2	发包人提供材料					
	合计	—	—	—	—	

注：此表项目名称，服务内容由招标人填写，编制招标控制价时，费率及金额由招标人按有关计价规定确定；投标时，费率及金额由投标人自主报价，计入投标总价。

表 6-29　索赔与现场签证计价汇总表

工程名称：　　　　　　　　　　　　　标段：　　　　　　　第　页　共　页

序号	签证及索赔项目名称	计量单位	数量	单价/元	合价/元	索赔及签证依据
—	本页小计					
—	合计	—	—	—		—

注：签证及索赔依据是指经双方认可的签证单和索赔依据的编号。

表 6-30 费用索赔申请(核准)表

工程名称： 标段： 编号：

致：＿＿＿＿＿＿＿＿＿＿＿＿＿＿＿＿＿＿＿＿＿＿＿＿＿＿＿(发包人全称)

　　根据施工合同条款第＿＿＿＿＿＿条的约定，由于＿＿＿＿＿＿原因，我方要求索赔金额(大写)＿＿＿＿＿＿

元，(小写)＿＿＿＿＿＿元，请予核准。

附：1. 费用索赔的详细理由和依据：

　　2. 索赔金额的计算：

　　3. 证明材料：

承包人(章)

　　造价人员＿＿＿＿＿＿　　　　包人代表＿＿＿＿＿＿　　　　日　期＿＿＿＿＿＿

复核意见：

　　根据施工合同条款第＿＿＿＿＿＿条的约定，你方提出的费用索赔申请经复核：

　　□不同意此项索赔，具体意见见附件。

　　□同意此项索赔，索赔金额的计算，由造价工程师复核。

　　　　监理工程师＿＿＿＿＿＿

　　　　日　　期＿＿＿＿＿＿

复核意见：

　　根据施工合同条款第＿＿＿＿＿＿条的约定，你方提出的费用索赔申请经复核，索赔金额为(大写)＿＿＿＿＿＿

元，(小写)＿＿＿＿＿＿元。

　　　　造价工程师＿＿＿＿＿＿

　　　　日　　期＿＿＿＿＿＿

审核意见：

　　□不同意此项索赔。

　　□同意此项索赔，与本期进度款同期支付。

发包人(章)

　　　　发包人代表＿＿＿＿＿＿

　　　　日　　期＿＿＿＿＿＿

注：1. 在选择栏中的"□"内作标志"√"；

　　2. 本表一式四份，由承包人填报，发包人、监理人、造价咨询人、承包人各存一份。

表 6-31　现场签证表

工程名称：　　　　　　　　　标段：　　　　　　　　　　编号：

施工单位		日期	

致：_____（发包人全称）

　　根据_____（指令人姓名）____年__月____日的口头指令或你方_____或监理人_____年

____月___日的书面通知,我方要求完成此项工作应支付价款金额为（大写）_____元,（小写）_____元,

请予核准。

　　附:1. 签证事由及原因:

　　　2. 附图及计算式:

承包人(章)

　　造价人员_____　　　发包人代表_____　　　日　期_____

复核意见: 　　你方提出的此项签证申请经复核: □不同意此项签证,具体意见见附件。 □同意此项签证,签证金额的计算,由造价工程师复核。 　　　监理工程师_____ 　　　日　　　　期_____	复核意见: 　　□此项签证按承包人中标的计日工单价计算,金额为(大写)_____元,(小写)_____元。 　　□此项签证因无计日工单价,金额为(大写)_____元,(小写)_____元。 　　　造价工程师_____ 　　　日　　　　期_____

审核意见:

□不同意此项签证。

□同意此项签证,价款与本期进度款同期支付。

发包人(章)

发包人代表_____

日　　　期_____

注:1. 在选择栏中的"□"内作标志"√";

　　2. 本表一式四份,由承包人在收到发包人(监理人)的口头或书面通知后填写,发包人、监理人、造价咨询人、承包人各

　　　存一份。

表 6-32　规费、税金项目计价表

工程名称：　　　　　　　标段：　　　　　　　　　　　　第　　页　共　　页

序号	项目名称	计算基础	计算基数	计算费率(%)	金额/元
1	规费	定额人工费			
1.1	社会保险费	定额人工费			
(1)	养老保险费	定额人工费			
(2)	失业保险费	定额人工费			
(3)	医疗保险费	定额人工费			
(4)	工伤保险费	定额人工费			
(5)	生育保险费	定额人工费			
1.2	住房公积金	定额人工费			
1.3	工程排污费	按工程所在地环境保护部门收取标准,按实计入			
2	税金	分部分项工程费+措施项目费+其他项目费+规费-按规定不计税的工程设备金额			
	合计				

编制人(造价人员)：　　　　　　　　　　　　　　　复核人(造价工程师)：

表 6-33 工程计量申请(核准)表

工程名称： 标段： 第 页 共 页

序号	项目编码	项目名称	计量单位	承包人申报数量	发包人核实数量	发承包人确认数量	备注

承包人代表： 监理工程师： 造价工程师： 发包代表人：

日期： 日期： 日期： 日期：

表 6-34　预付款支付申请(核准)表

工程名称：_____　　　　标段：_____　　　　编号：_____

致：_____(发包人全称)

我方根据施工合同的约定,现申请支付工程预付款额为(大写)_____(小写

_____),请予核准。

序号	名称	申请金额/元	复合金额/元	备注
1	已签约合同价款金额			
2	其中:安全文明施工费			
3	应支付的预付款			
4	应支付的安全文明施工费			
5	合计应支付的预付款			

承包人(章)

造价人员_____　　　承包人代表_____　　　日　期_____

复核意见:

□与合同约定不相符,修改意见见附件。

□与合同约定相符,具体金额由造价工程师复核。

监理工程师_____

日　　期_____

复核意见:

你方提出的支付申请经复核,应支付预付款金额为(大写)

_____(小写_____)。

造价工程师_____

日　　期_____

审核意见:

□不同意。

□同意,支付时间为本表签发后的 15 天内。

发包人(章)

发包人代表_____

日　　期_____

注:1. 在选择栏中的"□"内做标识"√"。

2. 本表一式四份,由承包人填报,发包人、监理人、造价咨询人、承包人各存一份。

表 6-35　总价项目进度款支付分解表

工程名称：　　　　　　　　　　标段：　　　　　　　　　　单位:元

序号	项目名称	总价金额	首次支付	二次支付	三次支付	四次支付	五次支付
	安全文明施工费						
	夜间施工增加费						
	二次搬运费						
	社会保险费						
	住房公积金						
	合计						

编制人(造价人员)：　　　　　　　　　　　　　　　复核人(造价工程师)：

注：1. 本表应由承包人在投标报价时根据发包人在招标文件明确的进度款支付周期与报价填写,签订合同时,发承包双方可就支付分解协商调整后作为合同附件。

　　2. 单价合同使用本表,"支付"栏时间应与单价项目进度款支付周期相同。

　　3. 总价合同使用本表,"支付"栏时间应与约定的工程计量周期相同。

表 6-36　进度款支付申请(核准)表

工程名称：　　　　　　　　　　标段：　　　　　　　　　　　　　　　　　编号：

致：_____(发包人全称)

我方于_____至_____期间已完成了_____工作,根据施工合同的约定,现申请支付本周期的合同价款为(大写)_____,(小写)_____,请予核准。

序号	名　称	实际金额/元	申请金额/元	复合金额/元	备注
1	累计已完成的合同价款				
2	累计已实际支付的合同价款				
3	本周期合计完成的合同价款				
3.1	本周期已完成单价项目的金额				
3.2	本周期应支付的总价项目的金额				
3.3	本周期已完成的计日工价款				
3.4	本周期应支付的安全文明施工费				
3.5	本周期应增加的合同价款				
4	本周期合计应扣减的金额				
4.1	本周期应抵扣的预付款				
4.2	本周期应扣减的金额				
5	本周期应支付的合同价款				

附：上述 3、4 详见附件清单。

　　　　　　　　　　　　　　　　　　　　　　　　　承包人(章)

　　造价人员_____　承包人代表_____　　日期_____

复核意见： □与实际施工情况不相符,修改意见见附件。 □与实际施工情况相符,具体金额由造价工程师复核。 　　　　监理工程师_____ 　　　　日　　期_____	复核意见： 　　你方提出的支付申请经复核,本周期已完成合同价款(大写)_____,(小写_____),本期间应支付金额为(大写)_____,(小写_____)。 　　　　造价工程师_____ 　　　　日　　期_____

审核意见：

□不同意。

□同意,支付时间为本表签发后的 15 天内。

　　　　　　　　　　　　　　　　　　　　　　　　　发包人(章)

　　　　　　　　　　　　　　　　　　　　　　发包人代表_____

　　　　　　　　　　　　　　　　　　　　　　日　　期_____

注：1. 在选择栏中的"□"内做标识"√"。

　　2. 本表一式四份,由承包人填报,发包人、监理人、造价咨询人、承包人各存一份。

表 6-37 竣工结算款支付申请(核准)表

工程名称: 　　　　　　　　　　　标段: 　　　　　　　　　编号:

致:_____(发包人全称)

我方于_____至_____期间已完成合同约定的工作,工程已经完工,根据施工合同的约定,现申请支付竣工结算合同款额为(大写)_____(小写_____),请予核准。

序号	名　　称	申请金额/元	复合金额/元	备注
1	竣工结算合同价款总额			
2	累计已实际支付的合同价款			
3	应预留的质量保证金			
4	应支付的竣工结算款金额			

承包人(章)

造价人员_____　　承包人代表_____　　日期_____

复核意见:	复核意见:
□与实际施工情况不相符,修改意见见附件。 □与实际施工情况相符,具体金额由造价工程师复核。	你方提出的竣工结算款支付申请经复核,竣工结算款总额为(大写)_____,(小写_____),扣除前期支付以及质量保证金后应支付金额为(大写)_____,(小写_____)。
监理工程师_____ 日　　期_____	造价工程师_____ 日　　期_____

审核意见:

□不同意。

□同意,支付时间为本表签发后的 15 天内。

发包人(章)

发包人代表_____

日　　期_____

注:1. 在选择栏中的"□"内做标识"√"。

　　2. 本表一式四份,由承包人填报,发包人、监理人、造价咨询人、承包人各存一份。

表 6-38 最终结清支付申请(核准)表

工程名称： 标段： 编号：

致:_____(发包人全称)

我方于_____至_____已完成了缺陷修复工作,根据施工合同的约定,现申请支付最终结清合同款额为(大写)_____(小写_____),请予核准。

序号	名 称	申请金额/元	复核金额/元	备注
1	已预留的质量保证金			
2	应增加因发包人原因造成缺陷的修复金额			
3	应扣减承包人不修复缺陷、发包人组织修复的金额			
4	最终应支付的合同价款			

上述 3、4 详见附件清单。

承包人(章)

造价人员_____ 承包人代表_____ 日期_____

复核意见：

□与实际施工情况不相符,修改意见见附件。

□与实际施工情况相符,具体金额由造价工程师复核。

监理工程师_____

日 期_____

复核意见：

你方提出的支付申请经复核,最终应支付金额为(大写)_____,(小写_____)。

造价工程师_____

日 期_____

审核意见：

□不同意。

□同意,支付时间为本表签发后的 15 天内。

发包人(章)

发包人代表_____

日 期_____

注:1. 在选择栏中的"口"内做标识"√"。如监理人已退场,监理工程师栏可空缺。

2. 本表一式四份,由承包人填报,发包人、监理人、造价咨询人、承包人各存一份。

表6-39　发包人提供材料和工程设备一览表

工程名称：　　　　　　　　　　标段：　　　　　　　第　页　共　页

序号	材料(工程设备)名称、规格、型号	单位	数量	单价/元	交货方式	送达地点	备注

注：此表由招标人填写，供投标人在投标报价、确定总承包服务费时参考。

表6-40　承包人提供主要材料和工程设备一览表(适用于造价信息差额调整法)

工程名称：　　　　　　　　　　标段：　　　　　　　第　页　共　页

序号	名称、规格、型号	单位	数量	风险系数(%)	基准单价/元	投标单价/元	发承包人确认单价/元	备注

注：1. 此表由招标人填写除"投标单价"栏的内容，投标人在投标时自主确定投标单价。
　　2. 招标人应优先采用工程造价管理机构发布的单价作为基准单价，未发布的，通过市场调查确定其基准单价。

表6-41　承包人提供主要材料和工程设备一览表(适用于价格指数差额调整法)

工程名称：　　　　　　　　　　标段：　　　　　　　第　页　共　页

序号	名称、规格、型号	变值权重 B	基本价格指数 F_0	现行价格指数 F_t	备注
	定值权重 A		—	—	
	合计	1	—	—	

注：1. "名称、规格、型号"、"基本价格指数"栏由招标人填写，基本价格指数应首先采用工程造价管理机构发布的价格指数，没有时，可采用发布的价格代替。如人工、机械费也采用本法调整，由招标人在"名称"栏填写。
　　2. "变值权重"栏由投标人根据该项人工、机械费和材料、工程设备价值在投标总报价中所占的比例填写，1减去其比例为定值权重。
　　3. "现行价格指数"按约定的付款证书相关周期最后一天的前42天的各项价格指数填写，该指数应首先采用工程造价管理机构发布的价格指数，没有时，可采用发布的价格代替。

二、计价表格使用规定

(1)工程计价表宜采用统一格式。各省、自治区、直辖市建设行政主管部门和行业建设主管部门可根据本地区、本行业的实际情况,在《建设工程工程量清单计价规范》(GB 50500—2013)附录 B 至附录 L 计价表格的基础上补充完善。

(2)工程计价表格的设置应满足工程计价的需要,方便使用。

(3)工程量清单的编制应符合下列规定:

1)工程量清单编制使用表格包括:表 6-2、表 6-7、表 6-12、表 6-19、表 6-22、表 6-23(不含表 6-29～表 6-31)、表 6-32、表 6-39、表 6-40 或表 6-41。

2)扉页应按规定的内容填写、签字、盖章,由造价员编制的工程量清单应有负责审核的造价工程师签字、盖章。受委托编制的工程量清单,应有造价工程师签字、盖章以及工程造价咨询人盖章。

3)总说明应按下列内容填写:

①工程概况:建设规模、工程特征、计划工期、施工现场实际情况、自然地理条件、环境保护要求等。

②工程招标和专业工程发包范围。

③工程量清单编制依据。

④工程质量、材料、施工等的特殊要求。

⑤其他需要说明的问题。

(4)招标控制价、投标报价、竣工结算的编制应符合下列规定:

1)使用表格:

①招标控制价使用表格包括:表 6-3、表 6-8、表 6-12、表 6-13、表 6-14、表 6-15、表 6-19、表 6-20、表 6-22、表 6-22(不含表 6-29～表 6-31)、表 6-32、表 6-39、表 6-40 或表 6-41。

②投标报价使用的表格包括:表 6-4、表 6-9、表 6-12、表 6-13、表 6-14、表 6-15、表 6-19、表 6-20、表 6-21、表 6-22(不含表 6-29～表 6-31)、表 6-32、表 6-35、招标文件提供的表 6-39、表 6-40 或表 6-41。

③竣工结算使用的表格包括:表 6-5、表 6-10、表 6-12、表 6-16、表 6-17、表 6-18、表 6-19、表 6-20、表 6-21、表 6-22、表 6-23、表 6-32、表 6-33、表 6-34、表 6-35、表 6-36、表 6-37、表 6-38、表 6-39、表 6-40、表 6-41。

2)扉页应按规定的内容填写、签字、盖章,除承包人自行编制的投标报价和竣工结算外,受委托编制的招标控制价、投标报价、竣工结算,由造价员编制的应有负责审核的造价工程师签字、盖章以及工程造价咨询人盖章。

3)总说明应按下列内容填写:

①工程概况:建设规模、工程特征、计划工期、合同工期、实际工期、施工现场及变化情况、施工组织设计的特点、自然地理条件、环境保护要求等。

②编制依据等。

(5)工程造价鉴定应符合下列规定:

1)工程造价鉴定使用表格包括:表 6-6、表 6-11、表 6-12、表 6-16～表 6-39、表 6-40、表 6-41。

2)扉页应按规定内容填写、签字、盖章,应有承担鉴定和负责审核的注册造价工程师签字、盖执业专用章。

3)说明应按《建设工程工程量清单计价规范》(GB 50500—2013)的规定填写。

①鉴定项目委托人名称、委托鉴定的内容。

②委托鉴定的证据材料。

③鉴定的依据及使用的专业技术手段。

④对鉴定过程的说明。

⑤明确的鉴定结论。

⑥其他需说明的事宜。

(6)投标人应按招标文件的要求,附工程量清单综合单价分析表。

第三部分　给排水、采暖、燃气工程计价方法及应用

第七章　给排水、采暖、燃气工程计价方法及应用

> **内容提要：**
> 1. 熟悉给排水、采暖、燃气工程的定额组成。
> 2. 了解给排水、采暖、燃气工程定额工程量计算规则。
> 3. 掌握给排水、采暖、燃气工程清单工程量计算规则。
> 4. 了解给排水、采暖、燃气工程工程量计算规则在实际工程中的应用。

第一节　给排水工程计价方法及应用

一、定额组成

1. 管道安装

管道安装分部共分 6 个分项工程。

(1)室外管道。

1)镀锌钢管(螺纹连接)。工作内容包括切管,套丝,上零件,调直,管道安装,水压试验。

2)焊接钢管(螺纹连接)。工作内容包括切管,套丝,上零件,调直,管道安装,水压试验。

3)钢管(焊接)。工作内容包括切管,坡口,调直,煨弯,挖眼接管,异径管制作,对口,焊接,管道及管件安装,水压试验。

4)承插铸铁给水管(青铅接口)。工作内容包括切管,管道及管件安装,挖工作坑,熔化接口材料,接口,水压试验。

5)承插铸铁给水管(膨胀水泥接口)。工作内容包括管口除沥青,切管,管道及管件安装,挖工作坑,调制接口材料,接口养护,水压试验。

6)承插铸铁给水管(石棉水泥接口)。工作内容包括管口除沥青,切管,管道及管件安装,挖工作坑,调制接口材料,接口养护,水压试验。

7)承插铸铁给水管(胶圈接口)。工作内容包括切管,上胶圈,接口,管道安装,水压试验。

8)承插铸铁排水管(石棉水泥接口)。工作内容包括切管,管道及管件安装,调制接口材料,接口养护,水压试验。

9)承插铸铁排水管(水泥接口)。工作内容包括切管,管道及管件安装,调制接口材料,接口养护,水压试验。

（2）室内管道。

1）镀锌钢管（螺纹连接）。工作内容包括打堵洞眼，切管，套丝，上零件，调直，栽钩卡及管件安装，水压试验。

2）焊接钢管（螺纹连接）。工作内容包括打堵洞眼，切管，套丝，上零件，调直，栽钩卡，管道及管件安装，水压试验。

3）钢管（焊接）。工作内容包括留堵洞眼，切管，坡口，调直，煨弯，挖眼接管，异形管制作，对口，焊接，管道及管件安装，水压试验。

4）承插铸铁给水管（青铅接口）。工作内容包括切管，管道及管件安装，熔化接口材料，接口，水压试验。

5）承插铸铁给水管（膨胀水泥接口）。工作内容包括管口除沥青，切管，管道及管件安装，调制接口材料，接口养护，水压试验。

6）承插铸铁给水管（石棉水泥接口）。工作内容包括管口除沥青，切管，管道及管件安装，调制接口材料，接口养护，水压试验。

7）承插铸铁排水管（石棉水泥接口）。工作内容包括留堵洞眼，切管，栽管卡，管道及管件安装，调制接口材料，接口养护，灌水试验。

8）承插铸铁排水管（水泥接口）。工作内容包括留堵洞眼，切管，栽管卡，管道及管件安装，调制接口材料，接口养护，灌水试验。

9）柔性抗震铸铁排水管（柔性接口）。工作内容包括留堵洞口，光洁管口，切管，栽管卡，管道及管件安装，紧固螺栓，灌水试验。

10）承插塑料排水管（零件粘接）。工作内容包括切管，调制，对口，熔化接口材料，粘接，管道，管件及管卡安装，灌水试验。

11）承插铸铁雨水管（石棉水泥接口）。工作内容包括留堵洞眼，栽管卡，管道及管件安装，调制接口材料，接口养护，灌水试验。

12）承插铸铁雨水管（水泥接口）。工作内容包括留堵洞眼，切管，栽管卡，管道及管件安装，调制接口材料，接口养护，灌水试验。

13）镀锌铁皮套管制作。工作内容包括下料，卷制，咬口。

14）管道支架制作安装。工作内容包括切断，调直，煨制，钻孔，组对，焊接，打洞，安装，和灰，堵洞。

（3）法兰安装。

1）铸铁法兰（螺纹连接）工作内容包括切管，套螺纹，制垫，加垫，上法兰，组对，紧螺纹，水压试验。

2）碳钢法兰（焊接）工作内容包括切口，坡口，焊接，制垫，加垫，安装，组对，紧螺栓，水压试验。

（4）伸缩器的制作安装。

1）螺纹连接法兰式套筒伸缩器的安装。工作内容包括切管，套螺纹，检修盘根，制垫，加垫，安装，水压试验。

2）焊接法兰式套筒伸缩器的安装。工作内容包括切管，检修盘根，对口，焊法兰，制垫，加垫，安装，水压试验等。

3)方形伸缩器的制作安装。工作内容包括做样板,筛砂,炒砂,灌砂,打砂,制堵板,加热,煨制,倒砂,清理内砂,组成,焊接,拉伸安装。

(5)管道的消毒冲洗。工作内容包括溶解漂白粉,灌水,消毒,冲洗等工作。

(6)管道压力试验。工作内容包括准备工作,制堵盲板,装设临时泵,灌水,加压,停压检查。

2. 阀门、水位标尺安装

阀门、水位标尺安装分部共分 2 个分项工程。

(1)阀门安装。

1)螺纹阀。工作内容包括切管,套螺纹,制垫,加垫,上阀门,水压试验。

2)螺纹法兰阀。工作内容包括切管,套螺纹,上法兰,制垫,加垫,调直,紧螺栓,水压试验。

3)焊接法兰阀。工作内容包括切管,焊法兰,制垫,加垫,紧螺栓,水压试验。

4)法兰阀(带短管甲乙)青铅接口。工作内容包括管口除沥青,制垫,加垫,化铅,打麻,接口,紧螺栓,水压试验。

5)法兰阀(带短管甲乙)石棉水泥接口。工作内容包括管口除沥青,制垫,加垫,调制接口材料,接口养护,紧螺栓,水压试验。

6)法兰阀(带短管甲乙)膨胀水泥接口。工作内容包括管口除沥青,制垫,加垫,调制接口材料,接口养护,紧螺栓,水压试验。

7)自动排气阀、手动放风阀。工作内容包括支架制作安装,套丝,丝堵攻丝,安装,水压试验。

8)螺纹浮球阀。工作内容包括切管,套丝,安装,水压试验。

9)法兰浮球阀。工作内容包括切管,焊接,制垫,加垫,紧螺栓,固定,水压试验。

10)法兰液压式水位控制阀。工作内容包括切管,挖眼,焊接,制垫,加垫,固定,紧螺栓,安装,水压试验。

(2)浮标液面计、水塔及水池浮漂水位标尺制作安装。

1)浮标液面计 FQ—Ⅱ型。工作内容包括支架制作安装,液面计安装。

2)水塔及水池浮漂水位标尺制作安装。工作内容包括预埋螺栓,下料,制作,安装,导杆升降调整。

3. 低压器具、水表组成与安装

低压器具、水表组成与安装分部共分 3 个分项工程。

(1)减压器的组成与安装。减压器的组成与安装分为螺纹连接和焊接两种连接方式。

1)螺纹连接。工作内容为切管,套螺纹,安装零件。制垫,加垫,组对,找正,找平,安装及水压试验。

2)焊接连接。工作内容为切管,套螺纹,安装零件,组对,焊接,制垫,加垫,安装,水压试验。

(2)疏水器的组成与安装。疏水器的组成与安装分为螺纹连接和焊接两种形式。工作内容为切管,套螺纹,安装零件,制垫,加垫,组成(焊接),安装,水压试验。

(3)水表的组成与安装。

1)螺纹水表。工作内容为切管,套螺纹,制垫,加垫,安装,水压试验。

2)焊接法兰水表(带旁通管和止回阀)。工作内容为切管,焊接,制垫,加垫,水表和阀门及止回阀的安装,紧螺栓,通水试验。

4. 卫生器具制作安装

卫生器具制作安装分部共分17个分项工程。

(1)浴盆、净身盆安装。

1)搪瓷浴盆、净身盆安装。工作内容包括栽木砖,切管,套丝,盆及附件安装,上下水管连接,试水。

2)玻璃钢浴盆、塑料浴盆安装。工作内容包括栽木砖,切管,套丝,盆及附件安装,上下水管连接,试水。

(2)洗脸盆、洗手盆安装。工作内容包括栽木砖,切管,套丝,上附件,盆及托架安装,上下水管连接,试水。

(3)洗涤盆、化验盆安装。

1)洗涤盆安装。工作内容包括栽螺栓,切管,套丝,上零件,器具安装,托架安装,上下水管连接,试水。

2)化验盆安装。工作内容包括切管,套丝,上零件,托架器具安装,上下水管连接,试水。

(4)沐浴器组成、安装。工作内容包括留堵洞眼,栽木砖,切管,套丝,沐浴器组成及安装,试水。

(5)大便器安装。

1)蹲式大便器安装。工作内容包括留堵洞眼,栽木砖,切管,套丝,大便器与水箱及附件安装,上下水管连接,试水。

2)坐式大便器安装。工作内容包括留堵洞眼,栽木砖,切管,套丝,大便器与水箱及附件安装,上下水管连接,试水。

(6)小便器安装。

1)挂斗式小便器安装。工作内容包括栽木砖,切管,套丝,小便器安装,上下水管连接,试水。

2)立式小便器安装。工作内容包括栽木砖,切管,套丝,小便器安装,上下水管连接,试水。

(7)大便槽自动冲洗水箱安装。工作内容包括留堵洞眼,栽托架,切管,套丝,水箱安装、试水。

(8)小便槽自动冲洗水箱安装。工作内容包括留堵洞眼,栽托架,切管,套丝,小箱安装、试水。

(9)水龙头安装。工作内容包括上水嘴,试水。

(10)排水栓安装。工作内容包括切管,套丝,上零件,安装,与下水管连接、试水。

(11)地漏安装。工作内容包括切管,套丝,安装,与下水管连接。

(12)地面扫除口安装。工作内容包括安装,与下水管连接,试水。

(13)小便槽冲洗管制作、安装。工作内容包括切管,套丝,上零件,栽管卡、试水。

(14)开水炉安装。工作内容包括就位,稳固,附件安装、水压试验。

(15)电热水器、开关炉安装。工作内容包括留堵洞眼,栽螺栓,就位,稳固,附件安装、试水。

(16)容积式热交换器安装。工作内容包括安装,就位,上零件水压试验。

(17)蒸汽、水加热器,冷热水混合器安装。工作内容包括切管,套丝,器具安装、试水。

二、定额工程量计算规则

1. 管道安装

(1)定额说明。

1)界线划分。

①给水管道。

a. 室内外界线以建筑物外墙皮 1.5m 为界,入口处设阀门者以阀门为界。

b. 与市政管道界线以水表井为界,无水表井者,以与市政管道碰头点为界。

②排水管道。

a. 室内外以出户第一个排水检查井为界。

b. 室外管道与市政管道界线以与市政管道碰头井为界。

2)定额包括以下工作内容。

①管道及接头零件安装。

②水压试验或灌水试验。

③室内 DN32 以内钢管包括管卡及托钩制作安装。

④钢管包括弯管制作与安装(伸缩器除外),无论是现场摵制或成品弯管均不得换算。

⑤铸铁排水管、雨水管及塑料排水管,均包括管卡及托吊支架、臭气帽、雨水漏斗制作安装。

⑥穿墙及过楼板铁皮套管安装人工。

3)定额不包括以下工作内容。

①室内外管道沟土方及管道基础,应执行《全国统一建筑工程基础定额》(GJD 101—1995)。

②管道安装中不包括法兰、阀门及伸缩器的制作、安装,按相应项目另行计算。

③室内外给水、雨水铸铁管包括接头零件所需的人工,但接头零件价格应另行计算。

④DN32 以上的钢管支架,按定额管道支架另行计算。

⑤过楼板的钢套管的制作、安装工料,按室外钢管(焊接)项目计算。

(2)定额工程量计算规则。

1)各种管道,均以施工图所示中心长度,以"m"为计量单位,不扣除阀门、管件(包括减压器、疏水器、水表、伸缩器等组成安装)所占的长度。

2)镀锌铁皮套管制作以"个"为计量单位,其安装已包括在管道安装定额内,不得另行计算。

3)管道支架制作安装,室内管道公称直径 32mm 以下的安装工程已包括在内,不得另行计算;公称直径 32mm 以上的,可另行计算。

4)各种伸缩器制作安装,均以"个"为计量单位。方形伸缩器的两臂,按臂长的两倍合并在管道长度内计算。

5)管道消毒、冲洗、压力试验,均按管道长度以"m"为计量单位,不扣除阀门、管件所占的长度。

2. 阀门、水位标尺安装

(1)定额说明。

1)螺纹阀门安装适用于各种内外螺纹连接的阀门安装。

2)法兰阀门安装适用于各种法兰阀门的安装。若仅为一侧法兰连接时,定额中的法兰、带帽螺栓及钢垫圈数量减半。

3)各种法兰连接用垫片均按石棉橡胶板计算,如用其他材料,不得调整。

4)浮标液面计 FQ—Ⅱ型安装是按《采暖通风国家标准图集》(N102—3)编制的。

5)水塔、水池浮漂水位标尺制作安装,是按《全国通用给水排水标准图集》(S318)编制的。

(2)定额工程量计算规则。

1)各种阀门安装,均以"个"为计量单位。法兰阀门安装,若仅为一侧法兰连接时,定额所列法兰、带帽螺栓及垫圈数量减半,其余不变。

2)各种法兰连接用垫片,均按石棉橡胶板计算。若用其他材料,不得调整。

3)法兰阀(带短管甲乙)安装,均以"套"为计量单位。若接口材料不同,可调整。

4)自动排气阀安装以"个"为计量单位,已包括支架制作安装,不得另行计算。

5)浮球阀安装均以"个"为计量单位,已包括了联杆及浮球的安装,不得另行计算。

6)浮标液面计、水位标尺是按国标编制的,若设计与国标不符,可调整。

3. 低压器具、水表组成与安装

(1)定额说明。

1)减压器、疏水器组成与安装是按《采暖通风国家标准图集》(N108)编制的,若实际组成与此不同,阀门和压力表数量可按实际调整,其余不变。

2)法兰水表安装是按《全国通用给水排水标准图集》(S145)编制的,定额内包括旁通管及止回阀。若实际安装形式与此不同,阀门及止回阀可按实际调整,其余不变。

(2)工程量计算规则。

1)减压器、疏水器组成安装以"组"为计量单位。若设计组成与定额不同,阀门和压力表数量可按设计用量进行调整,其余不变。

2)减压器安装,按高压侧的直径计算。

3)法兰水表安装以"组"为计量单位,定额中旁通管及止回阀若与设计规定的安装形式不同,阀门及止回阀可按设计规定进行调整,其余不变。

4. 卫生器具制作安装

(1)定额说明。

1)定额中所有卫生器具安装项目,均参照《全国通用给水排水标准图集》中相关标准图集计算,除以下说明者外,设计无特殊要求均不作调整。

2)成组安装的卫生器具,定额均已按标准图集计算了与给水、排水管道连接的人工和材料。

3)浴盆安装适用于各种型号的浴盆,但是浴盆支座和浴盆周边的砌砖、瓷砖粘贴应另行计算。

4)化验盆安装中的鹅颈水嘴、化验单嘴、双嘴适用于成品件安装。

5)洗脸盆肘式开关安装,不分单双把均执行同一项目。

6)脚踏开关安装包括弯管和喷头的安装人工和材料。

7)淋浴器铜制品安装适用于各种成品淋浴器安装。

8)蒸汽—水加热器安装项目中,包括了莲蓬头安装,但是不包括支架制作安装;阀门和疏水器安装可按相应项目另行计算。

9)冷热水混合器安装项目中包括了温度计安装,但不包括支座制作安装,其工程量可按相应项目另行计算。

10)小便槽冲洗管制作安装定额中,不包括阀门安装,其工程量可按相应项目另行计算。

11)大、小便槽水箱托架安装已按标准图集计算在定额内,不得另行计算。

12)高(无)水箱蹲式大便器、低水箱坐式大便器安装,适用于各种型号。

13)电热水器、电开水炉安装定额内只考虑了本体安装,连接管、连接件等可按相应项目另行计算。

14)饮水器安装的阀门和脚踏开关安装,可按相应项目另行计算。

15)容积式水加热器安装,定额内已按标准图集计算了其中的附件,但是不包括安全阀安装,本体保温、刷油漆和基础砌筑。

(2)工程量计算规则。

1)卫生器具组成安装,以"组"为计量单位,已按标准图综合了卫生器具与给水管、排水管连接的人工与材料用量,不得另行计算。

2)浴盆安装不包括支座和四周侧面的砌砖及瓷砖粘贴。

3)蹲式大便器安装,已包括固定大便器的垫砖,但是不包括大便器蹲台砌筑。

4)大便槽、小便槽自动冲洗水箱安装,以"套"为计量单位,已包括水箱托架的制作安装,不得另行计算。

5)小便槽冲洗管制作与安装,以"m"为计量单位,不包括阀门安装,其工程量可按相应定额另行计算。

6)脚踏开关安装,已包括弯管与喷头的安装,不得另行计算。

7)冷热水混合器安装,以"套"为计量单位,不包括支架制作安装及阀门安装,其工程量可按相应定额另行计算。

8)蒸汽—水加热器安装,以"台"为计量单位,包括莲蓬头安装,不包括支架制作安装及阀门、疏水器安装,其工程量可按相应定额另行计算。

9)容积式水加热器安装,以"台"为计量单位,不包括安全阀安装、保温与基础砌筑,其工程量可按相应定额另行计算。

10)电热水器、电开水炉安装,以"台"为计量单位,只考虑本体安装,连接管,连接件等工程量可按相应定额另行计算。

11)饮水器安装以"台"为计量单位,阀门和脚踏开关工程量可按相应定额另行计算。

三、清单工程量计算规则

1. 给排水、采暖、燃气管道及支架

给排水、采暖、燃气管道工程量清单项目设置、项目特征描述的内容、计量单位及工程量计算规则,应按表 7-1 的规定执行。

表 7-1　给排水、采暖、燃气管道(编码:031001)

项目编码	项目名称	项目特征	计量单位	工程量计算规则	工作内容
031001001	镀锌钢管	1)安装部位 2)介质 3)规格、压力等级 4)连接形式 5)压力试验及吹、洗设计要求 6)警示带形式	m	按设计图示管道中心线以长度计算	1)管道安装 2)管件制作、安装 3)压力试验 4)吹扫、冲洗 5)警示带铺设
031001002	钢管			按设计图示管道中心线以长度计算	
031001003	不锈钢管		m	按设计图示管道中心线以长度计算	
031001004	铜管			按设计图示管道中心线以长度计算	
031001005	铸铁管	1)安装部位 2)介质 3)材质、规格 4)连接形式 5)接口材料 6)压力试验机吹、洗设计要求 7)警示带形式	m	按设计图示管道中心线以长度计算	1)管道安装 2)管件安装 3)压力试验 4)吹扫、冲洗 5)警示带铺设
031001006	塑料管	1)安装部位 2)介质 3)材质、规格 4)连接形式 5)阻火圈设计要求 6)压力试验机吹、洗设计要求 7)警示带形式	m	按设计图示管道中心线以长度计算	1)管道安装 2)管件安装 3)塑料卡固定 4)阻火圈安装 5)压力试验 6)吹扫、冲洗 7)警示带铺设
031001007	复合管	1)安装部位 2)介质 3)规格、规格 4)连接形式 5)压力试验及吹、洗设计要求 6)警示带形式	m	按设计图示管道中心线以长度计算	1)管道安装 2)管件安装 3)塑料卡固定 4)压力试验 5)吹扫、冲洗 6)警示带铺设

续表 7-1

项目编码	项目名称	项目特征	计量单位	工程量计算规则	工作内容
031001008	直埋式预制保温管	1)埋设深度 2)介质 3)管道材质、规格 4)连接形式 5)接口保温材料 6)压力试验机吹、洗设计要求 7)警示带形式	m	按设计图示管道中心线以长度计算	1)管道安装 2)管件安装 3)接口保温 4)压力试验 5)吹扫、冲洗 6)警示带铺设
031001009	承插陶瓷缸瓦管	1)埋设深度 2)规格 3)接口方式及材料	m	按设计图示管道中心线以长度计算	1)管道安装 2)管件安装 3)压力试验 4)吹扫、冲洗 5)警示带铺设
031001010	承插水泥管	4)压力试验机吹、洗设计要求 5)警示带形式	m	按设计图示管道中心线以长度计算	
031001011	室外管道碰头	1)介质 2)碰头形式 3)材质、规格 4)连接形式 5)防腐、绝热设计要求	处	按设计图示以处计算	1)挖填工作坑或暖气沟拆除及修复 2)碰头 3)接口处防腐 4)接口处绝热及保护层

注：1. 安装部位，指管道安装在室内、室外。

2. 输送介质包括给水、排水、中水、雨水、热媒体、燃气、空调水等。

3. 方形补偿器制作安装应含在管道安装综合单价中。

4. 铸铁管安装适用于承插铸铁管、球墨铸铁管、柔性抗震铸铁管等。

5. 塑料管安装适用于 UPVC、PVC、PP-C、PP-R、PE、PB 管等塑料管材。

6. 复合管安装适用于钢塑复合管、铝塑复合管、钢骨架复合管等复合型管道安装。

7. 直埋保温管包括直埋保温管件安装及接口保温。

8. 排水管道安装包括立管检查口、透气帽。

9. 室外管道碰头：

(1)适用于新建或扩建工程热源、水源、气源管道与原(旧)有管道碰头；

(2)室外管道碰头包括挖工作坑、土方回填或暖气沟局部拆除及修复；

(3)带介质管道碰头包括开关闸、临时放水管线铺设等费用；

(4)热源管道碰头每处包括供、回水两个接口；

(5)碰头形式指带介质碰头、不带介质碰头。

10. 管道工程量计算不扣除阀门、管件(包括减压器、疏水器、水表、伸缩器等组成安装)及附属构筑物所占长度；方形补偿器以其所占长度列入管道安装工程量。

11. 压力试验按设计要求描述试验方法，如水压试验、气压试验、泄漏性试验、闭水试验、通球试验、真空试验等。

12. 吹、洗按设计要求描述吹扫、冲洗方法，如水冲洗、消毒冲洗、空气吹扫等。

2. 支架及其他

支架及其他工程量清单项目设置、项目特征描述的内容、计量单位及工程量计算规则，应按表 7-2 的规定执行。

表 7-2　支架及其他(编码:031002)

项目编码	项目名称	项目特征	计量单位	工程量计算规则	工作内容
031002001	管道支架	1)材质 2)管架形式	1)kg 2)套	1)以千克计量,按设计图示质量计算 2)以套计量,按设计图示数量计算	1)制作 2)安装
031002002	设备支架	1)材质 2)形式			
031002003	套管	1)名称、类型 2)材质 3)规格 4)填料材质	个	按设计图示数量计算	1)制作 2)安装 3)除锈、刷油

注:1. 单件支架质量 100kg 以上的管道支吊架执行设备支吊架制作安装。

2. 成品支架安装执行相应管道支架或设备支架项目,不再计取制作费,支架本身价值含在综合单价中。

3. 套管制作安装,适用于穿基础、墙、楼板等部位的防水套管、填料套管、无填料套管及防火套管等,应分别列项。

3. 管道附件

管道附体工程量清单项目设置、项目特征描述的内容、计量单位及工程量计算规则,应按表7-3 的规定执行。

表 7-3　管道附件(编码:031003)

项目编码	项目名称	项目特征	计量单位	工程量计算规则	工作内容
031003001	螺纹阀门	1)类型 2)材质 3)规格、压力等级 4)连接形式 5)焊接方法	个	按设计图示数量计算	1)安装 2)电气接线 3)调试
031003002	螺纹法兰阀门		个	按设计图示数量计算	1)安装 2)电气接线 3)调试
031003003	焊接法兰阀门		个	按设计图示数量计算	1)安装 2)电气接线 3)调试
031003004	带短管甲乙阀门	1)材质 2)规格、压力等级 3)连接形式 4)接口方式及材质	个	按设计图示数量计算	1)安装 2)电气接线 3)调试
031003005	塑料阀门	1)规格 2)连接形式	个	按设计图示数量计算	1)安装 2)调试
031003006	减压器	1)材质 2)规格、压力等级 3)连接形式 4)附件配置	组	按设计图示数量计算	组装

续表 7-3

项目编码	项目名称	项目特征	计量单位	工程量计算规则	工作内容
031003007	疏水器	1)材质 2)规格、压力等级 3)连接形式 4)附件配置	组	按设计图示数量计算	组装
031003008	除污器 (过滤器)	1)材质 2)规格、压力等级 3)连接形式	组	按设计图示数量计算	安装
031003009	补偿器	1)类型 2)材质 3)规格、压力等级 4)连接形式	个	按设计图示数量计算	安装
031003010	软接头 (软管)	1)材质 2)规格 3)连接形式	个(组)	按设计图示数量计算	安装
031003011	法兰	1)材质 2)规格、压力等级 3)连接形式	副(片)	按设计图示数量计算	安装
031003012	倒流防止器	1)材质 2)型号、规格 3)连接形式	套	按设计图示数量计算	安装
031003013	水表	1)安装部位(室内外) 2)型号、规格 3)连接形式 4)附件配置	组(个)	按设计图示数量计算	组装
031003014	热量表	1)类型 2)型号、规格 3)连接形式	块	按设计图示数量计算	安装
031003015	塑料排水 管消声器	1)规格 2)连接形式	个	按设计图示数量计算	安装
031003016	浮标液面计		组	按设计图示数量计算	安装
031003017	浮漂水 位标尺	1)用途 2)规格	套	按设计图示数量计算	安装

注:1. 法兰阀门安装包括法兰连接,不得另计。阀门安装如仅为一侧法兰连接时,应在项目特征中描述。

2. 塑料阀门连接形式需注明热熔连接、粘接、热风焊接等方式。

3. 减压器规格按高压侧管道规格描述。

4. 减压器、疏水器、倒流防止器等项目包括组成与安装工作内容,项目特征应根据设计要求描述附件配置情况,或根据××图集或××施工图做法描述。

4. 卫生器具

卫生器具工程量清单项目设置、项目特征描述的内容、计量单位及工程量计算规则,应按表7-4 的规定执行。

表 7-4　卫生器具(编码:031004)

项目编码	项目名称	项目特征	计量单位	工程量计算规则	工作内容
031004001	浴缸	1)材质 2)规格、类型 3)组装形式 4)附件名称、数量	组	按设计图示数量计算	1)器具安装 2)附件安装
031004002	净身盆		组	按设计图示数量计算	
031004003	洗脸盆		组	按设计图示数量计算	
031004004	洗涤盆	1)材质 2)规格、类型 3)组装形式 4)附件名称、数量	组	按设计图示数量计算	
031004005	化验盆	1)材质 2)规格、类型 3)组装形式 4)附件名称、数量	组	按设计图示数量计算	1)器具安装 2)附件安装
031004006	大便器	1)材质 2)规格、类型 3)组装形式 4)附件名称、数量	组	按设计图示数量计算	
031004007	小便器	1)材质 2)规格、类型 3)组装形式 4)附件名称、数量	组	按设计图示数量计算	1)器具安装 2)附件安装
031004008	其他成品卫生器具	1)材质 2)规格、类型 3)组装形式 4)附件名称、数量	组	按设计图示数量计算	1)器具安装 2)附件安装
031004009	烘手器	1)材质 2)型号、规格	个	按设计图示数量计算	安装
031004010	淋浴器	1)材质、规格 2)组装形式 3)附件名称、数量	套	按设计图示数量计算	1)器具安装 2)附件安装
031004011	淋浴间	1)材质、规格 2)组装形式 3)附件名称、数量	套	按设计图示数量计算	

续表 7-4

项目编码	项目名称	项目特征	计量单位	工程量计算规则	工作内容
031004012	桑拿浴房	1)材质、规格 2)组装形式 3)附件名称、数量	套	按设计图示数量计算	1)器具安装 2)附件安装
031004013	大、小便槽自动冲洗水箱	1)材质、类型 2)规格 3)水箱配件 4)支架形式及做法 5)器具及支架除锈、刷油设计要求	套	按设计图示数量计算	1)制作 2)安装 3)支架制作、安装 4)除锈、刷油
031004014	给、排水附(配)件	1)材质 2)型号、规格 3)安装方式	个(组)	按设计图示数量计算	安装
031004015	小便槽冲洗管	1)材质 2)规格	m	按设计图示长度计算	
031004016	蒸汽—水加热器	1)类型 2)型号、规格 3)安装方式	套	按设计图示数量计算	1)制作 2)安装
031004017	冷热水混合器	1)类型 2)型号、规格 3)安装方式	套	按设计图示数量计算	
031004018	饮水器	1)类型 2)型号、规格 3)安装方式	套	按设计图示数量计算	安装
031004019	隔油器	1)类型 2)型号、规格 3)安装部位	套	按设计图示数量计算	安装

注:1. 成品卫生器具项目中的附件安装,主要指给水附件包括水嘴、阀门、喷头等,排水配件包括存水弯、排水栓、下水口等以及配备的连接管。

2. 浴缸支座和浴缸周边的砌砖、瓷砖粘贴,应按现行国家标准《房屋建筑与装饰工程工程量计算规范》(GB 50854—2013)相关项目编码列项;功能性浴缸不含电机接线和调试,应按《通用安装工程工程量计算规范》(GB 50856—2013)附录 D 电气设备安装工程相关项目编码列项。

3. 洗脸盆适用于洗脸盆、洗发盆、洗手盆安装。

4. 器具安装中若采用混凝土或砖基础,应按现行国家标准《房屋建筑与装饰工程工程量计算规范》(GB 50854—2013)相关项目编码列项。

5. 给、排水附(配)件是指独立安装的水嘴、地漏、地面扫出口等。

四、工程量计算实例

【例 7-1】　如图 7-1 所示为某住宅的排水系统部分管道,管道采用承插铸铁管,水泥接口,试对其中承插铸铁管进行定额工程量计算。

【解】

(1)基础工程量

承插铸铁管 $DN50$ mm：0.9(从节点 0 到节点 1 处)

+0.8(从节点 1 到节点 2 处)=0.9+0.8=1.7(m)

$DN100$ mm：1.3m(从节点 3 至节点 2 处)=1.3m

$DN150$ mm：3.6m(从节点 2 到节点 4 处)=3.6m

(2)定额工程量

由上述得,定额工程量计算数量,见表 7-5。

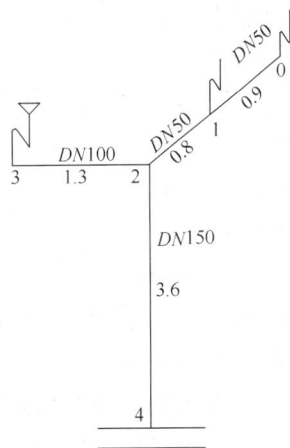

图 7-1　某住宅排水系统部分管道(m)

表 7-5　定额工程量计算表

项　目	规　格	单　位	数　量
承插铸铁管	$DN50$	10m	0.17
承插铸铁管	$DN100$	10m	0.13
承插铸铁管	$DN150$	10m	0.36

说明:在清单工程量计算中与定额工程量计算中最大的区别在于单位的不同,清单以"m"计,定额以"10m"计。

1)$DN50$

套用《全国统一安装工程预算定额(第八册)》(GYD—208—2000)8—144

①人工费:52.01 元

②材料费:(不含主材费)81.40 元

③机械费:无

④基价:133.41 元

2)$DN100$

套用《全国统一安装工程预算定额(第八册)》(GYD—208—2000)8—146

①人工费:80.34 元

②材料费:(不含主材费)277.05 元

③机械费:无

④基价:357.39 元

3)$DN150$

套用《全国统一安装工程预算定额(第八册)》(GYD—208—2000)8—147

①人工费:85.22 元

②材料费(不含主材费):243.96 元

③机械费:无

④基价:329.18元

【例 7-2】 图 7-2 所示为室内给水镀锌钢管,规格型号有 $DN50$、$DN25$,连接方式为锌镀钢管丝接,试计算其定额工程量。

【解】

(1)基础工程量

1)$DN50$:1.3(给水立管楼层以上部分)+2.4(横支管长度)=3.7(m);

2)$DN25$:1.8m(接水龙头的支管长度);

3)刷防锈漆一道,银粉两道。

其工程量计算:3.14×(3.7×0.060+1.8×0.034)=0.89(m²)

(注:$DN50$ 的外径为 0.060,$DN25$ 的外径为 0.034)

水龙头　2 个

(2)定额工程量

1)项目:镀锌钢管 $DN25$　数目:0.18

套用《全国统一安装工程预算定额(第八册)》(GYD—208—2000)8—89

①人工费:51.08 元

②材料费:31.04 元

③机械费:1.03 元

④基价:83.51 元

2)项目:镀锌钢管 $DN50$　数目:0.37

套用《全国统一安装工程预算定额(第八册)》(GYD—208—2000)8—92

①人工费:62.23 元

②材料费:46.84 元

③机械费:2.86 元

④基价:111.93 元

3)项目:水龙头　数目:0.2

套用《全国统一安装工程预算定额(第八册)》(GYD—208—2000)8—440

①人工费:8.59 元

②材料费:0.98 元

③机械费:无

④基价:9.57 元

4)项目:刷漆　单位:10m²　数目:0.089

①刷防锈漆一道

套用《全国统一安装工程预算定额(第十一册)》(GYD—211—2000)11—53

a. 人工费:6.27 元

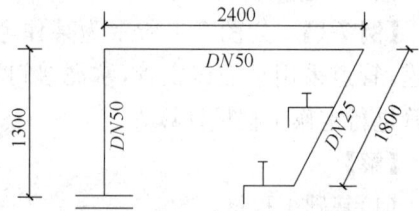

图 7-2 镀锌钢管支管

b. 材料费:1.13 元

c. 机械费:无

d. 基价:7.4 元

②刷银粉一道

套用《全国统一安装工程预算定额(第十一册)》(GYD—211—2000)11—56

a. 人工费:6.50 元

b. 材料费:4.81 元

c. 机械费:无

d. 基价:11.31 元

③刷银粉二道

套用《全国统一安装工程预算定额(第十一册)》(GYD—211—2000)11—57

a. 人工费:6.27 元

b. 材料费:4.37 元

c. 机械费:无

d. 基价:10.64 元

【例 7-3】 题干同【例 7-1】,试对其中承插铸铁管进行清单工程量计算。

【解】

如图 7-1 所示,其清单工程量见表 7-6。

表 7-6 清单工程量计算表

项目编码	项目名称	项目特征描述	单 位	数 量
031001005001	承插铸铁管	DN50、排水	m	1.7
031001005002	承插铸铁管	DN100、排水	m	1.3
031001005003	承插铸铁管	DN150、排水	m	3.6

【例 7-4】 题干同【例 7-2】,试计算其清单工程量。

【解】

如图 7-2 所示,其清单工程量见表 7-7。

表 7-7 清单工程量计算表

项目编码	项目名称	项目特征描述	单 位	数 量
031001001001	镀锌钢管	室内给水 DN40	m	3.7
031001001002	镀锌钢管	室内给水 DN25	m	1.8
031004014001	水龙头	DN25	个	2

【例 7-5】 某工程室内焊接钢管安装,DN15,螺纹连接,镀锌铁皮套管,手工除锈,刷一次防锈漆,两次银粉漆。试编制分部分项工程量清单综合单价计算表及分部分项工程量清单综合单价计算表。

【解】

(1)管道安装,DN15,螺纹连接

1)人工费:42.49/10×1000=4249(元)

2)材料费:12.41/10×1000=1241(元)

3)机械费:无

4)焊接钢管 $DN15$:1.02×1000=1020(元)

　　　　　　　　1020×4=4080(元)

(2)镀锌铁皮套管制作,$DN25$,200 个

1)人工费:0.7×200=140(元)

2)材料费:1.00×200=200(元)

3)机械费:无

(3)管道除轻锈,手工,80m²

1)人工费:7.89/10×80=63.12(元)

2)材料费:3.38/10×80=27.04(元)

3)机械费:无

(4)管道刷一次防锈漆,两次银粉漆,80m²

1)人工费:(6.27+6.5+6.27)/10×80=152.32(元)

2)材料费:(1.13+4.81+4.37)/10×80=82.48(元)

3)机械费:无

4)酚醛防锈漆:1.31/10×80=10.48(元)

　　　　　　10.48×8.5=89.08(元)

5)酚醛清漆:(0.36+0.33)/10×80=5.52(元)

　　　　　5.52×8=44.16(元)

(5)高层建筑增加费:人工费合计×3%=138.13(元)

(6)主体结构配合费:人工费合计×5%=230.22(元)

(7)综合

1)直接费合计:10736.55 元

2)管理费:10736.55×34%=3650.43(元)

3)利润:10736.55×8%=858.92(元)

4)总计:10736.55+3650.43+858.92=15245.9(元)

5)综合费用:15245.9÷1000=15.25(元)

结果见表 7-8 和表 7-9。

表 7-8　分部分项工程量清单计价表

序号	项目编号	项目名称	项目特征描述	计量单位	工程数量	金额/元		
						综合单价	合价	其中
								直接费
1	031001002001	钢管 $DN15$	室内焊接钢管安装螺纹连接 $DN15$	m	1000	15.25	15245.9	10736.55

表7-9　分部分项工程量清单综合单价计算表

项目编号	031001002001	项目名称	钢管DN15	计量单位	m	工程量	1000

				清单综合单价组成明细					

| 定额编号 | 定额项目名称 | 定额单位 | 数量 | 单价/元 | | | 合价/元 | | | |
				人工费	材料费	机械费	人工费	材料费	机械费	管理费和利润
9-98	管道安装 DN15	10m	1000	42.49	12.41	—	4249	1241	—	4019.4
9-169	镀锌铁皮套管制作 DN25	个	200	0.7	1.0	—	140	200	—	142.8
11-1	手工除锈	10m²	80	7.89	3.38	—	63.12	27.04	—	37.87
11-53、56、57	刷一次防锈漆，两次银粉漆	10m²	80	6.27+6.5+6.27	1.13+4.81+4.37	—	152.32	82.48	—	154.58
—	高层建筑增加费	元					138.13			58.01
—	主体结构配合费	元					230.22			96.69
人工单价		小　计					4972.69	1550.52	—	4509.35
28元/工日			未计价材料费				4213.24			
	清单项目综合单价/元						15.25			

【例7-6】　某办公楼排水系统中排水干管局部如图7-3所示，计算其工程量。

【解】

(1)清单工程量

承插铸铁排水管DN50：

1.5(排水立管地上部分)＋1.3(排水立管埋地部分)＋5.0(排水横管埋地部分)＝7.8(m)

清单工程量计算见表7-10。

(2)定额工程量

定额工程量计算见表7-11。

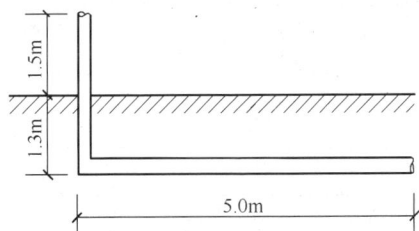

图7-3　排水干管示意图

表7-10　清单工程量计算表

项目编码	项目名称	项目特征描述	计量单位	工程量
031001005001	承插铸铁管	承插铸铁排水管，DN50(承插口或法兰盘)	m	7.8

表7-11　定额工程量计算表

名　称	定额编号	单　位	数　量
承插铸铁管 DN50	8-138	10m	0.78

【例 7-7】　某厨房给水系统局部管道如图 7-4 所示,其采用镀锌钢管,螺纹连接。计算管道工程量。

【解】

(1)清单工程量

$DN25$:2.5m(节点 3 到节点 5)

$DN20$:3.5+1.0+1.0(节点 3 到节点 2)=5.5(m)

$DN15$:2.0+0.8(节点 3 到节点 4)+0.6+1.0+0.6(节点 2 到节点 0′,节点 2 到 1 再到节点 0)=5.0(m)

清单工程量计算见表 7-12。

(2)定额工程量

定额工程量见表 7-13。

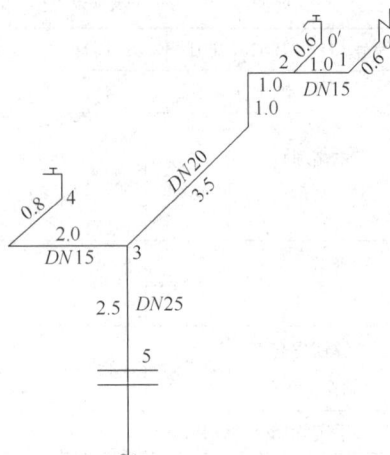

图 7-4　某厨房给水系统局部管道

表 7-12　清单工程量计算表

序号	项目编码	项目名称	项目特征描述	计量单位	工程量
1	031001001001	镀锌钢管	$DN25$ 镀锌钢管,螺纹连接	m	2.5
2	031001001002	镀锌钢管	$DN20$ 镀锌钢管,螺纹连接	m	5.5
3	031001001003	镀锌钢管	$DN15$ 镀锌钢管,螺纹连接	m	5.0

表 7-13　定额工程量计算表

螺纹连接镀锌钢管	定 额 编 号	计 量 单 位	工 程 量
$DN25$	8-89	10m	0.25
$DN20$	8-88	10m	0.55
$DN15$	8-87	10m	0.50

【例 7-8】　某住宅楼屋顶的雨水排水系统平面图及剖面图如图 7-5、图 7-6 所示,该住宅楼采用天沟外排水系统排水,排水管采用承插铸铁管,三个排水系统相同,计算雨水排水管的工程量。

【解】

(1)定额工程量

承插铸铁雨水排水管 $DN150$:

定额编号 8-160,计量单位:10m

9.5-9.0(室内立管的长度)+1.2(室内外立管的连接段长度)+9.0(室外立管长度)+0-(-0.8)(埋地部分立管长度)+1.8(埋地部分水平管长度)=13.3(m)

(2)清单工程量

承插铸铁管 13.3m

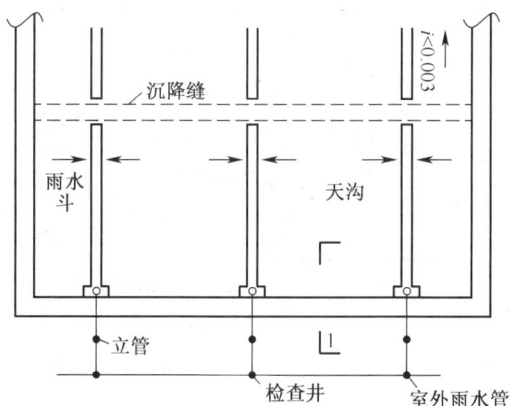

图 7-5　屋顶雨水排水管道平面图

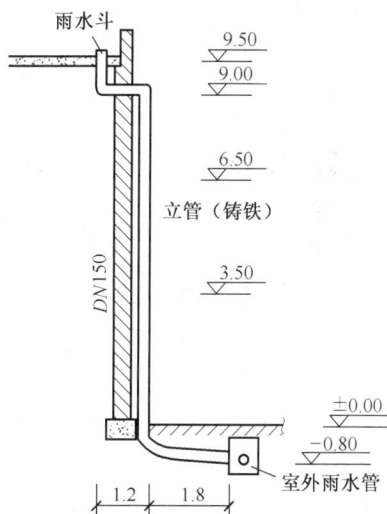

图 7-6　屋顶雨水排水管道剖面图

清单工程量计算见表 7-14。

表 7-14　清单工程量计算表

项目编码	项目名称	项目特征描述	计量单位	工程量
031001005001	承插铸铁管	天沟外排水工程,承插铸铁管 DN150	m	13.3

【例 7-9】　某搪瓷浴缸的平面图如图 7-7 所示,计算该浴缸工程量。

【解】

(1)定额工程量

搪瓷浴缸　单位:10 组　数量:0.1　定额编号:8-376

(2)清单工程量

清单工程量计算见表 7-15。

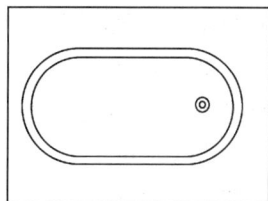

图 7-7　浴缸平面图

表 7-15　清单工程量计算表

项目编码	项目名称	项目特征描述	计量单位	工程量
031004001001	浴缸	搪瓷	组	1

【例 7-10】　某净身盆平面示意图如图 7-8 所示,计算其工程量。

【解】

(1)定额工程量

净身盆　单位:10 组　数量:0.1　定额编号:8-377

(2)清单工程量

清单工程量计算见表 7-16。

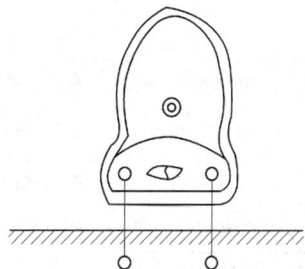

图 7-8　净身盆平面图

表 7-16 清单工程量计算表

项目编码	项目名称	项目特征描述	计量单位	工程量
031004002001	净身盆	按实际要求	组	1

【例 7-11】 某室内给水系统如图 7-9 所示,计算其工程量。

【解】

(1)定额工程量

1)管道工程量

①DN32

[1.5(室内外管道界线)+0.3(砖墙厚度)+0.3(室内立管中心线至内墙皮之间的距离)+0.9(室内埋地部分高度)+0.5(室内明装部分长度)]=3.5(m)

②DN25:1.2+0.6=1.8(m)

③DN15:0.8×3+0.6×3+0.6×3=6.0(m)

2)管道附件

截止阀DN32　1个　DN15　3个

3)管道套管

DN32　选用DN40　镀锌铁皮套管　2个

(2)清单工程量

1)管道工程量

DN32　3.5m

DN25　1.8m

DN15　6.0m

2)管道附件

螺纹阀DN32　1个

　　　　DN15　3个

清单工程量计算见表 7-17。

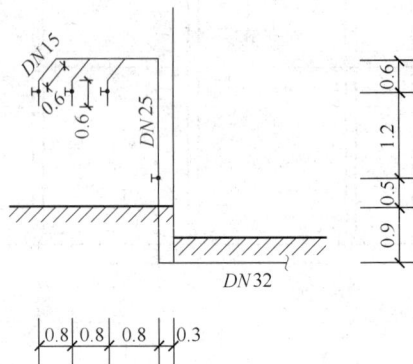

图 7-9 室内给水系统

表 7-17 清单工程量计算表

序号	项目编码	项目名称	项目特征描述	计量单位	工程量
1	031001001001	镀锌钢管	室内给水工程,螺纹连接,镀锌钢管DN32	m	3.5
2	031001001002	镀锌钢管	室内给水工程,螺纹连接,镀锌钢管DN25	m	1.8
3	031001001003	镀锌钢管	室内给水工程,螺纹连接,镀锌钢管DN15	m	6.0
4	031003001001	螺纹阀门	螺纹阀,DN32	个	1
5	031003001002	螺纹阀门	螺纹阀,DN15	个	3

【例 7-12】 某单管托架如图 7-10 所示,计算该管道支架工程量。

【解】

(1)定额工程量

1)管道支架制作安装,单位:100kg,数量:0.18

2)型钢,单位:100kg,数量:15.7(非定额)

3)支架手除轻锈,单位:100kg,数量0.18

4)支架刷红丹防锈漆第一遍,单位:100kg,数量:0.18

5)刷银粉漆第一遍,单位:100kg,数量:0.18

6)刷银粉漆第二遍,单位:100kg,数量:0.18

(2)清单工程量

清单工程量计算见表7-18。

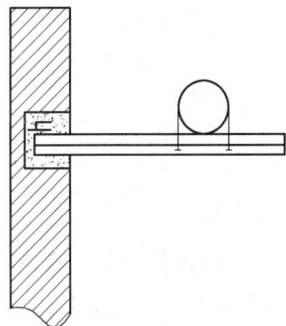

图 7-10　单管托架立面示意图

表 7-18　清单工程量计算表

项目编码	项目名称	项目特征描述	计量单位	工程量
031002001001	管道支架制作安装	型钢,手工除轻锈,刷红丹防锈漆一遍,刷银粉漆两遍	kg	18

【例 7-13】　某疏水器安装示意图如图 7-11 所示,计算其工程量。

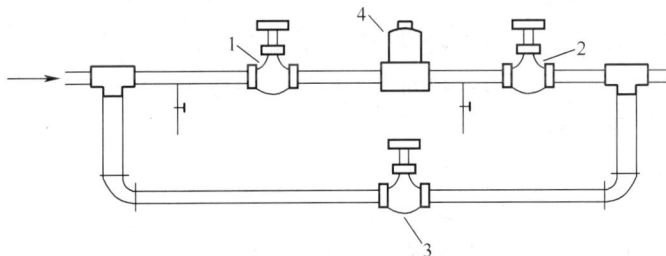

图 7-11　疏水器安装示意图

1、2、3. 阀门　4. 疏水器

【解】

(1)定额工程量

疏水器　单位:个　数量:1

(2)清单工程量

清单工程量计算见表7-19。

表 7-19　清单工程量计算表

项目编码	项目名称	项目特征描述	计量单位	工程量
031003007001	疏水器	疏水器	组	1

第二节　采暖工程计价方法及应用

一、定额组成

1. 供暖器具制作安装

供暖器具安装分部共分 6 个分项工程。

(1)铸铁散热器的组成与安装。工作内容包括制垫,加垫,组成,栽钩,加固,水压试验等。

(2)光排管散热器的制作与安装。工作内容包括切管,焊接,组成,栽钩,加固和水压试验等。

(3)钢制闭式散热器、钢制板式散热器、钢柱式散热器的安装。工作内容包括打堵墙眼,栽钩,安装,稳固。

(4)钢制壁式散热器的安装。工作内容包括预埋螺栓,安装汽包和钩架,稳固。

(5)暖风机安装。工作内容包括吊装,稳固,试运转。

(6)热空气带安装。工作内容包括安装,稳固。试运转。

2.小型容器制作安装

小型容器制作安装分部共分5个分项工程。

(1)矩形钢板水箱制作。工作内容包括下料,坡口,平直,开孔,接板组对,装配零部件,焊接,注水试验。

(2)圆形钢板水箱制作。工作内容包括下料,坡口,压头,卷圆,找圆,组对,焊接,装配,注水试验。

(3)大、小便槽冲洗水箱制作。工作内容包括下料,坡口,平直,开孔,接板组对,装配零件,焊接,注水试验。

(4)矩形钢板水箱安装。工作内容包括稳固,装配零件。

(5)圆形钢板水箱安装。工作内容包括稳固,装配零件。

二、定额工程量计算规则

1.管道安装

(1)界限划分。

1)室内外管道以入口阀门或建筑物外墙皮1.5m为界。

2)与工业管道以锅炉房或泵站外墙皮1.5m为界。

3)工厂车间内采暖管道以采暖系统与工业管道碰头点为界。

4)设在高层建筑内的加压泵间管道以泵站间外墙皮为界。

(2)室内采暖管道的工程量均以图示中心线的"延长米"为单位计算,阀门、管件所占长度均不从延长米中扣除,但是暖气片所占长度扣除。

室内采暖管道安装工程除管道本身价值和直径在32mm以上钢管支架需另行计算外,以下工作内容均已考虑在定额中,不能重复计算。

1)管道及接头零件安装。

2)水压试验或灌水试验。

3)DN32以内钢管的管卡及托钩制作安装。

4)弯管制作与安装(伸缩器、圆形补偿器除外)。

5)穿墙及过楼板铁皮套管安装人工等。

穿墙及过楼板镀锌铁皮套管的制作应按镀锌铁皮套管项目另行计算,钢套管的制作安装工料,按室外焊接钢管安装项目计算。

(3)除锅炉房和泵房管道安装以及高层建筑内加压泵间的管道安装执行《全国统一安装工程预算定额》《工业管道工程》(GYD—206—2000)分册的相应项目外,其余部分均按照《全国统一安装工程预算定额》《给排水、采暖、燃气工程》(GYD—208—2000)分册执行。

(4)安装的管子规格若与定额中子目规定不相符,应使用接近规格的项目,规格居中时,按大者套,超过定额最大规格时可作补充定额。

(5)各种伸缩器制作安装根据其不同形式、连接方式和公称直径,分别以"个"为单位计算。

用直管弯制伸缩器,在计算工程量时,应分别并入不同直径的导管延长米内,弯曲的两臂长度原则上应按设计确定的尺寸计算。若设计未明确,按照弯曲臂长(H)的两倍计算。

套筒式以及除去以直管弯制的伸缩器以外的各种形式的补偿器,在计算时,均不扣除所占管道的长度。

(6)阀门安装工程量以"个"为单位计算,不分低压、中压,使用同一定额,但连接方式应按螺纹式和法兰式以及不同规格分别计算。螺纹阀门安装适用于内外螺纹的阀门安装。法兰阀门安装适用于各种法兰阀门的安装。若仅为一侧法兰连接,定额中的法兰、带帽螺栓及钢垫圈数量减半计算。各种法兰连接用垫片均按橡胶合棉板计算,若用其他材料,均不做调整。

2. 低压器具安装

采暖工程中的低压器具是指减压器和疏水器。

减压器和疏水器的组成与安装均应区分连接方式和公称直径的不同,分别以"组"为单位计算。减压器安装按高压侧的直径计算。减压器、疏水器若设计组成与定额不同,阀门和压力表数量可按设计需要量调整,其余不变。但单体安装的减压器、疏水器应按阀门安装项目执行。单体安装的安全阀可按阀门安装相应定额项目乘以系数 2.0 计算。

3. 供暖器具安装

(1)定额说明。

1)本定额系参照 1993 年《全国通用暖通空调标准图集·采暖系统及散热器安装》(T9N112)编制。

2)各类型散热器不分明装或暗装,均按类型分别编制。柱形散热器为挂装时,可执行M132 项目。

3)柱型和 M132 型铸铁散热器安装用拉条时,拉条另行计算。

4)定额中列出的接口密封材料,除圆翼汽包垫采用橡胶石棉板以外,其余均采用成品汽包垫。若采用其他材料,不作换算。

5)光排管散热器制作、安装项目,单位每 10m 系指光排管长度。联管作为材料已列入定额,不可重复计算。

6)板式、壁板式,已计算托钩的安装人工和材料;闭式散热器,若主材价不包括托钩者,托钩价格另行计算。

(2)定额工程量计算规则。

1)热空气幕安装,以"台"为计量单位,其支架制作安装可按相应定额另行计算。

2)长翼、柱型铸铁散热器组成安装,以"片"为计量单位,其汽包垫不得换算;圆翼型铸铁散热器组成安装,以"节"为计量单位。

3)光排管散热器制作安装,以"m"为计量单位,已包括联管长度,不能另行计算。

4. 小型容器制作安装

(1)定额说明。

1)本定额系参照《全国通用给水排水标准图集》(S151,S342)及《全国通用采暖通风标准图集》(T905,T906)编制,适用于给排水、采暖系统中一般低压碳钢容器的制作和安装。

2)各种水箱连接管,均未包括在定额内,可执行室内管道安装的相应项目。

3)各类水箱均未包括支架制作安装,若为型钢支架,执行本定额"一般管道支架"项目;混凝土或砖支座可按土建相应项目执行。

4)水箱制作,包括水箱本身及人孔的质量。水位计、内外人梯均未包括在定额内,发生时,可另行计算。

(2)定额工程量计算规则。

1)钢板水箱制作,按施工图所示尺寸,不扣除人孔、手孔质量,以"kg"为计量单位。法兰和短管水位计可按相应定额另行计算。

2)钢板水箱安装,按国家标准图集水箱容量"m³",执行相应定额。各种水箱安装,均以"个"为计量单位。

三、清单工程量计算规则

1. 供暖器具

供暖器具工程量清单项目设置、项目特征描述的内容、计量单位及工程量计算规则,应按表7-20的规定执行。

表 7-20　供暖器具(编码:031005)

项目编码	项目名称	项目特征	计量单位	工程量计算规则	工作内容
031005001	铸铁散热器	1)型号、规格 2)安装方式 3)托架形式 4)器具、托架除锈、刷油设计要求	片(组)	按设计图示数量计算	1)组对、安装 2)水压试验 3)托架制作、安装 4)除锈、刷油
031005002	钢制散热器	1)结构形式 2)型号、规格 3)安装方式 4)托架刷油设计要求	组(片)	按设计图示数量计算	1)安装 2)托架安装 3)托架刷油
031005003	其他成品散热器	1)材质、类型 2)型号、规格 3)托架刷油设计要求	组(片)	按设计图示数量计算	1)安装 2)托架安装 3)托架刷油
031005004	光排管散热器	1)材质、类型 2)型号、规格 3)托架形式及做法 4)器具、托架除锈、刷油设计要求	m	按设计图示排管长度计算	1)制作、安装 2)水压试验 3)除锈、刷油

续表 7-20

项目编码	项目名称	项目特征	计量单位	工程量计算规则	工作内容
031005005	暖风机	1)质量 2)型号、规格 3)安装方式	台	按设计图示数量计算	安装
031005006	地板辐射采暖	1)保温层材质、厚度 2)钢丝网设计要求 3)管道材质、规格 4)压力试验及吹扫设计要求	1)m² 2)m	1)以平方米计量,按设计图示采暖房间净面积计算 2)以米计量,按设计图示管道长度计算	1)保温层及钢丝网铺设 2)管道排布、绑扎、固定 3)与分集水器连接 4)水压试验、冲洗 5)配合地面浇注
031005007	热媒集配装置	1)材质 2)规格 3)附件名称、规格、数量	台	按设计图示数量计算	1)制作 2)安装 3)附件安装
031005008	集气罐	1)材质 2)规格	个	按设计图示数量计算	1)制作 2)安装

注:1. 铸铁散热器,包括拉条制作安装。

　　2. 钢制散热器结构形式,包括钢制闭式、板式、壁板式、扁管式及柱式散热器等,应分别列项计算。

　　3. 光排管散热器,包括联管制作安装。

　　4. 地板辐射采暖,包括与分集水器连接和配合地面浇注用工。

2. 采暖、给排水设备

采暖、给排水设备工程量清单项目设置、项目特征描述的内容、计量单位及工程量计算规则,应按表 7-21 的规定执行。

表 7-21　采暖、给排水设备(编码:031006)

项目编码	项目名称	项目特征	计量单位	工程量计算规则	工作内容
031006001	变频给水设备	1)设备名称 2)型号、规格 3)水泵主要技术参数 4)附件名称、规格、数量 5)减震装置形式	套	按设计图示数量计算	1)设备安装 2)附件安装 3)调试 4)减震装置制作、安装

续表 7-21

项目编码	项目名称	项目特征	计量单位	工程量计算规则	工作内容
031006002	稳压给水设备	1）设备名称 2）型号、规格 3）水泵主要技术参数 4）附件名称、规格、数量 5）减震装置形式	套	按设计图示数量计算	1）设备安装 2）附件安装 3）调试 4）减震装置制作、安装
031006003	无负压给水设备	1）设备名称 2）型号、规格 3）水泵主要技术参数 4）附件名称、规格、数量 5）减震装置形式	套	按设计图示数量计算	1）设备安装 2）附件安装 3）调试 4）减震装置制作、安装
031006004	气压罐	1）型号、规格 2）安装方式	台	按设计图示数量计算	1）安装 2）调试
031006005	太阳能集热装置	1）型号、规格 2）安装方式 3）附件名称、规格、数量	套	按设计图示数量计算	1）安装 2）附件安装
031006006	地源（水源、气源）热泵机组	1）型号、规格 2）安装方式 3）减震装置形式	组	按设计图示数量计算	1）安装 2）减振装置制作、安装
031006007	除砂器	1）型号、规格 2）安装方式	台	按设计图示数量计算	安装
031006008	水处理器		台	按设计图示数量计算	安装
031006009	超声波灭藻设备	1）类型 2）型号、规格	台	按设计图示数量计算	安装
031006010	水质净化器		台	按设计图示数量计算	安装
031006011	紫外线杀菌设备	1）名称 2）规格	台	按设计图示数量计算	安装
031006012	热水器、开水炉	1）能源种类 2）型号、容积 3）安装方式	台	按设计图示数量计算	1）安装 2）附件安装
031006013	消毒器、消毒锅	1）类型 2）型号、规格	台	按设计图示数量计算	安装
031006014	直饮水设备	1）名称 2）规格	套	按设计图示数量计算	

续表 7-21

项目编码	项目名称	项目特征	计量单位	工程量计算规则	工作内容
031006015	水箱	1)材质、类型 2)型号、规格	台	按设计图示数量计算	1)制作 2)安装

注:1. 变频给水设备、稳压给水设备、无负压给水设备安装,说明;

1)压力容器包括气压罐、稳压罐、无负压罐;

2)水泵包括主泵及备用泵,应注明数量;

3)附件包括给水装置中配备的阀门、仪表、软接头,应注明数量,含设备、附件之间管路连接;

4)泵组底座安装,不包括基础砌(浇)筑,应按现行国家标准《房屋建筑与装饰工程工程量计算规范》(GB 50854—2013)相关项目编码列项;

5)控制柜安装及电气接线、调试应按《通用安装工程工程量计算规范》(GB 50856—2013)附录D电气设备安装工程相关项目编码列项。

2. 地源热泵机组,接管以及接管上的阀门、软接头、减震装置和基础另行计算,应按相关项目编码列项。

3. 采暖、空调水工程系统调试

采暖、空调水工程系统调试工程量清单项目设置、项目特征描述的内容、计量单位及工程量计算规则,应按表 7-22 的规定执行。

表 7-22　采暖、空调水工程系统调试(编码:031009)

项目编码	项目名称	项目特征	计量单位	工程量计算规则	工程内容
031009001	采暖工程系统调试	1)系统形式 2)采暖(空调水)管道工程量	系统	按采暖工程系统计算	系统调试
031009002	空调水工程系统调试			按空调水工程系统计算	

注:1. 由采暖管道、管件、阀门、法兰、供暖器具组成采暖工程系统。

2. 由空调水管道、管件、阀门、法兰、冷水机组组成空调水工程系统。

3. 当采暖工程系统、空调水工程系统中管道工程量发生变化时,系统调试费用应作相应调整。

四、工程量计算实例

【例 7-14】　某建筑采暖系统中立管柱型铸铁散热器安装连接,已知散热器的片数为 55 片,试计算其定额工程量。

【解】

套用《全国统一安装工程预算定额(第八册)》(GYD—208—2000)8—491

定额工程量:55/10=5.5

(1)人工费:14.16 元

(2)材料费:27.11 元

(3)机械费:无

(4)基价:41.27 元

说明:定额中只考虑了铸铁散热器的组成安装。并未考虑其制作。清单中考虑了其制作安装,同时还包含了其刷油、除锈设计等。

【例 7-15】　某建筑采暖系统热力入口如图 7-12 所示,由室外热力管井至外墙面的距离为

2.0m,供回水管为 $DN125$ 的焊接钢管,试计算该热力入口的供、回水管的定额工程量。

【解】

(1)室外管道

采暖热源管道以入口阀门或建筑物外墙皮 1.5m 为界,这是以热力入口阀门为界。

$DN125$ 钢管(焊接)管长:

[2.0(接入口与外墙面距离)−0.8(阀门与外墙面距离)]×2(供、回水管)=2.4(m)

套用《全国统一安装工程预算定额(第八册)》(GYD—208—2000)8—29

工程量:2.4/10=0.24

1)人工费:34.13 元

2)材料费:46.72 元

3)机械费:10.74 元

基价:91.59 元

(2)室内管道

$DN125$ 钢管(焊接)管长:

[0.8(阀门与外墙面距离)+0.37(外墙壁厚)+0.1(立管距外墙内墙面的距离)]×2(供回水两根管)=2.54(m)

套用《全国统一安装工程预算定额(第八册)》(GYD—208—2000)8—115

工程量:2.54/10=0.254

1)人工费:80.81 元

2)材料费:100.32 元

3)机械费:42.47 元

基价:223.60 元

【例 7-16】 题干同【例 7-15】,试计算该热力入口的供、回水管的清单工程量。

【解】

(1)室外管道

采暖热源管道以入口阀门或建筑物外墙皮 1.5m 为界,这是以热力入口阀门为界。

$DN125$ 钢管(焊接)管长:

[2.0(接入口与外墙面距离)−0.8(阀门与外墙面距离)]×2(供、回水管)=2.4(m)

清单工程量:

钢管项目编码:030801002,计量单位:m

工程数量:$\dfrac{2.4}{1}=2.4$

(2)室内管道

$DN125$ 钢管(焊接)管长:[0.8(阀门与外墙面距离)+0.37(外墙壁厚)+0.1(立管距外墙内墙面的距离)]×2(供回水两根管)=2.54(m)

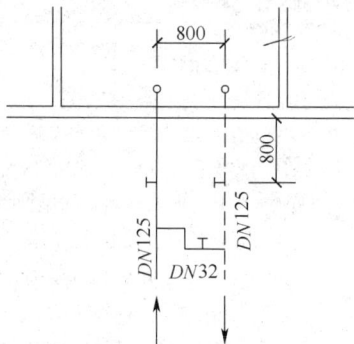

图 7-12   热力入口示意图

清单工程量：

钢管 $DN125$ 项目编码:030801002,计量单位:m

工程数量:$\frac{2.54}{1}=2.54$

【例 7-17】　某电影院采用暖风机进行采暖(图 7-13),暖风机为小型(NC)暖风机,其重量在 100kg 以内,试计算其清单工程量。

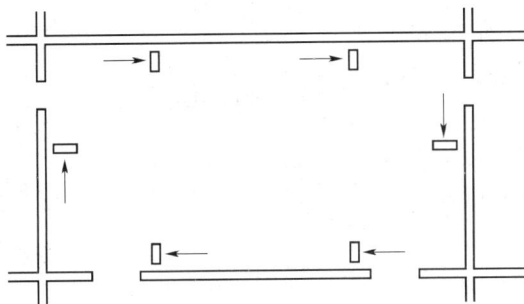

图 7-13　暖风机布置图

【解】

清单工程量：

小型(NC)暖风机　项目编码:030805007,计量单位:台

工程量:$\frac{6(台数)}{1(计量单位)}=6$

【例 7-18】　某办公楼采暖系统方管安装形式见图 7-14,方管采用 $DN25$ 焊接钢管,单管顺流式连接。计算其工程量。

【解】

(1)方管长度($DN25$ 焊接钢管)

$[12.0-(-0.800)]$(标高差)$+0.4$(竖直埋管长度) $+0.9$(水平埋管长度)-0.5(散热器进出水管中心距)$\times$ 4(层数)$=12.1$(m)

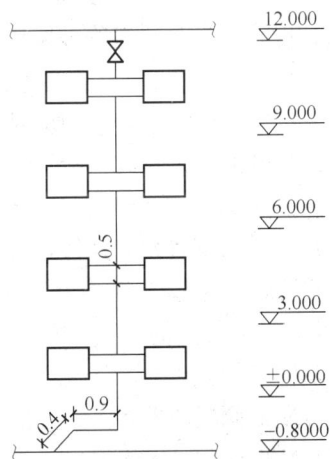

图 7-14　采暖系统示意图

(2)清单工程量

钢管 $DN25$ 工程数量:$\frac{12.1}{1(计量单位)}=12.1$(m)

清单工程量计算见表 7-23。

表 7-23　清单工程量计算表

项目编码	项目名称	项目特征描述	计量单位	工程量
031001002001	钢管	DN25 焊接方钢管,单管顺流式连接,室内	m	12.1

（3）定额工程量

室内焊接钢管安装（螺纹连接）　定额编号：8-100　定额单位：10m

工程量：12.1/10＝1.21　基价：81.37，其中人工费 51.08 元，材料费 29.26 元，机械费 1.03 元

【例 7-19】　某市幼儿园供暖系统立管局部示意图如图 7-15 所示，该幼儿园共三层，层高 2.8m。计算其工程量。

【解】

如图 7-15 所示，立管①、②系统采用上供下回式，在供水总干管处安装阀门，每根立管上安装截止阀，系统采用同程式，单管制，选用四柱 760 型铸铁柱型散热器和焊接钢管，供水和回水干管及总立管采用焊接，其余部分采用螺纹连接。

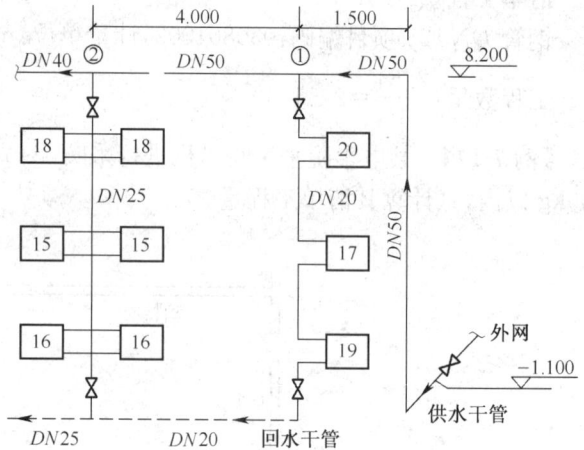

图 7-15　供暖系统示意图

（1）管道工程量

$DN50$ 的钢管焊接，包括供暖引入管，供暖总立管和供暖干管三部分：

长度＝入口与建筑物外墙皮距离＋外墙厚度＋干管离墙距离＋立管顶标高－立管底标高　　＋总立管与立管②之间距离

　　＝1.5＋0.37＋0.15＋8.2－（－1.1）＋1.5＋4＝16.82（m）

$DN20$ 的钢管螺纹连接，包括①立管

长度＝8.2－0.8－0.6×2＋0.2＝6.4（m）

$DN25$ 的钢管螺纹连接，包括②立管　长度＝8.2m

$DN20$ 的钢管焊接，长度＝4m

（2）管件工程量

$DN50$ 阀门　1 个

$DN20$ 阀门　2 个

$DN25$ 阀门　2 个

（3）散热器片数

共 9 组 154 片

（4）除锈、刷油

钢管刷两道红丹防锈漆和两道银粉漆；散热器带锈刷底漆和防锈漆后再刷两道银粉漆。

$DN50$ 钢管表面积：$2\pi rl＝3.14\times0.05\times16.82＝2.64$（m²）

$DN20$：$10^{-3}\times20\times3.14\times(6.4＋4)＝0.65$（m²）

$DN25$：$10^{-3}\times25\times3.14\times8.2＝0.644$（m²）；

（5）保温

供水主立管、敷设在暖沟内的管道（包括主干连接处立管）均须作保温，保温材料采用岩棉管壳，厚度为 40mm，外缠玻璃丝布保护层。

总面积：3.14×0.09×(8.2+1.1+1.5)＝3.052(m²)

清单工程量计算见表7-24。

表7-24　清单工程量计算表

序号	项目编码	项目名称	项目特征描述	计量单位	工程量
1	031001001001	镀锌钢管	DN50,钢管焊接,两道红丹防锈漆,两道银粉漆,40mm岩棉管壳保温,玻璃丝布保护	m	16.82
2	031001001002	镀锌钢管	DN20 螺纹连接,两道红丹防锈漆,两道银粉漆,40mm岩棉管壳保温,玻璃丝布保护	m	6.4
3	031001001003	镀锌钢管	DN25 螺纹连接,两道红丹防锈漆,两道银粉漆,40mm岩棉管壳保温,玻璃丝布保护	m	8.2
4	031001001004	镀锌钢管	DN20 钢管焊接,两道红丹防锈漆,两道银粉漆,40mm岩棉管壳保温,玻璃丝布保护	m	4
5	031003003001	阀门	DN50	个	1
6	031003003002	阀门	DN20	个	2
7	031003003003	阀门	DN25	个	2
8	031005001001	铸铁散热器	带锈刷底漆,两道银粉漆	片	154

【例7-20】 某办公楼底层采暖示意图如图7-16所示,采暖工程设计说明如下:

(1)给排水管道采用镀锌钢管螺纹连接

(2)给水干管(包括立管和水平管)均采用DN32镀锌钢管

(3)排水水平支管均采用DN20镀锌钢管

(4)各干管、支管上均采用闸阀螺纹连接

(5)回水管过门设混凝土地沟

(6)采用M-132型铸铁散热器,片数已标注在图中,每片按85mm计算,散热片上下两螺纹和连接孔间隔500mm

(7)各立管离开墙面100mm

(8)各房间内散热器按管一侧端头离开支管立管0.8m

(9)室外水平供水管及回水管长度算至外墙皮1.5m

计算底层采暖工程量。

【解】

(1)定额工程量

1)管道工程量

DN20 镀锌钢管长度螺纹连接＝(2.1+3.6+3+0.9+3.6+4.9+1.5+3+1.5)+(3.6×2+0.9+3.5+3.6+1.5+2.1+0.86×6)＝48.06(m)

2)散热片工程量

采用标准型铸铁柱形散热器(柱外径约27mm)

片数＝7+12+14+12+14+12+7+14+8+8+14＝122(片)

3)管道除锈、刷油、防腐

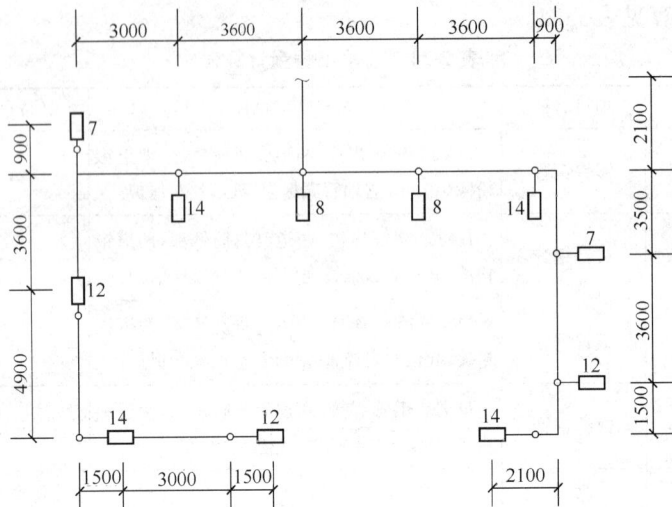

图 7-16　办公楼底层采暖示意图

$$S = \pi DL = 3.14 \times 20 \times 10^{-3} \times 48.06 = 3.02(\text{m}^2)$$

(2)清单工程量

管道工程量、散热器工程量计算与定额工程量计算方法相同。

清单工程量计算见表 7-25。

表 7-25　清单工程量计算表

项目编码	项目名称	项目特征描述	计量单位	工程量
031001001001	镀锌钢管	DN20 镀锌钢管,螺纹连接	m	48.06
031005001001	铸铁散热器	标准型铸铁柱形散热器,外径为 27mm	片	122

【例 7-21】　某钢制闭式散热器如图 7-17 所示,计算其工程量。

【解】

(1)定额工程量

钢制闭式散热器　单位:片　数量:1

(2)清单工程量

清单工程量计算见表 7-26。

表 7-26　清单工程量计算表

项目编码	项目名称	项目特征描述	计量单位	工程量
031005002001	钢制闭式散热器	钢制闭式散热器	片	1

【例 7-22】　一 NC 型轴流式暖风机如图 7-18 所示,计算其工程量。

【解】

(1)定额工程量

NC 型轴流式暖风机　单位:台　数量:1

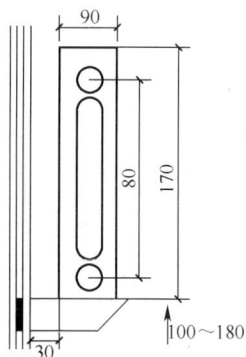

图 7-17 钢制闭式散热器

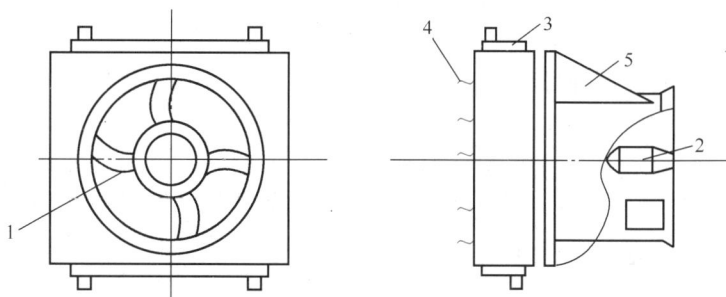

图 7-18 NC 型轴流式暖风机

1. 轴流式风机 2. 电动机 3. 加热机 4. 百叶片 5. 支架

（2）清单工程量

清单工程量计算见表 7-27。

表 7-27 清单工程量计算表

项目编码	项目名称	项目特征描述	计量单位	工程量
031005005001	暖风机	NC 型轴流式暖风机	台	1

【例 7-23】 某中行上给下给采暖系统如图 7-19 所示，图中管道长度为所量尺寸。立管管径为 $DN20$，散热器支管为 $DN15$。计算该采暖系统工程量。

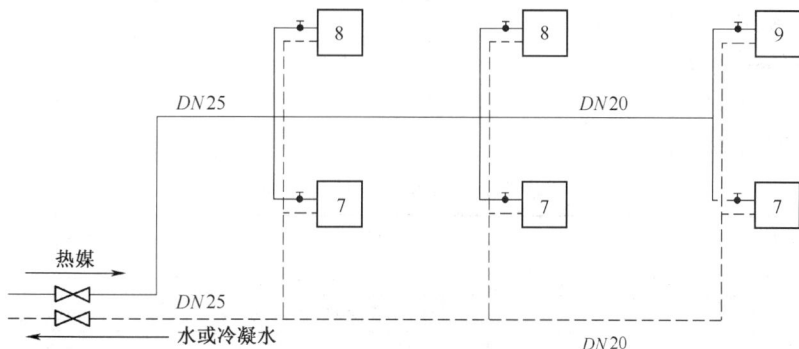

图 7-19 中行上给下给采暖系统图 1：100

【解】

（1）定额工程量

1）镀锌钢管

$DN25$：$2+2.6+4.7+7=16.3$(m)

后两根立管间距与各立管供、回水管段之和：

$DN20$：$3.4+3.4+2.5\times3+3.9\times3=26$(m)

$DN15$：$0.8\times2\times6=9.6$(m)

2）阀门

$DN25$ 焊接阀门 2 个

DN15 螺纹连接阀门　6 个

3）散热器　共 46 片

4）除锈刷油

管道刷红丹防锈漆两遍，刷银粉一遍，散热器刷红丹防锈漆一遍，刷银粉两遍。

①管道

刷红丹防锈漆第一遍：$S=\pi DL=3.14\times16.3\times0.034+3.14\times26\times0.027+3.14\times9.6\times0.021=4.58(\text{m}^2)$

刷红丹防锈漆第二遍：$S=4.58\text{m}^2$

刷银粉第一遍：$S=4.58\text{m}^2$

②散热器

刷红丹防锈漆第一遍：$S=1.06\times46=48.76(\text{m}^2)$

GBS-60 型　刷银粉第一遍：$S=48.76\text{m}^2$

600×400　刷银粉第二遍：$S=48.76\text{m}^2$

（2）清单工程量

1）镀锌钢管

DN25　16.3m

DN20　26m

DN15　9.6m

2）阀门

DN25 焊接阀门　2 个

DN15 螺纹连接阀门　6 个

3）散热器　共 46 片

清单工程量计算见表 7-28。

表 7-28　清单工程量计算表

序号	项目编码	项目名称	项目特征描述	计量单位	工程量
1	031001001001	镀锌钢管	DN25，红丹防锈漆两遍，银粉漆一遍	m	16.3
2	031001001002	镀锌钢管	DN20，红丹防锈漆两遍，银粉漆一遍	m	26
3	031001001003	镀锌钢管	DN15，红丹防锈漆两遍，银粉漆一遍	m	9.6
4	031003001001	螺纹阀门	DN15，螺纹连接阀门	个	2
5	031003003001	焊接法兰阀门	DN25，焊接阀门	个	6
6	031005002001	钢制板式散热器	刷红丹防锈漆一遍，银粉两遍，GBS-60 型，600mm×400mm	片	46

【例 7-24】　某低压蒸汽采暖系统如图 7-20 所示，管道长度与图中所量尺寸相符，各立管与支管均采用 DN20。计算该采暖系统室内管网部分的工程量。

【解】

（1）定额工程量

1）管道

DN25 焊接钢管：供汽干管与回水干管之和：

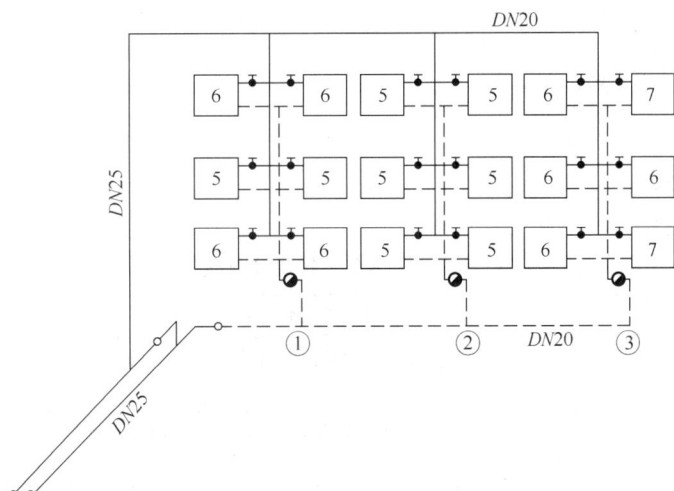

图 7-20 低压蒸汽采暖系统图

$$2.5+5+4.6+4.1+3.5=19.7(m)$$

$DN20$ 焊接钢管:②、③立管间供汽管与回水管之和

$$2.6\times2=5.2(m)$$

$DN20$ 螺纹连接钢管:各立管与各散热器支管之和

$$3\times3+3.4\times3+0.8\times4\times9=48.0(m)$$

2)阀门

$DN20$ 螺纹连接 $2\times9=18$(个)

3)疏水器

$DN20$ 3 组

$DN25$ 2 组

4)散热器   共 102 片

5)除锈刷油

①管道

刷红丹防锈漆第一遍:$S=\pi DL=3.14\times19.7\times0.034+3.14\times0.027\times(5.2+48)=6.61$ (m²)

刷红丹防锈漆第二遍:$S=6.61m^2$

刷银粉第一遍:$S=6.61m^2$

②散热器

按每片实际散热面积计算:

四柱 813 型,散热面积 0.28m²/片,故 $S=0.28\times102=28.56(m^2)$

散热器刷红丹防锈漆一遍,刷银粉两遍。

(2)清单工程量

1)管道

$DN25$ 焊接钢管   19.7m

$DN20$ 螺纹连接　48m

$DN20$ 焊接钢管　5.2m

2)截止阀　$DN20$ 螺纹连接　18 个

3)疏水器　$DN20$　3 组　$DN25$　2 组

4)散热器　102 片

清单工程量计算见表 7-29。

表 7-29　清单工程量计算表

序号	项目编码	项目名称	项目特征描述	计量单位	工程量
1	031001002001	钢管	$DN25$ 焊接钢管,红丹防锈漆两遍,银粉漆一遍	m	19.7
2	031001002002	钢管	$DN20$ 螺纹连接,红丹防锈漆两遍,银粉漆一遍	m	48
3	031001002003	钢管	$DN20$ 焊接钢管,红丹防锈漆两遍,银粉漆一遍	m	5.2
4	031003001001	螺纹阀门	$DN20$ 螺纹连接,截止阀	个	18
5	031003007001	疏水器	$DN20$	组	3
6	031003007002	疏水器	$DN25$	组	2
7	031005001001	铸铁散热器	四柱 813 型,红丹一遍,银粉两遍	片	102

第三节　燃气工程计价方法及应用

一、定额组成

燃气管道、附件、器具安装分部共分 8 个分项工程。

1. 室外管道安装

(1)镀锌钢管(螺纹连接)。工作内容包括切管,套丝,上零件,调直,管道及管件安装,气压试验。

(2)钢管(焊接)。工作内容包括切管,坡口,调直,弯管制作,对口,焊接,磨口,管道安装,气压试验。

(3)承插煤气铸铁管(柔性机械接口)。工作内容包括切管,管道及管件安装,挖工作坑,接口,气压试验。

2. 室内镀锌钢管(螺纹连接)安装

工作内容包括打墙洞眼,切管,套丝,上零件,调直,栽管卡及钩钉,管道及管件安装,气压试验。

3. 附件安装

(1)铸铁抽水缸(0.005MPa 以内)安装(机械接口)。工作内容包括缸体外观的检查,抽水管及抽水立管的安装,抽水缸与管道的连接。

(2)碳钢抽水缸(0.005MPa 以内)安装。工作内容包括下料,焊接,缸体与抽水立管的组装。

（3）调长器安装。工作内容包括灌沥青,焊法兰,加垫,找平,安装,紧固螺栓。

（4）调长器与阀门连接。工作内容包括连接阀门,灌沥青,焊法兰,加垫,找平安装,紧固螺栓。

4. 燃气表

（1）民用燃气表。工作内容包括连接接表材料,燃气表安装。

（2）公商用燃气表。工作内容包括连接接表材料,燃气表安装。

（3）工业用罗茨表。工作内容包括下料,法兰焊接,燃气表安装,紧固螺栓。

5. 燃气加热设备安装

（1）开水炉。工作内容包括开水炉安装,通气,通水,试火,调试风门。

（2）采暖炉。工作内容包括采暖炉安装,通气,试火,调风门。

（3）沸水器。工作内容包括沸水器安装,通气,通水,试火,调试风门。

（4）快速热水器。工作内容包括快速热水器安装,通气,通水,试火,调试风门。

6. 民用灶具

（1）人工煤气灶具。工作内容包括灶具安装,通气,试火,调试风门。

（2）液化石油气灶具。工作内容包括灶具安装,通气,试火,调试风门。

（3）天然气灶具。工作内容包括灶具安装,通气,试火,调试风门。

7. 公用事业灶具

（1）人工煤气灶具。工作内容包括灶具安装,通气,试火,调试风门。

（2）液化石油气灶具。工作内容包括灶具安装,通气,试火,调试风门。

（3）天然气灶具。工作内容包括灶具安装,通气,试火,调试风门。

8. 单双气嘴

工作内容包括气嘴研磨,上气嘴。

二、定额说明

（1）本定额包括低压镀锌钢管、铸铁管、管道附件、器具安装。

（2）室内外管道分界。

1）地下引入室内的管道,以室内第一个阀门为界。

2）地上引入室内的管道,以墙外三通为界。

（3）室外管道与市政管道,以两者的碰头点为界。

（4）各种管道安装定额包括下列工作内容。

1）场内搬运,检查清扫,分段试压;

2）管件制作（包括机械煨弯、三通）;

3）室内托钩角钢卡制作与安装。

（5）钢管焊接安装项目适用于无缝钢管和焊接钢管。

（6）编制预算时,下列项目应另行计算。

1）阀门安装,按照本定额相应项目另行计算;

2）法兰安装,按照本定额相应项目另行计算（调长器安装、调长器与阀门联装、燃气计量表安装除外）；

3）穿墙套管，铁皮管按照本定额相应项目计算，内墙用钢套管按照本定额室外钢管焊接定额相应项目计算，外墙钢套管按照《全国统一安装工程预算定额》《工业管道工程》（GYD—206—2000）定额相应项目计算；

4）埋地管道的土方工程及排水工程，执行相应预算定额；

5）非同步施工的室内管道安装的打、堵洞眼，执行《全国统一建筑工程基础定额》（GJD—101—1995）；

6）室外管道所有带气碰头；

7）燃气计量表安装，不包括表托、支架、表底基础；

8）燃气加热器具只包括器具与燃气管终端阀门连接，其他执行相应定额；

9）铸铁管安装，定额内未包括接头零件，可按设计数量另行计算，但人工、机械不变。

（7）承插煤气铸铁管，以 N 和 X 型接口形式编制的；如果采用 N 型和 SMJ 型接口时，其人工乘以系数 1.05；当安装 X 型、$\phi400$ 铸铁管接口时，每个口增加螺栓 2.06 套，人工乘以系数 1.08。

（8）燃气输送压力大于 0.2MPa 时，承插煤气铸铁管安装定额中人工乘以系数 1.3。燃气输送压力的分级见表 7-30。

表 7-30　燃气输送压力（表压）分级

名　称	低压燃气管道	中压燃气管道		高压燃气管道	
		B	A	B	A
压力（MPa）	$P\leqslant0.005$	$0.005<P\leqslant0.2$	$0.2<P\leqslant0.4$	$0.4<P\leqslant0.8$	$0.8<P\leqslant1.6$

三、定额工程量计算规则

（1）各种管道安装，均按设计管道中心线长度，以"m"为计量单位，不扣除各种管件和阀门所占长度。

（2）除铸铁管以外，管道安装中已包括管件安装和管件本身价值。

（3）承插铸铁管安装定额中未列出接头零件，其本身价值应按照设计用量另行计算，其余不变。

（4）钢管焊接挖眼接管工作，均在定额中综合取定，不可另行计算。

（5）调长器及调长器与阀门连接，包括一副法兰安装，螺栓规格和数量以压力为 0.6MPa 的法兰装配；若压力不同，可按设计要求的数量、规格进行调整，其他不变。

（6）燃气表安装，按照不同规格、型号分别以"块"为计量单位，不包括表托、支架、表底垫层基础，其工程量可根据设计要求另行计算。

（7）燃气加热设备、灶具等，按照不同用途规定型号，分别以"台"为计量单位。

（8）气嘴安装按规格型号连接方式，分别以"个"为计量单位。

四、清单工程量计算规则

1. 燃气器具及其他

燃气器具及其他工程量清单项目设置、项目特征描述的内容、计量单位及工程量计算规则，应按表 7-31 的规定执行。

表 7-31 燃气器具及其他(编码:031007)

项目编码	项目名称	项目特征	计量单位	工程量计算规则	工作内容
031007001	燃气开水炉	1)型号、容量 2)安装方式 3)附件型号、规格	台	按设计图示数量计算	1)安装 2)附件安装
031007002	燃气采暖炉		台	按设计图示数量计算	
031007003	燃气沸水器、消毒器	1)类型 2)型号、容量 3)安装方式 4)附件型号、规格	台	按设计图示数量计算	
031007004	燃气热水器		台	按设计图示数量计算	
031007005	燃气表	1)类型 2)型号、规格 3)连接方式 4)托架设计要求	块(台)	按设计图示数量计算	1)安装 2)托架制作、安装
031007006	燃气灶具	1)用途 2)类型 3)型号、规格 4)安装方式 5)附件型号、规格	台	按设计图示数量计算	1)安装 2)附件安装
031007007	气嘴	1)单嘴、双嘴 2)材质 3)型号、规格 4)连接形式	个	按设计图示数量计算	安装
031007008	调压器	1)类型 2)型号、规格 3)安装方式	台	按设计图示数量计算	安装
031007009	燃气抽水缸	1)材质 2)规格 3)连接形式	个	按设计图示数量计算	安装
031007010	燃气管道调长器	1)规格 2)压力等级 3)连接形式	个	按设计图示数量计算	安装
031007011	调压箱、调压装置	1)类型 2)型号、规格 3)安装部位	台	按设计图示数量计算	安装
031007012	引入口砌筑	1)砌筑形式、材质 2)保温、保护材料设计要求	处	按设计图示数量计算	1)保温(保护)台砌筑 2)填充保温(保护)材料

注:1. 沸水器、消毒器适用于容积式沸水器、自动沸水器、燃气消毒器等。

2. 燃气灶具适用于人工煤气灶具、液化石油气灶具、天然气燃气灶具等,用途应描述民用或公用,类型应描述所采用气源。

3. 调压箱、调压装置安装部位应区分室内、室外。

4. 引入口砌筑形式,应注明地上、地下。

2. 医疗气体设备及附件

医疗气体设备及附件工程量清单项目设置、项目特征描述的内容、计量单位及工程量计算规则,应按表 7-32 的规定执行。

表 7-32　医疗气体设备及附件(编码:031008)

项目编码	项目名称	项目特征	计量单位	工程量计算规则	工作内容
031008001	制氧机		台		
031008002	液氧罐	1)型号、规格 2)安装方式	台	按设计图示数量计算	1)安装 2)调试
031008003	二级稳压箱		台		
031008004	气体汇流排		组		
031008005	集污罐		个		安装
031008006	刷手池	1)材质、规格 2)附件材质、规格	组	按设计图示数量计算	1)器具安装 2)附件安装
031008007	医用真空罐	1)型号、规格 2)安装方式 3)附件材质、规格	台	按设计图示数量计算	1)本体安装 2)附件安装 3)调试
031008008	气水分离器	1)规格 2)型号	台	按设计图示数量计算	安装
031008009	干燥机		台		
031008010	储气罐	1)规格 2)安装方式	台	按设计图示数量计算	
031008011	空气过滤器		个		
031008012	集水器		台		1)安装 2)调试
031008013	医疗设备带	1)材质 2)规格	m	按设计图示长度计算	
031008014	气体终端	1)名称 2)气体种类	个	按设计图示数量计算	

注:1. 气体汇流排适用于氧气、二氧化碳、氮气、笑气、氩气、压缩空气等医用气体汇流排安装。

　　2. 空气过滤器适用于医用气体预过滤器、精过滤器、超精过滤器等安装。

五、工程量计算实例

【例 7-25】　某室内燃气管道连接如图 7-21 所示,用户采用的是双眼灶具 JZ—2,燃气表采用的是 $2m^3/h$ 的单表头燃气表,快速热水器为平衡式,室内管道为镀锌钢管 DN20,试计算其定额工程量。

【解】

定额工程量:

(1)镀锌钢管 DN20 安装

套用《全国统一安装工程预算定额(第八册)》(GYD—208—2000)8—590

工程量:{(0.5+1.0+1.2)(水平管长度)+[(1.8−1.7)+(2.1−1.7)+(2.1−1.3)+(1.5−1.3)](竖直管长度)}/10=0.42

1)人工费:42.96 元

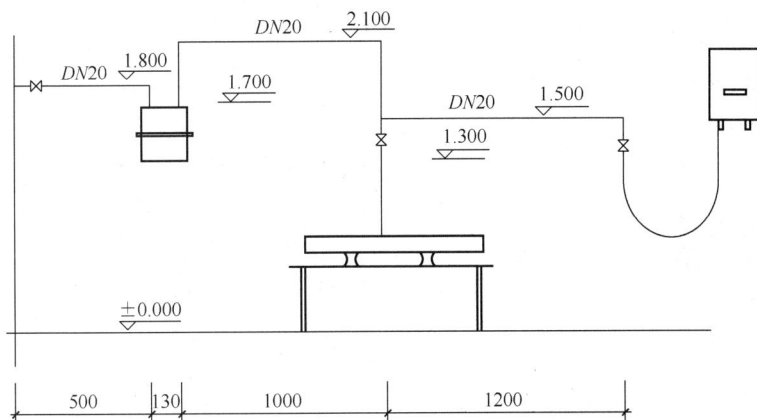

图 7-21　室内燃气管道示意图

2)材料费:22.44 元

3)机械费:4.42 元

4)基价:69.82 元

(2)螺纹阀门 DN20 安装

套用《全国统一安装工程预算定额(第八册)》(GYD—208—2000)8—242

工程量:$\dfrac{2(旋塞阀)+1(球阀)}{1(计量单位)}=3$

1)人工费:2.32 元

2)材料费:2.68 元

3)机械费:无

4)基价:5.00 元

(3)燃气计量表 2m³/h 单表头

套用《全国统一安装工程预算定额(第八册)》(GYD—208—2000)8—623

工程量:$\dfrac{1(块数)}{1(计量单位)}=1$

1)人工费:11.61 元

2)材料费:0.24 元

3)机械费:无

4)基价:11.85 元

(4)快速热水器平衡式

套用《全国统一安装工程预算定额(第八册)》(GYD—208—2000)8—645

工程量:$\dfrac{1(台数)}{1(计量单位)}=1$

1)人工费:32.51 元

2)材料费:42.61 元

3)机械费:无

4)基价:75.12 元

(5)JZ—2 双眼灶

套用《全国统一安装工程预算定额(第八册)》(GYD—208—2000)8—648

工程量：$\dfrac{1(台数)}{1(计量单位)}=1$

1)人工费:6.50 元

2)材料费:2.36 元

3)机械费:无

4)基价:8.86 元

【例 7-26】　图 7-22 为一砖砌蒸锅灶,其燃烧器负荷为 45kW,嘴数为 20 孔,烟道为 160×210,煤气进入管为 $DN25$ 的(焊接)镀锌钢管,试计算其定额工程量。

【解】

定额工程量：

(1)XN15 型单嘴内螺纹气嘴

套用《全国统一安装工程预算定额(第八册)》(GYD—208—2000)8—680

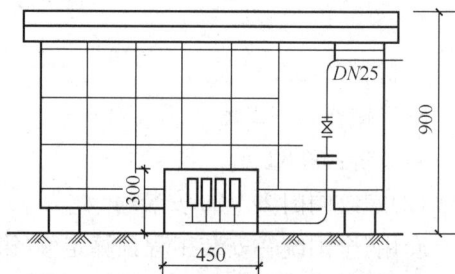

图 7-22　砖砌蒸锅灶示意图

工程量：$\dfrac{20(气嘴数)}{10(计量单位)}=2.0$

1)人工费:13.00 元

2)材料费:0.68 元

3)机械费:无

4)基价:13.68 元

(2)$DN25$ 焊接法兰

套用《全国统一安装工程预算定额(第八册)》(GYD—208—2000)8—189

工程量：$\dfrac{1(副数)}{1(计量单位)}=1$

1)人工费:6.50 元

2)材料费:5.74 元

3)机械费:6.20 元

4)基价:18.44 元

(3)$DN15$ 法兰旋塞阀

套用《全国统一安装工程预算定额(第八册)》(GYD—208—2000)8—256

工程量：$\dfrac{1(个数)}{1(计量单位)}=1$

1)人工费:8.82 元

2)材料费:54.65 元

3)机械费:6.20 元

4)基价:69.67 元

【例 7-27】 题干同【例 7-25】,试计算其清单工程量。

【解】

清单工程量:

(1)镀锌钢管 $DN20$ 计量单位:m,项目编码:030801001

工程量:{(0.5+1.0+1.2)(水平管长度)+[(1.8-1.7)+(2.1-1.7)

　　　　+(2.1-1.3)+(1.5-1.3)](竖直管长度)}/1(计量单位)

　　　　=(2.7+1.5)/1

　　　　=4.2

(2)螺纹阀门旋塞阀 $DN20$　2 个

球阀 $DN20$　1 个

旋塞阀项目编码:030803001,计量单位:个,工程量:$\dfrac{2}{1}=2$

球阀项目编码:030803001,计量单位:个,工程量 $\dfrac{1}{1}=1$

(3)单表头燃气表 2m³/h,项目编码:030803011,计量单位:块,工程量:$\dfrac{1}{1}=1$

(4)燃气快速热水器直排式,项目编码:030806004,计量单位:台

工程量:$\dfrac{1}{1}=1$

(5)气灶具:双眼灶具 JZ—2,项目编码:030806005,计量单位:台

工程量:$\dfrac{1}{1}=1$

【例 7-28】 题干同【例 7-26】,试计算其清单工程量。

【解】

清单工程量:

(1)XN15 型单嘴内螺纹气嘴

项目编码:030806006003,计量单位:个,工程量:$\dfrac{20(气嘴数)}{1(计量单位)}=20$

(2)$DN25$ 焊接法兰

项目编码:030803009011,计量单位:副,工程量:$\dfrac{1(副数)}{1(计量单位)}=1$

(3)$DN25$ 焊接法兰旋塞阀

项目编码:030803003001,计量单位:个,工程量:$\dfrac{1(个数)}{1(计量单位)}=1$

【例 7-29】 根据图 7-23 所示,计算该民用燃气表的工程量。

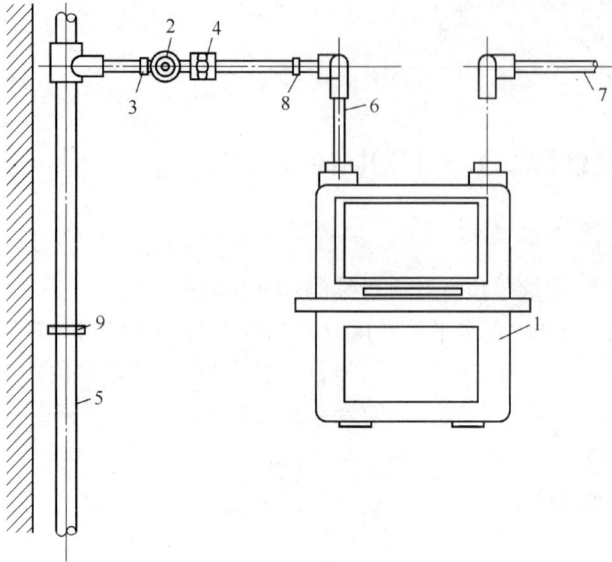

图 7-23　民用燃气表

1. 煤气表　2. 紧接式旋塞　3. 内接头　4. 活接头　5. 煤气立管
6. 煤气进气管　7. 煤气出气管　8. 托钩　9. 管卡

【解】

(1)定额工程量

燃气表　单位:块　数量:1

(2)清单工程量

清单工程量计算见表 7-33。

表 7-33　清单工程量计算表

项目编码	项目名称	项目特征描述	计量单位	工程量
031007005001	燃气表	民用燃气表	块	1

【例 7-30】　某液化石油气单瓶供应系统见图 7-24,计算该系统工程量。

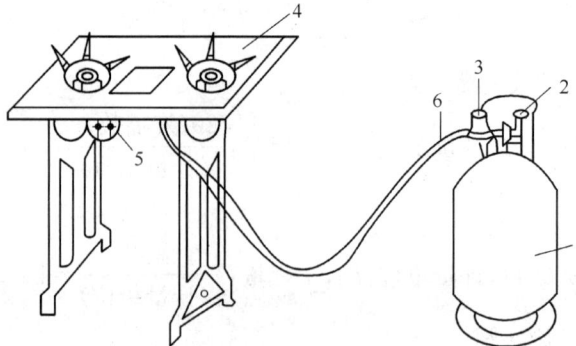

图 7-24　液化石油气单瓶供应系统图

1. 钢瓶　2. 钢瓶角阀　3. 调压器　4. 燃具　5. 燃具开关　6. 耐油胶管

【解】

(1)定额工程量

燃气灶具　单位:台　数量:1

钢瓶　单位:个　数量:1

阀门　单位:个　数量:1

调压器单位:个　数量:1

耐油胶管　单位:m　数量:假定 3.5m

(2)清单工程量

清单工程量计算见表7-34。

表7-34　清单工程量计算表

序号	项目编码	项目名称	项目特征描述	计量单位	工程量
1	031007006001	燃气灶具	液化石油气单瓶供应,民用燃气灶	台	1
2	031003001001	阀门	按实际要求	个	1
3	031007008001	调压器	按实际要求	个	1
4	031001006001	塑料管	耐油胶管	m	3.5

【例 7-31】　某中压进户燃气管道供应系统如图 7-25 所示,计算其工程量。

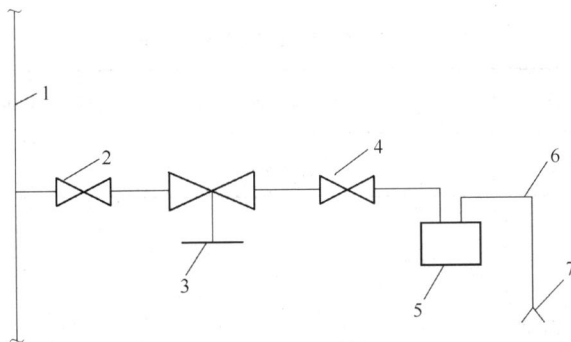

图 7-25　中压进户燃气管道供应系统图

1. 立管　2. 阀门　3. 调压器　4. 阀门　5. 燃气表　6. 下垂管　7. 旋塞、胶管接头

【解】

(1)定额工程量

管道　单位:m　数量:按设计图示管道中心线以长度计算

阀门　单位:个　数量:2

调压器　单位:组　数量:1

燃气表　单位:块　数量:1

耐油胶管　单位:m　数量:按图示计算

(2)清单工程量

清单工程量计算见表7-35。

表7-35　清单工程量计算表

序号	项目编码	项目名称	项目特征描述	计量单位	工程量
1	031001001001	镀锌钢管	按实际要求	m	
2	031003001001	阀门	按实际要求	个	2
3	031007008001	调压器	按实际要求	组	1
4	031007005001	燃气表	按实际要求	块	1
5	031001006001	塑料管	耐油胶管	m	

【例7-32】　某燃气采暖炉如图7-26所示,计算其工程量。

【解】

(1)定额工程量

燃气采暖炉　单位:台　数量:1

(2)清单工程量

清单工程量计算见表7-36。

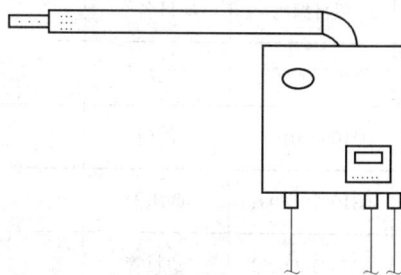

【例7-33】　某小区住宅楼共五层,其厨房燃气管道如图7-27所示。计算该室内燃气系统工程量。

图7-26　燃气采暖炉

表7-36　清单工程量计算表

项目编码	项目名称	项目特征描述	计量单位	工程量
031007002001	燃气采暖炉	按实际要求	台	1

【解】

(1)定额工程量

1)管道安装(镀锌钢管)

①DN50　埋地立管　1.25m　室内立管　2.2+0.3=2.5(m)

②DN40　5.2-2.2=3.0(m)

③DN32　8.2-5.2=3.0(m)

④DN25　3.0×2=6.0(m)

⑤DN15　厨房支管 2.85-0.24(内墙厚度)-0.05-0.4+2.2-1.5=2.86(m)

DN15支管的总长度为 2.86×5=14.3(m)

灶具安装项目内包括从阀门至灶具的管道,阀门安装高度一般为1.50m,因此室内DN15支立管的长度为2.2-1.5=0.7(m)

2)户用JZR2-2TX　双眼燃气灶　5台

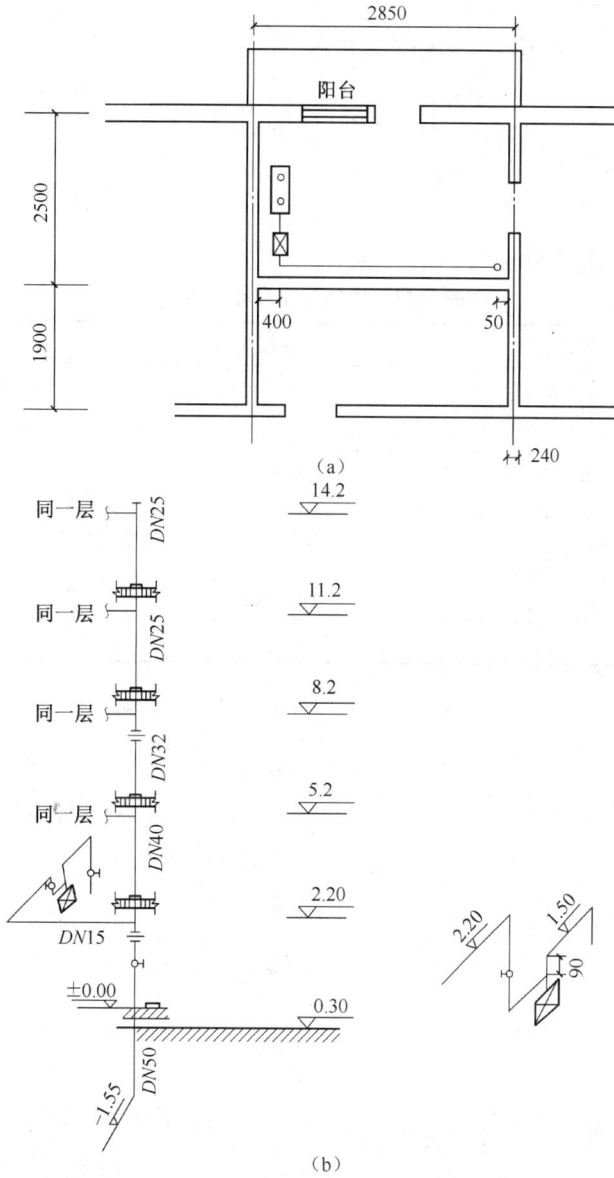

图 7-27 厨房燃气管道示意图

(a)平面图 (b)系统图

3)铸铁旋塞(压点式)XBW-10 *DN*50 1个

铸铁旋塞(紧接式)SBW-10 *DN*15 5个

4)煤气表(1.5m³/h) 5块

5)镀锌铁皮套管

*DN*80(*DN*50)1个 *DN*70(*DN*40)1个

*DN*50(*DN*32)1个 *DN*40(*DN*25)1个

（2）清单工程量

1）镀锌钢管

$DN50$　4.05m　$DN40$　3.0m

$DN32$　3.0m　$DN25$　6.0m　$DN15$　14.3m

2）JZR2-2T　双眼燃气灶　5台

3）气嘴　2个

清单工程量计算见表7-37。

表 7-37　清单工程量计算表

序号	项目编码	项目名称	项目特征描述	计量单位	工程量
1	031001001001	镀锌钢管	$DN50$	m	4.05
2	031001001002	镀锌钢管	$DN40$	m	3.0
3	031001001003	镀锌钢管	$DN32$	m	3.0
4	031001001004	镀锌钢管	$DN25$	m	6.0
5	031001001005	镀锌钢管	$DN15$	m	14.3
6	031007006001	燃气灶具	JZR2-2T，双眼燃气灶	台	5
7	031007007001	气嘴	气嘴	个	2

第四部分 涉及给排水、采暖、燃气工程造价的其他工作

第八章 给排水、采暖、燃气工程施工图预算的编制

内容提要:
1. 了解施工图预算的编制与实例应用。
2. 了解施工图预算的审查内容与审查方法。

第一节 施工图预算的编制与实例

一、施工图预算的概念与作用

施工图预算是在设计的施工图完成以后,以施工图为依据,按照预算定额、费用标准以及工程所在地区的人工、材料、施工机械设备台班的预算价格编制的,是确定建筑工程、安装工程预算造价的文件。作用如下:

(1)它是落实和调整年度基建计划的依据。施工图预算比设计概算所确定的安装工程造价更详细、具体、准确。

(2)它是实行招标、投标的依据。施工图预算是建设单位在实行工程招标编制标底的依据,是施工企业投标、编制投标文件、确定工程报价的依据。

(3)它是甲乙双方签订工程承包合同、确定承包价款的依据。建设单位和施工单位是以施工图预算为基础,签订工程承包的经济合同,明确甲、乙双方的工程经济责任。

(4)它是办理财务拨款、工程贷款、工程结算的依据。建设银行根据施工图预算办理工程的拨款和贷款,同时监督甲、乙双方按工期和工程进度办理结算。工程竣工后,按施工图和实际工程变更记录及签证。

二、施工图预算的编制依据

(1)施工图纸及说明书和标准图集是编制施工图预算的重要依据。

(2)现行预算定额及单位估价表是编制施工图预算确定分项工程子目、计算工程量、选用单位估价表、计算综合基价合计的主要依据。

(3)施工组织设计或施工方案包括了与编制施工图预算必不可少的有关资料。它也是编制施工图预算的重要依据。

(4)材料、人工、机械台班预算价格及调价规定,合理确定材料、人工、机械台班预算价格及

其调价规定是编制施工图预算的重要依据。

(5)建筑安装工程费用定额指各省、市、自治区和各专业部门规定的费用定额及计算程序，是编制施工图预算的重要依据。

(6)预算员工作手册及相关工具书是编制施工图预算必不可少的依据。

三、施工图预算的编制方法

1. 单价法

该方法首先是根据单位工程施工图计算出各分部分项工程的工程量，然后从预算定额或单位估价表中查出各分项工程相应的定额单价(该定额单价即单位分项工程的人工费、材料费和施工机械使用费三者之和)，并且将各分项工程量与其相应的定额单价相乘，其乘积就是各分项工程的直接工程费。再累计各分项工程的直接工程费，即得出该工程的定额直接工程费；然后根据各地区规定、费用定额和各项取费标准(取费率)，计算出措施费、间接费、利润、税金和其他费用等；最后汇总各项费用即得到单位工程施工图预算造价。

单价法既简化编制工作，又便于进行技术经济分析。但在市场价格波动较大的情况下，该法计算的造价可能会偏离实际市场价格，造成误差。因此，有时候需要根据工程造价管理法规进行价差调整。

2. 综合单价法

该方法也是根据单位工程施工图计算出各分部分项工程的工程量，然后将各分项工程量与其相应的单价相乘，但该单价为全费用单价。全费用单价经综合计算后生成，其内容包括直接工程费、间接费、利润和税金(措施费也可按此方法生成全费用价格)。分项工程量乘以综合单价的合价实际就是该分部分项工程的预算造价。各分项工程量乘以综合单价的合价汇总后，生成工程发承包价。该工程发承包价相当于施工图预算造价。

3. 实物法

该方法首先根据单位工程施工图计算出各分部分项工程的工程量；然后从预算定额中查出各相应分项工程所需的人工、材料和机械台班定额耗用量，再分别将各分项工程的工程量与其相应的定额人工、材料和机械台班耗用量相乘，累计其积并加以汇总，就得出该单位工程全部的人工、材料和机械台班的总耗用量；再将所得的人工、材料和机械台班总耗用量，各自分别乘以当时当地的工资单价、材料预算价格和机械台班单价，其积的总和就是该单位工程的直接工程费；再根据地区有关规定、费用定额和取费标准，计算出措施费、间接费、利润、税金和其他费用；最后汇总各项费用即得出单位工程施工图预算造价。

实物法适合于工料因时因地不同而发生价格变动的情况下，与市场价格相吻合的需要。

四、施工图预算的编制实例

1. 工程概况

(1)工程地址：本工程位于××省××市。

(2)工程结构：该工程为××市××区采暖工程。

2. 编制依据

施工单位为××建筑公司，工程类别为一类。采用《全国统一安装工程预算工程量计算规则》(GYD—208—2000)，以及××省现行间接费用定额和××市现行材料预算价格或部分双方认定的市场采购价格。

3. 编制方法

在熟读图纸、施工组织设计以及有关技术、经济文件的基础上,计算工程量。具体计算结构见下表 8-1~表 8-4。

表 8-1　给排水工程施工图预算工程计价表

工程名称:××市××区××号

定额编号	分项工程名称及规格	工程量		单价/元				合价/元				主材费/元			
		定额单位	数量	合计	人工费	材料费	机械费	合计	人工费	材料费	机械费	单位	数量 *1.02	单价	合价
8-294	PP-R 热熔塑料给水管 De50	10m	7.91	77.19	60.91	15.25	1.03	610.57	481.80	120.63	8.15	m	80.68		
8-293	PP-R 热熔塑料给水管 De40	10m	9.76	74.64	60.91	12.7	1.03	728.49	594.48	123.95	10.05	m	99.55		
8-292	PP-R 热熔塑料给水管 De32	10m	6.17	63.7	51.21	11.9	0.59	393.03	315.97	73.42	3.64	m	62.93		
8-291	PP-R 热熔塑料给水管 De25	10m	3.08	63.7	51.21	11.9	0.59	196.20	157.73	36.65	1.82	m	31.42		
8-290	PP-R 热熔塑料给水管 De20	10m	107.48	51.7	44.99	6.12	0.59	5556.72	4835.53	657.78	63.41	m	1096.30		
9-158	建筑排水塑料管热熔连接 De160	10m	1.17	112.05	75.9	35.9	0.25	131.10	88.80	42.00	0.29	m	11.93		
8-158	建筑排水塑料管热熔连接 De110	10m	35.02	112.05	75.9	35.9	0.25	3923.99	2658.02	1257.22	8.76	m	357.20		
8-157	建筑排水塑料管热熔连接 De75	10m	27.09	92.93	53.87	38.81	0.25	2517.47	1459.34	1051.36	6.77	m	276.32		
8-156	建筑排水塑料管热熔连接 De50	10m	6.22	71.7	48.3	23.15	0.25	445.97	300.43	143.99	1.56	m	63.44		
8-978	洗涤盆陶瓷单嘴水	10组	6.6	596.56	100.54	496.02		3937.30	663.56	3273.73	0	个	67.32		

续表8-1

定额编号	分项工程名称及规格	工程量		单价/元				合价/元				主材费/元			
		定额单位	数量	合计	人工费	材料费	机械费	合计	人工费	材料费	机械费	单位	数量*1.02	单价	合价
8-963	洗脸盆陶瓷单嘴冷水	10组	6.6	576.23	109.6	466.63		3803.12	723.36	3079.76	0	个	67.32		
8-1029	低水箱坐式大便器	10套	6.6	535.56	311.64	223.92		3534.70	2056.82	1477.87	0	个	67.32		
8-1133	塑料地漏DN50	10个	6.6	54.34	49.68	4.66		358.64	327.89	30.76	0	个	67.32		
8-1144	塑料立管检查口DN100	10个	2.2	38.66	30.14	8.52		85.05	66.31	18.74	0	个	22.44		
8-662	截止阀DN15	个	66	6.48	3.92	2.56		427.68	258.72	168.96	0	个	673.2		
—	水表DN15	组	66	13.92	13.23	0.69		918.72	873.18	45.54	0	个	673.2		
8-661	截止阀DN32	个	11	8	5.83	2.17		88	64.13	23.87	0	个	112.2		
8-662	截止阀DN40	个	5	12.38	9.7	2.68		61.9	48.5	13.4	0	个	51		
8-662	止回阀DN40	个	5	12.38	9.7	2.68		61.9	48.5	13.4	0	个	51		
估价	排水检查井	座	10	1500	300	1125	75	15000	3000	11250	750	个	102		
估价	锁闭阀(控制阀)DN25	个	66	45.72		45.72		3017.52		3017.52	0	个	673.2		
估价	手提式干粉灭火器	具	66	70		70		4620		4620	0	个	673.2		
合计/元								50418.07	19023.07	30540.55	854.45				

表8-2　其他费用表

工程名称:××市××区××号　　　　　　　　　　　　　　　　　单位:元

系统调整费	人工费×15%,其中工资占20%	2853.46	570.69
脚手架搭拆费	人工费×8%,其中工资占25%	1521.85	380.46
直接费	人工费+材料费+机械费+主材费+系统调试费+脚手架搭拆费	54350.85	
现场经费	人工费×29.05%	5526.20	
其他直接费	人工费×11.38%	2164.83	
直接工程费	直接费+现场经费+其他直接费	62041.88	
综合间接费	人工费×20.29%	3859.78	
贷款利润	人工费×15.39%	2927.65	
差别利润	人工费×19.45%	3699.99	
不含税工程造价	直接工程费+综合间接费+贷款利润+差别利润	72529.3	
税金	不含税工程造价×3.51%	2545.78	
含税金工程造价	不含税工程造价+税金	75075.08	

表 8-3 采暖工程施工图预算工程计价表

工程名称：××市××区××号

定额编号	分项工程名称及规格	工程量		单价/元				合价/元				主材费/元			
		定额单位	数量	合计	人工费	材料费	机械费	合计	人工费	材料费	机械费	单位	数量*1.02	单价	合计
8-297	PP-R 热熔塑料管 DN70	10m	18.02	81.19	67.13	8.64	5.42	1463.04	1209.68	155.69	97.67	m	183.80		
8-295	PP-R 热熔塑料管 DN50	10m	6.58	68.84	66.00	1.23	1.61	452.97	434.28	8.09	10.59	m	67.12		
8-292	PP-R 热熔塑料管 DN40	10m	12.30	70.98	51.21	11.9	7.87	873.05	629.88	146.37	96.80	m	125.46		
8-289	PP-R 热熔塑料管 DN32	10m	12.32	59.7	42.7	10.00	7.00	735.50	526.06	123.2	86.24	m	125.66		
8-283	PP-R 热熔塑料管 DN25	10m	8.00	63.7	51.21	11.9	0.59	509.6	409.68	95.2	4.72		81.6		
8-280	PP-R 热熔塑料管 De32	10m	249.4	48.38	33.71	7.67	7.00	12065.97	8407.27	1912.90	1745.8	m	2543.88		
8-1183	灰铸铁柱翼型散热器 TY2.8/5-5	10 片	106	135.59	75.71	59.88		14372.54	8025.26	6347.28		片	1081.2		
8-753	手动放风阀 DN10	个	312	1.21	1.17	0.04		377.52	365.04	12.48		个	3182.4		
8-750	立式自动放风门 DN15	个	32	12.42	6.62	5.8		397.44	211.84	185.6		个	326.4		
8-358	铜质闸阀 DN20	个	11	23.19	9.29	13.9		255.09	102.19	152.9		个	112.2		
8-359	铜质闸阀 DN25	个	444	25.85	11.15	14.7		11477.4	4950.6	6526.8		个	4528.8		
8-362	铜质蝶阀 DN50	个	5	52.2	18.58	33.62		261	92.9	168.1		个	51		
8-363	铜质蝶阀 DN70	个	20	65.19	36.85	12.91	15.43	1303.8	737	258.2	308.6	个	204		
8-684	平衡阀 DN70	个	10	79	25.63	53.37		790	256.3	533.7		个	102		
8-949	过滤器 DN70Y 型	个	5	107.45	37.24	70.21		537.25	186.2	351.05		个	51		
8-865	旋塞 DN25X13W-100	个	10	74.65	4.21	70.44		746.5	42.1	704.4		个	102		
11-198	散热器表面刷防锈漆一遍	10m²	29.56	27.84	12.84	15		822.95	379.55	443.4			301.51		
11-199	散热器表面刷非金属漆二遍	10m²	29.56	34.46	13.61	20.85		1018.64	402.31	616.33			301.51		

续表 8-3

定额编号	分项工程名称及规格	工程量		单价/元				合价/元				主材费/元		
		定额单位	数量	合计	人工费	材料费	机械费	合计	人工费	材料费	机械费	单位 数量 *1.02	单价	合价
11-119120	支架刷防锈漆一遍	100kg	2.2	51.5	9.14	25.02	17.34	113.3	20.11	55.04	38.15	22.44		
11-122123	支架刷非金属漆两遍	100kg	2.2	39.76	8.94	13.48	17.34	87.47	19.67	29.66	38.15	22.44		
14-1826	楼梯间及管道井及地沟内的采暖管道采用岩棉保温 φ57 以下	m³	209.28	217.09	184.02	22.1	10.97	45432.6	38511.71	4625.09	2295.80	2134.66		
14-1834	楼梯间及管道井及地沟内的采暖管道采用岩棉保温 φ133 以下	m³	209.28	119.43	93.38	15.08	10.97	24994.31	19542.57	3155.94	2295.80	2134.66		
14-2212	楼梯间及管道井及地沟内的采暖管道采用岩棉保温管外厘细玻璃丝布 2 遍	10m²	20.93	18.67	18.51	0.16		390.76	387.41	3.35		213.49		
14-250	楼梯间及管道井地沟内采暖管道用岩棉保温管刷沥青 1 遍	10m²	20.93	74.79	33.38	41.41		1565.35	698.64	866.71		213.48		
14-251	楼梯间及管道井地沟内采暖管道用岩棉保温管刷沥青 2 遍	10m²	20.93	59.23	28.33	30.9		1239.68	592.95	646.74		213.48		
	合 计/元							122283.73	87141.2	28124.22	7018.32			

表 8-4 其他费用表

工程名称:××市××区××号 单位:元

系统调整费	人工费×15%,其中工资占 20%	13071.18	2614.24
脚手架搭拆费	人工费×8%,其中工资占 25%	6971.30	1742.83
直接费	人工费＋材料费＋机械费＋主材费＋系统调试费＋脚手架搭拆费	145330.25	
现场经费	人工费×29.05%	25314.52	

续表 8-4

其他直接费	人工费×11.38%	9916.67	
直接工程费	直接费＋现场经费＋其他直接费	180561.44	
综合间接费	人工费×20.29%	17680.95	
贷款利润	人工费×15.39%	13411.03	
差别利润	人工费×19.45%	16948.96	
不含税工程造价	直接工程费＋综合间接费＋贷款利润＋差别利润	228602.38	
税金	不含税工程造价×3.51%	8023.94	
含税金工程造价	不含税工程造价＋税金	236626.32	

第二节　施工图预算的审查

一、施工图预算审查的内容

审查施工图预算的重点包括工程量计算是否准确;分部、分项单价套用是否正确;各项取费标准是否符合现行规定等。

1. 审查定额或单价的套用

(1)预算中所列各分项工程单价是否与预算定额的预算单价相符;其名称、规格、计量单位和所包括的工程内容是否与预算定额一致。

(2)有单价换算时应审查换算的分项工程是否符合定额规定及换算是否正确。

(3)对补充定额和单位计价表的使用应审查补充定额是否符合编制原则、单位计价表计算是否正确。

2. 审查其他相关费用

其他相关费用包括的内容各地有所不同,审查时应注意是否符合当地规定和定额的要求。

(1)是否按本项目的工程性质计取费用、有无高套取费标准。

(2)间接费的计取基础是否符合规定。

(3)预算外调增的材料差价是否计取间接费;直接费或人工费增减后,相关费用是否做了相应调整。

(4)有无将不需安装的设备计取在安装工程的间接费中。

(5)有无巧立名目、乱摊费用的情况。

利润和税金的审查,重点应放在计取基础和费率是否符合当地有关部门的现行规定、有无多算或重算方面。

二、施工图预算审查的方法

1. 逐项审查法

逐项审查法也叫全面审查法,即按定额顺序或施工顺序,对各分项工程中的工程细目逐项全面详细审查的一种方法。优点是全面、细致,审查质量高、效果好。缺点是工作量大,时间较长。该方法适合于一些工程量较小、工艺比较简单的工程。

2. 标准预算审查法

标准预算审查法是对利用标准图纸或通用图纸施工的工程,先集中力量编制标准预算,以此为准来审查工程预算的一种方法。按标准设计图纸或通用图纸施工的工程,通常上部结构和做法相同,只是根据现场施工条件或地质情况不同,仅对基础部分做局部改变。凡这样的工程,以标准预算为准,对局部修改部分单独审查即可,不需逐一详细审查。优点是时间短、效果好、易定案。缺点是适用范围小,只适用于采用标准图纸的工程。

3. 分组计算审查法

分组计算审查法是把预算中相关项目按类别划分若干组,利用同组中的一组数据审查分项工程量的一种方法。其首先将若干分部分项工程按相邻且有一定内在联系的项目进行编组,利用同组分项工程间具有相同或相近计算基数的关系,审查一个分项工程数量,由此判断同组中其他几个分项工程的准确程度。特点是审查速度快、工作量小。

4. 对比审查法

对比审查法是当工程条件相同时,用已完工程的预算或未完但已经过审查修正的工程预算对比审查拟建工程的同类工程预算的一种方法。

5. "筛选"审查法

"筛选法"是能较快发现问题的一种方法。建筑工程虽面积和高度不同,但其各分部分项工程的单位建筑面积指标变化并不大。将这样的分部分项工程加以汇集、优选,找出其单位建筑面积工程量、单价、用工的基本数值,归纳为工程量、价格、用工三个单方基本指标,并注明基本指标的适用范围。这些基本指标用来筛分各分部分项工程,对不符合条件的应进行详细审查,如果审查对象的预算标准与基本指标的标准不符,就应对其进行调整。优点是简单易懂,便于掌握,审查速度快,便于发现问题。但是问题出现的原因仍需继续审查。该方法适用于审查住宅工程或不具备全面审查条件的工程。

6. 重点审查法

重点审查法即抓住工程预算中的重点进行审核的方法。审查的重点一般是工程量大或者造价较高的各种工程、补充定额、计取的各项费用(计取基础、取费标准)等。优点是突出重点、审查时间短、效果好。

第九章 给排水、采暖、燃气工程结算的编制与审查

内容提要：
1. 了解工程结算编制与审查文件的组成。
2. 了解工程结算的编制原则、编制依据、编制程序及编制方法。
3. 了解工程结算的审查原则、审查依据、审查程序及审查方法。

第一节 工程结算文件的组成

一、结算编制文件组成

（1）工程结算文件一般应由封面、签署页、工程结算汇总表、单项工程结算汇总表、单位工程结算表和工程结算编制说明等组成。

（2）工程结算文件的封面应包括工程名称、编制单位等内容。工程造价咨询企业接受委托编制的工程结算文件应在编制单位上签署企业执业印章。

（3）工程结算文件的签署页应包括编制、审核、审定人员姓名及技术职称等内容，并应签署造价工程师或造价员执业或从业印章。

（4）工程结算汇总表、单项工程结算汇总表、单位工程结算表等内容应按第六章规定的内容详细编制。

（5）工程结算编制说明可根据委托工程的实际情况，以单位工程、单项工程或建设项目为对象进行编制，并应说明以下内容：

1）工程概况。

2）编制范围。

3）编制依据。

4）编制方法。

5）有关材料、设备、参数和费用说明。

6）其他有关问题的说明。

（6）工程结算文件提交时，受托人应当同时提供与工程结算相关的附件，包括所依据的发承包合同调价条款、设计变更、工程洽商、材料及设备定价单、调价后的单价分析表等与工程结算相关的其他书面证明材料。

二、结算审查文件组成

（1）工程结算审查文件一般由封面、签署页、工程结算审查报告、工程结算审定签署表、工程结算审查汇总对比表（表9-1）、单项工程结算审查汇总对比表（表9-2）、单位工程结算审查对比

表(表9-3)等组成。

表9-1 工程结算审查汇总对比表

项目名称： 金额单位:元

序号	单项工程名称	报审结算金额	审定结算金额	调整金额	备注
	合计				

编制人： 审核人： 审定人：

表9-2 单项工程结算审查汇总对比表

单项工程名称： 金额单位:元

序号	单位工程名称	原结算金额	审查后金额	调整金额	备注
	合计				

编制人： 审核人： 审定人：

表9-3 单位工程结算审查汇总对比表

单位工程名称： 金额单位:元

序号	专业工程名称	原结算金额	审查后金额	调整金额	备注
1	分部分项工程费合计				
2	措施项目费合计				
3	其他项目费合计				
4	零星工作费合计				
	合计				

编制人： 审核人： 审定人：

（2）工程结算审查文件的封面应包括工程名称、编制单位等内容。工程造价咨询企业接受委托编制的工程结算审查文件应在编制单位上签署企业执业印章。

（3）工程结算审查文件的签署页应包括编制、审核、审定人员姓名及技术职称等内容，并应签署造价工程师或造价员执业或从业印章。

（4）工程结算审查报告可根据该委托工程项目的实际情况，以单位工程、单项工程或建设项目为对象进行编制，并应说明以下内容：

1）概述。

2）审查范围。

3）审查原则。

4）审查依据。

5）审查方法。

6）审查程序。

7）审查结果。

8）主要问题。

9）有关建议。

（5）工程结算审定结果签署表由结算审查受托人编制，并由结算审查委托人、结算编制人和结算审查受托人签字盖章，当结算编制委托人与建设单位不一致时，按工程造价咨询合同要求或结算审查委托人的要求在结算审定签署表上签字盖章。

第二节　工程结算的编制

一、编制原则

（1）工程结算按工程的施工内容或完成阶段，可分竣工结算、分阶段工程结算、合同中止结算和专业分包结算等形式进行编制。

（2）工程结算的编制应对应相应的施工合同进行编制。当合同范围内涉及整个建设项目的，应按建设项目组成，将各单位工程汇总为单项工程，再将各单项工程汇总为建设项目，编制相应的建设项目工程结算成果文件。

（3）实行分阶段结算的建设项目，应按合同要求进行分阶段结算，出具各阶段工程结算成果文件。在竣工结算时，将各阶段工程结算汇总，编制相应的竣工结算成果文件。

（4）除合同另有约定外，分阶段结算的工程项目，其工程结算文件用于价款支付时，应包括下列内容：

1）本周期已完成工程的价款。

2）累计已完成的工程价款。

3）累计已支付的工程价款。

4）本周期已完成计日工金额。

5）应增加和扣减的变更金额。

6）应增加和扣减的索赔金额。

7）应抵扣的工程预付款。

8)应扣减的质量保证金。

9)根据合同应增加和扣减的其他金额。

10)本付款周期应支付的工程价款。

(5)进行合同中止结算时,应按已完工程的实际工程量和施工合同的有关约定,编制合同中止结算。

(6)实行专业分包结算的工程项目,应按专业分包合同的要求,对各专业分包分别编制工程结算。总承包人应按工程总承包合同的要求将各专业分包结算汇总在相应的单位工程或单项工程结算内,进行工程总承包结算。

(7)工程结算的编制应区分施工合同类型及工程结算的计价模式采用的工程结算编制方法。

1)施工合同类型按计价方式应分为总价合同、单价合同、成本加酬金合同。

2)工程结算的计价模式应分为单价法和实物量法,单价法分为定额单价法和工程量清单单价法。

(8)工程结算的编制时,采用总价合同的,应在合同价基础上对设计变更、工程洽商以及工程索赔等合同约定可以调整的内容进行调整。

(9)工程结算的编制时,采用单价合同的,工程结算的工程量应按照经发承包双方在施工合同中约定应予计量且实际完成的工程量确定,并依据施工合同中约定的方法对合同价款进行调整。

(10)工程结算的编制时,采用成本加酬金合同的,应依据合同约定方法计算各个分部分项工程以及设计变更、工程洽商、施工措施等内容的工程成本,并计算酬金及有关税费。

(11)工程结算采用工程量清单计价的工程费用应包括:

1)分部分项工程费。

2)措施项目费。

3)其他项目费。

4)规费。

5)税费。

(12)工程结算采用定额计价的工程费用应包括:

1)直接工程费。

2)措施费。

3)企业管理费。

4)利润。

5)规费。

6)税金。

二、编制依据

(1)工程结算编制依据是指编制工程结算时需要工程计量、价格确定、工程计价有关参数、率值确定的基础资料。

(2)工程结算的编制依据主要有以下几个方面:

1)建设期内影响合同价格的法律、法规和规范性文件。

2)施工合同、专业分包合同及补充合同,有关资料、设备采购合同。

3)与工程结算编制相关的国务院建设行政主管部门以及各省、自治区、直辖市和有关部门发布的建设工程造价计价标准、计价方法、计价定额、价格信息、相关规定等计价依据。

4)招标文件、投标文件。

5)工程施工图或竣工图、经批准的施工组织设计、设计变更、工程洽商、索赔与现场签证,以及相关的会议纪要。

6)工程材料及设备中标价、认价单。

7)双方确认追加(减)的工程价款。

8)经批准的开、竣工报告或停、复工报告。

9)影响工程造价的其他相关资料。

三、编制程序

(1)工程结算编制应按准备、编制和定稿三个工作阶段进行,并应实行编制人、审核人而后审定人分别署名盖章确认的编审签署制度。

(2)工程结算编制准备阶段主要工作包括:

1)收集与工程结算相关的编制依据。

2)熟悉招标文件、投标文件、施工合同、施工图纸等相关资料。

3)掌握工程项目发承包方式、现场施工条件、应采用的工程评价标准、定额、费用标准、材料价格变化等情况。

4)对工程结算编制依据进行分类、归纳、整理。

5)召集工程结算人员对工程结算涉及的内容进行核对、补充和完善。

(3)工程结算编制阶段主要工作包括:

1)根据工程施工图或竣工图以及施工组织设计进行现场进行踏勘,并做好书面或摄影记录。

2)按招标文件、施工合同约定方式和相应的工程量计算规则计算部分分项工程项目、措施项目或其他项目的工程量。

3)按招标文件、施工合同规定的计价原则和计价办法对分部分项工程项目、措施项目或其他项目进行计价。

4)对于工程量清单或定额缺项以及采用新材料、新设备、新工艺,应根据施工过程的合理消耗和市场价格,编制综合单价或单价估价分析表。

5)工程索赔应按合同约定的索赔处理原则、程序和计算方法,提出索赔费用。

6)汇总计算工程费用,包括编制分部分项工程费、措施项目费、其他项目费、规费和税金,初步确定工程结算价格。

7)编写编制说明。

8)计算和分析主要技术经济指标。

9)工程结算编制人编制工程结算的初步成果文件。

(4)工程结算编制定稿阶段主要工作包括:

1)工程结算审核人对初步成果文件进行审核。

2)工程结算审定人对审核后的初步成果进行审定。

3)工程结算编制人、审核人、审定人分别在工程结算成果文件上署名,并应签署造价工程师或造价员执业或从业印章。

4)工程结算文件经编制、审核、审定后,工程造价咨询企业的法定代表人或其授权人在成果文件上签字或盖章。

5)工程造价咨询企业在正式的工程结算文件上签署工程造价咨询企业执业印章。

(5)工程结算编制人、审核人、审定人应各尽其职,其职责和责任分别为:

1)工程结算编制人员按其专业分别承担其工作范围内的工作结算相关编制依据收集、整理工作,编制相应的初步成果文件,并对其编制的成果文件质量负责。

2)工程审核人员应由专业负责人或技术负责人担任,对其专业范围内的内容进行审核,并对其审核专业的工程结算成果文件的质量负责。

3)工程审定人员应由专业负责人或技术负责人担任,对其工程结算的全部内容进行审定,并对工程结算成果文件的质量负责。

四、编制方法

(1)采用工程量清单计价方式计价的工程,一般采用单价合同,应按工程量清单单价编制工程结算。

(2)分部分项工程费应依据施工合同相关约定以及实际完成的工程量、投标时的综合单价等进行计算。

(3)工程结算编制时原招标工程量清单描述不清或项目特征发生变化,以及变更工程、新增工程的综合单价应按下列方法确定:

1)合同中已有适用的综合单价,应按已有的综合单价确定。

2)合同中有类似的综合单价,可参照类似的综合单价确定。

3)合同中没有适度或类似的综合单价,由承包人提出综合单价等,经发包人确认后执行。

(4)工程结算编制时措施项目费应依据合同约定的项目和金额计算,发生变更、新增的措施项目,以发承包双方合同约定的计价方式计算,其中措施项目清单中的安全文明施工费用应按照国家或省级、行业建设主管部门的规定计算。施工合同中未约定措施项目费结算方法时,措施项目费可按以下方法结算:

1)与分部分项实体消耗相关的措施项目,应随该分部分项工程的实体工程量的变化,依据双方确定的工程量、合同约定的综合单价进行结算。

2)独立性的措施项目,应充分体现其竞争性,一般应固定的不变,按合同中相应的措施项目费用进行结算。

3)与整个建设项目相关的综合取定的措施项目费用,可参照投标时的取费基数及费率进行结算。

(5)其他项目费应按以下方法进行结算:

1)计日工按发包人实际签证的数量和确认的事项进行结算。

2)暂估价中的材料单价按发承包双方最终确认价在分部分项工程费中对相应综合单价进行调整,计入相应的分部分项工程费用。

3)专业工程结算价应按中标价或发包人、承包人与分包人最终确认的分包工程价进行结算。

4）总承包服务费应依据合同约定的结算方式进行结算。

5）暂列金额应按合同约定计算实际发生的费用，并分别列入相应的分部分项工程费、措施项目费中。

（6）招标工程量清单漏项、设计变更、工程洽商等费用应依据施工图，以及发承包双方签证资料确认的数量和合同约定的计价方式进行结算，其费用列入相应的分部分项工程费或措施项目费中。

（7）工程索赔费用应依据发承包双方确认的索赔事项和合同约定的计价方式进行结算，其费用列入相应的分部分项工程费或措施项目费中。

（8）规费和税金应按国家、省级或行业建设主管部门的规定计算。

第三节 工程结算的审查

一、审查原则

（1）工程价款结算审查按工程的施工内容或完成阶段分类，其形式包括竣工结算审查、分阶段结算审查、合同中止结算审查和专业分包结算审查。

（2）建设项目由多个单项工程或单位工程构成的，应按建设项目划分标准的规定，分别审查各单项工程或单位工程的竣工结算，将审定的工程结算汇总，编制相应的工程结算审查成果文件。

（3）分阶段结算审查的工程，应分别审查各阶段工程结算，将审定结算汇总，编制相应的工程结算审查成果文件。

（4）除合同另有约定外，分阶段结算的支付申请文件应审查以下内容：

1）本周期已完成工程的价款。

2）累积已完成的工程价款。

3）累计已支付的工程价款。

4）本周期已完成计日工金额。

5）应增加和扣减的变更金额。

6）应增加和扣减的索赔金额。

7）应抵扣的工程预付款。

8）应扣减的质量保证金。

9）根据合同应增加和扣减的其他金额。

10）本付款周期实际应支付的工程价款。

（5）合同中止工程的结算审查，应按发包人和承包人认可的已完成工程的实际工程量和施工合同的有关规定进行审查。合同中止结算审查方法基本同竣工结算的审查方法。

（6）专业分包工程的结算审查，应在相应的单位工程或单项工程结算内分别审查各专业分包工程结算，并按分包合同分别编制专业分包工程结算审查成果文件。

（7）工程结算审查应区分施工发承包合同类型及工程结算的计价模式采用相应的工程结算审查方法。

（8）审查采用总价合同的工程结算时，应审查与合同所约定结算编制方法的一致性，按照合同约定可以调整的内容,在合同价基础上对调整的设计变更、工程洽商以及工程索赔等合同约定可以调整的内容进行审查。

(9)审查采用单价合同的工程结算时,应审查按照竣工图或施工图以内的各个分部分项工程量计算的准确性,依据合同约定的方式审查分部分项工程项目价格,并对设计变更、工程洽商、施工措施以及工程索赔等调整内容进行审查。

(10)审查采用成本加酬金合同的工程结算时,应依据合同约定的方法审查各个分部分项工程以及设计变更、工程洽商、施工措施内容的工程成本,并审查酬金及有关税费的取定。

(11)采用工程量清单计价的工程结算审查应包括:

1)工程项目所有分部分项工程量,以及实施工程项目采用的措施项目工程量;为完成所有工程量并按规定计算的人工费、材料费和施工机械使用费、企业管理利润,以及规费和税金取定的准确性。

2)对分部分项工程和措施项目以外的其他项目所需计算的各项费用进行审查。

3)对设计变更和工程变更费用依据合同约定的结算方法进行审查。

4)对索赔费用依据相关签证进行审查。

5)合同约定的其他费用的审查。

(12)工程结算审查应按照与合同约定的工程价款调整方式对原合同价款进行审查,并应按照分部分项工程费、措施项目费、其他项目费、规费、税金项目进行汇总。

(13)采用预算定额计价的工程结算审查应包括:

1)套用定额的分部分项工程量、措施项目工程量和其他项目,以及为完成所有工程量和其他项目并按规定计算的人工费、材料费机械使用费、规费、企业管理费、利润和税金与合同约定的编制方法的一致性,计算的准确性。

2)对设计变更和工程变更费用在合同价基础上进行审查。

3)工程索赔费用按合同约定或签证确认的事项进行审查。

4)合同约定的其他费用的审查。

二、审查依据

(1)工程结算审查依据指委托合同和完整、有效的工程结算文件。

(2)工程结算审查的依据主要有以下几个方面:

1)建设期内影响合同价格的法律、法规和规范性文件。

2)工程结算审查委托合同。

3)完整、有效的工程结算书。

4)施工合同、专业分包合同及补充合同,有关材料、设备采购合同。

5)与工程结算编制相关的国务院建设行政主管部门以及各省、自治区、直辖市和有关部门发布的建设工程造价计价标准、计价方法、计价定额、价格信息、相关规定等计价依据。

6)招标文件、投标文件。

7)工程施工图或竣工图、经批准的施工组织设计、设计变更、工程洽商、索赔与现场签证,以及相关的会议纪要。

8)工程材料及设备中标价、认价单。

9)双方确认追加(减)的工程价款。

10)经批准的开、竣工报告或停、复工报告。

11)工程结算审查的其他专项规定。

12)影响工程造价的其他相关资料。

三、审查程序

(1)工程结算审查应按准备、审查和审定三个工作阶段进行,并实行审查编制人、审核人和审定人分别署名盖章确认的审核签署制度。

(2)工程结算审查准备阶段主要包括以下工作内容:

1)审查工程结算书序的完备性、资料内容的完整性,对不符合要求的应退回,限时补正。

2)审查计价依据及资料与工程结算的相关性、有效性。

3)熟悉施工合同、招标文件、投标文件、主要材料设备采购合同及相关文件。

4)熟悉竣工图纸或施工图纸、施工组织设计、工程概况,以及设计变更、工程洽商和工程索赔情况等。

5)掌握工程量清单计价规范、工程预算定额等与工程相关的国家和当地建设行政主管部门发布的工程计价依据及相关规定。

(3)工程结算审查阶段主要包括以下工作内容:

1)审查工程结算的项目范围、内容与合同约定的项目范围、内容一致性。

2)审查分部分项工程项目、措施项目或其他项目工程量计算准确性、工程量计算规则与计价规范保持一致性。

3)审查分部分项综合单价、措施项目或其他项目时应严格执行合同约定或现行的计价原则、方法。

4)对于工程量清单或定额缺项以及新材料、新工艺,应根据施工过程中的合理消耗和市场价格,审核结算综合单价或单位估价分析表。

5)审查变更签证凭证的真实性、有效性,核准变更工程费用。

6)审查索赔是否依据合同约定的索赔处理原则、程序和计算方法以及索赔费用的真实性、合法性、准确性。

7)审查分部分项工程费、措施项目费、其他项目费或定额直接费、措施费、规费、企业管理费、利润和税金等结算价格时,应严格执行合同约定或相关费用计取标准及有关规定,并审查费用计取依据的时效性、相符性。

8)提交工程结算审查初步成果文件,包括编制与工程结算相对应的工程结算审查对比表,待校对、复核。

(4)工程结算审定阶段

1)工程结算审查初稿编制完成后,应召开由工程结算编制人、工程结算审查委托人及工程结算审查人共同参加的会议,听取意见,并进行合理的调整。

2)由工程结算审查人的部门负责人对工程结算审查的初步成果文件进行检查校对。

3)由工程结算审查人的审定人审核批准。

4)发承包双方代表人或其授权委托人和工程结算审查单位的法定代表人应分别在"工程结算审定签署表"上签认并加盖公章。

5)对工程结算审查结论有分歧的,应在出具工程结算审查报告前至少组织两次协调会;凡不能共同签认的,审查人可适时结束审查工作,并作出必要说明。

6)在合同约定的期限内,向委托人提交经工程结算审查编制人、校对人、审核人签署执业或从业印章,以及工程结算审查人单位盖章确认的正式工程结算审查报告。

(5)工程结算审查编制人、审核人、审定人的各自职责和人物分别为:

1)工程结算审查编制人员按其专业分别承担其工作范围内的工程结算相关编制依据收集、整理工作,编制相应的初步成果文件,并对其编制的成果文件质量负责。

2)工程结算审查审核人员应由专业负责人或技术负责人担任,对其专业范围内的内容进行校对、复核,并对其审核专业内的工程结算审查成果文件的质量负责。

3)工程结算审定审核人员应由专业负责人担任,对工程审查的全部内容进行审定,并对工程审查成果文件的质量负责。

四、审查方法

(1)工程结算的审查应依据施工发承包合同约定的结算方法进行,根据施工发承包合同类型,采用不同的审查方法。本节审查方法主要适用于采用单价合同的工程量清单单价法编制竣工结算的审查。

(2)审查工程结算,除合同约定调整的方法外,对分项分部工程费用的审查应依据施工合同相关约定以及实际完成的工程量、投标时的综合单价等进行计算。

(3)工程结算审查时,对原招标工程量清单描述不清或项目特征发生变化,以及变更工程、新增工程中的综合单价应按下列方法确定:

1)合同中已有适用的综合单价,应按已有的综合单价确定。

2)合同中有类似的综合单价,可参照类似的综合单价确定。

3)合同中没有适用或类似的综合单价,由承包人提供综合单价,经发包人确认后执行。

(4)工程结算审查中涉及措施项目费用的调整时,措施项目费应依据合同约定的项目和金额计算,发生变更、新增的措施项目,以发承包双方合同约定的计价方式计算,其中措施项目清单中的安全文明施工费用应审查是否按照国家或省级、行业建设主管部门的规定计算。施工合同中未约定措施项目费结算方法时,措施项目费可参照下列方法审查:

1)审查与分部分项实体消耗相关的措施项目,应随该分部分项工程的实体工程量的变化,是否依据双方确定的工程量、合同约定的综合单价进行结算。

2)审查独立性的措施项目是否按合同价中相应的措施项目费用进行结算。

3)审查与整个建设项目相关的综合取定的措施项目费用是否参照投标报价的取费基数及费率进行结算。

(5)工程结算审查涉及其他项目费用的调整时,按下列方法确定:

1)审查计日工是否按发包人实际签证的数量、投标时的计时工单价,以及确认的事项进行结算。

2)审查暂估价中的材料单价是否按发承包双方最终确认价在分部分项工程费中相应综合单价进行调整,计入相应的分部分项费用。

3)对专业工程结算价的审查应按中标价或分包人、承包人与发包人最终确认的分包工程价进行结算。

4)审查总承包服务费是否依据合同约定的结算方式进行结算,以总价方式固定的总承包服务费不予调整,以费率形式确定的总包服务费,应按专业分包工程中标价或分包人、承包人与发包人最终确认的分包工程价为基数和总承包单位的投标费率计算总承包服务费。

5)审查暂列金额是否按合同约定计算实际发生的费用,并分别列入相应的分部分项工程费、措施项目费中。

(6)招标工程量清单的漏项、设计变更、工程洽谈等费用应依据施工图以及发承包双方签证资料确认的数量和合同约定的计价方式进行结算,其费用列入相应的分部分项工程费或措施项目费中。

(7)工程结算审查中涉及索赔费用的计算时,应依据发承包双方确认的索赔事项和合同约定的计价方式进行结算,其费用列入相应的分部分项工程费或措施项目费中。

(8)工程结算审查中涉及规费和税金的计算时,应按国家、省级或行业建设主管部门的规定计算并调整。

附录 ××住宅楼采暖及给水排水安装工程清单计价编制实例

一、工程量清单计算

清单工程量计算是工程量清单编制的数据基础。工程量计算按设计施工图的要求，根据《建设工程工程量清单计价规范》规定计算。

本例题所涉及的工程量计算如下：

K.1 给排水、采暖、燃气管道

1. 镀锌钢管

（1）镀锌钢管 DN80

项目编码：031001001001

项目特征：DN80，室内给水，螺纹连接。

计算规则：按设计图示管道中心线以长度计算。

工程数量：4.50m

（2）镀锌钢管 DN70

项目编码：031001001002

项目特征：DN70，室内给水，螺纹连接。

计算规则：按设计图示管道中心线以长度计算。

工程数量：21.00m

2. 钢管

（1）钢管 DN15

项目编码：031001002001

项目特征：DN15，室内焊接钢管安装螺纹连接，手工除锈，刷1次防锈漆，2次银粉漆，镀锌铁皮套管。

计算规则：按设计图示管道中心线以长度计算。

工程数量：1330.00m

（2）钢管 DN20

项目编码：031001002002

项目特征：DN20，室内焊接钢管安装螺纹连接，手工除锈，刷1次防锈漆，3次银粉漆，镀锌铁皮套管。

计算规则：按设计图示管道中心线以长度计算。

工程数量：1860.00m

（3）钢管 DN25

项目编码：031001002003

项目特征:DN25,室内焊接钢管安装螺纹连接,手工除锈,刷1次防锈漆,2次银粉漆,镀锌铁皮套管。

计算规则:按设计图示管道中心线以长度计算。

工程数量:1035.00m

(4)钢管 DN32

项目编码:031001002004

项目特征:DN32,室内焊接钢管安装螺纹连接,手工除锈,刷1次防锈漆,3次银粉漆,镀锌铁皮套管。

计算规则:按设计图示管道中心线以长度计算。

工程数量:100.00m

(5)钢管 DN40

项目编码:031001002005

项目特征:DN40,室内焊接钢管安装和手工电弧焊,手工除锈,刷2次防锈漆,玻璃布保护层,刷2次调和漆,钢套管。

计算规则:按设计图示管道中心线以长度计算。

工程数量:125.00m

(6)钢管 DN50

项目编码:031001002006

项目特征:DN50,室内焊接钢管安装和手工电弧焊,手工除锈,刷2次防锈漆,玻璃布保护层,刷2次调和漆,钢套管。

计算规则:按设计图示管道中心线以长度计算。

工程数量:235.00m

(7)钢管 DN70

项目编码:031001002007

项目特征:DN70,室内焊接钢管安装和手工电弧焊,手工除锈,刷2次防锈漆,玻璃布保护层,刷2次调和漆,钢套管。

计算规则:按设计图示管道中心线以长度计算。

工程数量:185.00m

(8)钢管 DN80

项目编码:031001002008

项目特征:DN80,室内焊接钢管安装和手工电弧焊,手工除锈,刷2次防锈漆,玻璃布保护层,刷2次调和漆,钢套管。

计算规则:按设计图示管道中心线以长度计算。

工程数量:100.00m

(9)钢管 DN100

项目编码:031001002009

项目特征:DN100,室内焊接钢管安装和手工电弧焊,手工除锈,刷2次防锈漆,玻璃布保护层,刷 2 次调和漆,钢套管。

　　计算规则:按设计图示管道中心线以长度计算。

工程数量:75.00m

　　3. 塑料管

　　(1)塑料管 $DN110$

　　项目编码:031001006001

　　项目特征:$DN110$,室内排水,零件粘接。

　　计算规则:按设计图示管道中心线以长度计算。

工程数量:45.80m

　　(2)塑料管 $DN75$

　　项目编码:031001006002

　　项目特征:$DN75$,室内排水,零件粘接。

　　计算规则:按设计图示管道中心线以长度计算。

工程数量:0.60m

　　4. 塑料复合管

　　(1)塑料复合管 $DN40$

　　项目编码:031001007001

　　项目特征:$DN40$,室内给水,螺纹连接。

　　计算规则:按设计图示管道中心线以长度计算。

工程数量:23.80m

　　(2)塑料复合管 $DN20$

　　项目编码:031001007002

　　项目特征:$DN20$,室内给水,螺纹连接。

　　计算规则:按设计图示管道中心线以长度计算。

工程数量:14.80m

　　(3)塑料复合管 $DN15$

　　项目编码:031001007003

　　项目特征:$DN15$,室内给水,螺纹连接。

　　计算规则:按设计图示管道中心线以长度计算。

工程数量:4.80m

K. 2　支架及其他

　　1. 管道支架制作安装

　　项目编码:031002001001

　　项目特征:手工除锈,1 次防锈漆,2 次调和漆。

　　计算规则:以千克计量,按设计图示质量计算。

工程数量:1210.00kg

2. 管道支架制作安装

项目编码:031002001002

项目特征:手工除锈,1次防锈漆,2次调和漆。

计算规则:以千克计量,按设计图示质量计算。

工程数量:5.00kg

K.3 管道附件

1. 螺纹阀门

(1)螺纹阀门(J11T-16-15)

项目编码:031003001001

项目特征:阀门安装,螺纹连接 J11T-16-15。

计算规则:按设计图示数量计算。

工程数量:85 个

(2)螺纹阀门(J11T-16-20)

项目编码:031003001002

项目特征:阀门安装,螺纹连接 J11T-16-20。

计算规则:按设计图示数量计算。

工程数量:78 个

(3)螺纹阀门(J11T-16-25)

项目编码:031003001003

项目特征:阀门安装,螺纹连接 J11T-16-25。

计算规则:按设计图示数量计算。

工程数量:54 个

2. 焊接法兰阀门

项目编码:031003003001

项目特征:法兰阀门安装 J11T-16-100。

计算规则:按设计图示数量计算。

工程数量:7 个

3. 水表

项目编码:031003013001

项目特征:水表安装 DN20

计算规则:按设计图示数量计算。

工程数量:1.00 组

K.4 卫生器具

1. 洗脸盆

项目编码:031004003001

项目特征:材质为陶瓷。

计算规则:按设计图示数量计算。

工程数量:4 组

2. 沐浴器

项目编码:031004010001

项目特征:1)材质、规格;2)组装形式;3)附件名称、数量。

计算规则:按设计图示数量计算。

工程数量:1 组

3. 大便器

项目编码:031004006001

项目特征:1)材质;2)规格、类型;3)组装形式;4)附件名称、数量。

计算规则:按设计图示数量计算。

工程数量:6 套

4. 给、排水附(配)件

(1)排水栓

项目编码:031004014001

项目特征:排水栓安装 $DN50$。

计算规则:按设计图示数量计算。

工程数量:1 组

(2)水龙头

项目编码:031004014002

项目特征:铜 $DN15$。

计算规则:按设计图示数量计算。

工程数量:5 个

(3)地漏

项目编码:031004014003

项目特征:铸铁 $DN10$。

计算规则:按设计图示数量计算。

工程数量:4 个

(4)消火栓

项目编码:031004014004

项目特征:室外。

计算规则:按设计图示数量计算。

工程数量:1 套

(5)消火栓

项目编码:031004014005

项目特征:室内。

计算规则:按设计图示数量计算。

工程数量:4 套

K.5 供暖器具

铸铁散热器

项目编码:031005001001

项目特征:铸铁暖气片安装柱形813,手工除锈,刷1次防锈漆,2次银粉漆。

计算规则:按设计图示数量计算。

工程数量:5390 片

K.6 采暖、空调水工程系统调试

采暖系统调整

项目编码:031009001001

项目特征:1)系统形式,2)采暖(空调水)管道工程量。

计算规则:按采暖工程系统计算。

工程数量:1 系统

二、工程量清单表格编制

(1)工程量清单封面由招标人或招标人委托的工程造价咨询人编制工程量清单时填写,具体如下:(附图1、附图2)

××住宅楼采暖及给水排水安装工程

招标工程量清单

招标人: ×××

(单位盖章)

造价咨询人: ×××

(单位盖章)

2013 年 7 月 5 日

附图 1 招标工程量清单(a)

　　　　　　　　××住宅楼采暖及给水排水安装工程

招标工程量清单

招标人：___××× ___
　　　　（单位盖章）

造价咨询人：___××× ___
　　　　　　　（单位盖章）

法定代表人
或其授权人：___××× ___
　　　　（签字或盖章）

法定代表人
或其授权人：___××× ___
　　　　　（签字或盖章）

编制人：___××× ___
　　（造价人员签字盖专用章）

复核人：___××× ___
　　（造价工程师签字盖专用章）

编制时间：2013 年 7 月 5 日

复核时间：2013 年 8 月 1 日

　　　　　　　　　　　附图 2　招标工程量清单(b)

（2）工程量清单总说明见附表1。

附表1 总说明

工程名称：××住宅楼采暖及给水排水安装工程　　　　　　　　第　页　共　页

1. 工程批准文号
2. 建设规模
3. 计划工期
4. 资金来源
5. 施工现场特点
6. 交通质量要求
7. 交通条件
8. 环境保护要求
9. 主要技术特征和参数
10. 工程量清单编制依据
11. 其他

（3）分部分项工程量清单填写见附表2。

附表2 分部分项工程量清单与计价表

工程名称：××住宅楼采暖及给水排水安装工程　　　　标段：　　　　　　第　页　共　页

序号	项目编码	项目名称	项目特征描述	计量单位	工程量	金额/元		
						综合单价	合价	其中
								暂估价
			K.1 给排水、采暖、燃气管道					
1	031001001001	镀锌钢管 DN80	DN80,室内给水,螺纹连接	m	4.50			
2	031001001002	镀锌钢管 DN70	DN70,室内给水,螺纹连接	m	21.00			
3	031001002001	钢管 DN15	DN15,室内焊接钢管安装螺纹连接,手工除锈,刷1次防锈漆,2次银粉漆,镀锌铁皮套管	m	1330.00			
4	031001002002	钢管 DN20	DN20,室内焊接钢管安装螺纹连接,手工除锈,刷1次防锈漆,3次银粉漆,镀锌铁皮套管	m	1860.00			
5	031001002003	钢管 DN25	DN25,室内焊接钢管安装螺纹连接,手工除锈,刷1次防锈漆,2次银粉漆,镀锌铁皮套管	m	1035.00			

续附表 2

序号	项目编码	项目名称	项目特征描述	计量单位	工程量	金额/元		
						综合单价	合价	其中
								暂估价
6	031001002004	钢管 DN32	DN32,室内焊接钢管安装螺纹连接,手工除锈,刷1次防锈漆,3次银粉漆,镀锌铁皮套管	m	100.00			
7	031001002005	钢管 DN40	DN40,室内焊接钢管安装和手工电弧焊,手工除锈,刷2次防锈漆,玻璃布保护层,刷2次调和漆,钢套管	m	125.00			
8	031001002006	钢管 DN50	DN50,室内焊接钢管安装和手工电弧焊,手工除锈,刷2次防锈漆,玻璃布保护层,刷2次调和漆,钢套管	m	235.00			
9	031001002007	钢管 DN70	DN70,室内焊接钢管安装和手工电弧焊,手工除锈,刷2次防锈漆,玻璃布保护层,刷2次调和漆,钢套管	m	185.00			
10	031001002008	钢管 DN80	DN80,室内焊接钢管安装和手工电弧焊,手工除锈,刷2次防锈漆,玻璃布保护层,刷2次调和漆,钢套管	m	100.00			
11	031001002009	钢管 DN100	DN100,室内焊接钢管安装和手工电弧焊,手工除锈,刷2次防锈漆,玻璃布保护层,刷2次调和漆,钢套管	m	75.00			
12	031001006001	塑料管 DN110	DN110,室内排水,零件粘接	m	45.80			
13	031001006002	塑料管 DN75	DN75,室内排水,零件粘接	m	0.60			

续附表2

序号	项目编码	项目名称	项目特征描述	计量单位	工程量	金额/元		
						综合单价	合价	其中
								暂估价
14	031001007001	塑料复合管DN40	DN40,室内给水,螺纹连接	m	23.80			
15	031001007002	塑料复合管DN20	DN20,室内给水,螺纹连接	m	14.80			
16	031001007003	塑料复合管DN15	DN15,室内给水,螺纹连接	m	4.80			
			K.2 支架及其他					
17	031002001001	管道支架制作安装	手工除锈,1次防锈漆,2次调和漆	kg	1210.00			
18	031002001002	管道支架制作安装	手工除锈,1次防锈漆,2次调和漆	kg	5.00			
			K.3 管道附件					
19	031003001001	螺纹阀门(J11T-16-15)	阀门安装,螺纹连接J11T-16-15	个	85			
20	031003001002	螺纹阀门(J11T-16-20)	阀门安装,螺纹连接J11T-16-20	个	78			
21	031003001003	螺纹阀门(J11T-16-25)	阀门安装,螺纹连接J11T-16-25	个	54			
22	031003003001	焊接法兰阀门	法兰阀门安装J11T-16-100	个	7			
23	031003013001	水表	水表安装DN20	组	1.00			
			K.4 卫生器具					
24	031004003001	洗脸盆	陶瓷	组	4			
25	031004010001	沐浴器	1)材质、规格;2)组装形式;3)附件名称、数量	组	1			
26	031004006001	大便器	1)材质;2)规格,类型;3)组装形式;4)附件名称、数量	套	6			
27	031004014001	排水栓	排水栓安装DN50	组	1			
28	031004014002	水龙头	铜DN15	个	5			
29	031004014003	地漏	铸铁DN10	个	4			
30	031004014004	消火栓	室外	套	1			

续附表 2

序号	项目编码	项目名称	项目特征描述	计量单位	工程量	金额/元			
						综合单价	合价	其中	
								暂估价	
			K.5　供暖器具						
31	031005001001	铸铁散热器	铸铁暖气片安装柱形813,手工除锈,刷1次防锈漆,2次银粉漆	片	5390				
			K.9　采暖、空调水工程系统调试						
32	031009001001	采暖系统调整	1)系统形式,2)采暖(空调水)管道工程量	系统	1				

(4)通用措施项目一览表见附表3。

附表3　通用措施项目一览表

序号	项　目　名　称
1	安全文明施工(含环境保护、文明施工、安全施工、临时设施)
2	夜间施工
3	二次搬运
4	冬雨期施工
5	大型机械设备进出场及安拆
6	施工排水
7	施工降水
8	地上、地下设施,建筑物的临时保护设施
9	已完工程及设备保护

(5)措施项目清单与计价表填写见附表4和附表5。

附表4　措施项目清单与计价表(一)

工程名称:××住宅楼采暖及给水排水安装工程　　　　　标段:　　　　　　　第　　页　共　　页

序号	项目编码	项目名称	计算基础	费率(%)	金额/元	调整费率(%)	调整后金额/元	备注
1		安全文明施工费						
2		夜间施工增加费						
3		二次搬运费						
4		冬雨季施工增加费						
5		已完工程及设保护						
		合计						

编制人(造价人员):　　　　　　　　　　　　　　　　　复核人(造价工程师):

附表5 措施项目清单与计价表(二)

工程名称:××住宅楼采暖及给水排水安装工程　　标段:　　　　第　页共　页

序号	项目编码	项目名称	项目特征描述	计算单位	工程量	金额/元		
						综合单价	合价	其中暂估价
1	CH001	脚手架搭拆费		m²	40.00			
		(其他略)						
			本页小计					
			合计					

(6)其他项目清单填写见附表6～附表9。

附表6 其他项目清单与计价汇总表

工程名称:××住宅楼采暖及给水排水安装工程　　标段:　　　　第　页共　页

序号	项目名称	金额/元	结算金额/元	备注
1	暂列金额	12000.00		明细见表9-10
2	暂估价			
2.1	材料(工程设备)暂估价/结算价			明细见表9-11
2.2	专业工程暂估价/结算价			
3	计日工			明细见表9-12
4	总承包服务费			
5	索赔与现场签证			
	合计		—	

附表7 暂列金额明细表

工程名称:××住宅楼采暖及给水排水安装工程　　标段:　　　　第　页共　页

序号	项目名称	计量单位	暂列金额/元	备注
1	政策性调整和材料价格风险	项	8000.00	
2	其他	项	4000.00	
	合计		12000.00	

附表8　材料(工程设备)暂估单价及调整表

工程名称:××住宅楼采暖及给水排水安装工程　　　　　标段:　　　　　　　第　页共　页

序号	材料(工程设备)名称、规格、型号	计量单位	数量		暂估/元		确认/元		差额元±/元		备注
			暂估	确认	单价	合价	单价	合价	单价	合价	
1	焊接钢管	t			3680.00						
2	散热器813	片			10.65						
	其他:(略)										
	合计										

附表9　计日工表

工程名称:××住宅楼采暖及给水排水安装工程　　　　　标段:　　　　　　　第　页共　页

编号	项目名称	单位	暂定数量	实际数量	综合单价/元	合价/元	
						暂定	实际
一	人工						
1	管道工	工时	110				
2	电焊工	工时	50				
3	其他工种	工时	50				
	人工小计						
二	材料						
1	电焊条	kg	13.00				
2	氧气	m³	20.00				
3	乙炔条	kg	95.00				
	材料小计						
三	施工机械						
1	直流电焊机20kW	台班	45				
2	汽车起重机	台班	40				
3	载重汽车8t	台班	40				
	施工机械小计						
	四、企业管理费和利润						
	总计						

（7）规费、税金项目清单填写见附表10。

附表10　规费、税金项目清单与计价表

工程名称:××住宅楼采暖及给水排水安装工程　　　　标段:　　　　第　　页共　　页

序号	项目名称	计算基础	计算基数	计算费率(%)	金额/元
1	规费	定额人工费			
1.1	社会保险费	定额人工费			
(1)	养老保险费	定额人工费			
(2)	失业保险费	定额人工费			
(3)	医疗保险费	定额人工费			
(4)	工伤保险费	定额人工费			
(5)	生育保险费	定额人工费			
1.2	住房公积金	定额人工费			
1.3	工程排污费	按工程所在地环境保护部门收取标准,按实计入			
2	税金	分部分项工程费+措施项目费+其他项目费+规费-按规定不计税的工程设备金额			
合计					

编制人(造价人员):　　　　　　　　　　　　　　　　　复核人(造价工程师):

参 考 文 献

[1]中华人民共和国住房和城乡建设部.GB 50500—2013 建设工程工程量清单计价规范[S].北京:中国计划出版社,2013.

[2]中华人民共和国住房和城乡建设部.GB 50856—2013 通用安装工程工程量计算规范[S].北京:中国计划出版社,2013.

[3]中华人民共和国住房和城乡建设部.建设工程计价计量规范辅导[M].北京:中国计划出版社,2013.

[4]吉林省建设厅.GYD—208—2000 全国统一安装工程预算定额.第八册,给排水、采暖、燃气工程[S].北京:中国计划出版社,2001.

[5]中华人民共和国住房和城乡建设部.GB/T 50106—2010 建筑给水排水制图标准[S].北京:中国计划出版社,2011.

[6]中华人民共和国住房和城乡建设部.GB/T 50114—2010 暖通空调制图标准[S].北京:中国计划出版社,2011.

[7]刘庆山.建筑安装工程预算:给水排水、电气安装、通风空调、室内采暖[M].北京:机械工业出版社,2004.

[8]张玉萍,刘晓勇.实用建筑水暖安装技术手册[M].北京:中国建材工业出版社,2006.

[9]赵莹华.水暖及通风空调工程招投标与预决算[M].北京:化学工业出版社,2010.

[10]张怡,方林梅.安装工程定额与预算[M].北京:中国水利水电出版社,2003.